Das Jahr auf Highclere Castle

Gärtnern, ernten, kochen im echten **Downton Abbey**

THE COUNTESS OF CARNARVON

Aus dem Englischen von
Bettina Eschenhagen und Manuela Schomann

KNESEBECK

Dieses Buch widme ich meinen Schwestern,
von denen einige kochen und andere gärtnern;
Nanny, die all unsere Aktivitäten beobachtet
und auf Wunsch kommentiert;
sowie Edward und Geordie, mit denen und
für die ich so gern koche und gärtnere.

Ein jegliches hat seine Zeit,
pflanzen, kochen und auf Einsicht hoffen.

INHALT

PRIVATE

EINFÜHRUNG

Das Jahr auf Highclere Castle. Gärtnern, ernten, kochen im echten Downton Abbey lässt teilhaben an Geschichte und Leben eines großen Anwesens, von seinen angelsächsischen Ursprüngen über 800 Jahre als mittelalterlicher Bischofspalast bis zu den großartigen viktorianischen und edwardianischen Gärten des »echten Downton Abbey«. Das Buch ermöglicht es uns, historische Erkenntnisse über seine Gärten und umgebende Landschaft darzustellen – von den zeitlosen, ikonischen Libanon-Zedern bis zu Zimmern mit Aussicht im Schloss –, Anekdoten zu erzählen und Rezepte zu verraten, ob für Familienpicknicks oder formelle Dinner.

Highclere hat eine fast 1300-jährige Geschichte mit nur wenigen Besitzerwechseln. 800 Jahre lang gehörte es den Bischöfen von Winchester, und seine damaligen Charakteristika existieren weitgehend heute noch: Seine mittelalterlichen Mauern liegen auf dem Gelände des aktuellen Schlosses und seiner Gärten.

Aus dem Bischofspalast wurde eine elegante Tudor-Familienresidenz, die die Vorfahren meines Mannes 1679 erwarben. Später errichtete die Familie Carnarvon um den elisabethanischen Bau ein symmetrisches, georgianisch-klassizistisches Steingebäude. Der 3. Earl of Carnarvon beauftragte den herausragenden viktorianischen Architekten Sir Charles Barry mit Entwurf und Bau des aktuellen, heute so bekannten und beliebten Schlosses. Barry ließ sich von seinen Italienreisen inspirieren und betrachtete Highclere als sein wohl gelungenstes Projekt und als viel erfreulicher als sein Parallelvorhaben, das Parlamentsgebäude in London.

Ursprünglich auch als »Palast« bezeichnet, wurde das »neue« Gebäude in Highclere Castle umbenannt. Mit seinen 250 bis 300 Zimmern hat es eine behagliche Pracht, die von einem gut 400 Hektar großen, von Capability Brown gestalteten Park umgeben ist. Wir bewirtschaften noch über 1800 Hektar Acker-, Weide- und Waldland. Für die Pflege eines Mönchsgartens des 12. Jahrhunderts, das Verständnis für die Weiterentwicklung eines klassischen englischen Gartens des 18. Jahrhunderts und die beeindruckenden Veränderungen durch Capability Brown sowie die Notwendigkeit und den Wunsch, Wildtieren Platz und Ruhe zu garantieren, sind gewisse praktische Fertigkeiten erforderlich.

Nichts hat höheren allgemeinen Nutzen als die Landwirtschaft und ein verbesserter Gemüseanbau.

Richard Bradley: *New Improvements of Planting and Gardening*, 1739

Der modernen Technik zum Trotz werden wir alle vom Wandel der Jahreszeiten und den mit ihnen verknüpften Erinnerungen geprägt. Explodierende Farben, Vogelgezwitscher, hüpfende Lämmer und helles, klares Licht künden vom Frühling; zur schläfrigen Wärme eines englischen Sommers gehören Insekten in den Wildblumenwiesen, das Geräusch aufschlagender Tennisbälle und frische, selbst gemachte Limonade. Im Herbst riecht die Luft feucht, rascheln Blätter unter den Füßen, färbt sich der Horizont blutrot, während man im fahlen Winter schnelle Spaziergänge über die uralten, kreideweißen Hügel macht, heiße Eintöpfe genießt oder im Lagerfeuer Esskastanien röstet und dabei gemütlich plaudert. Die vier Jahreszeiten sprechen alle Sinne an, das Sehen, Hören, Riechen, Schmecken und Berühren, und prägen sich unserem Gedächtnis ein.

Bei unserem Erntefest im Herbst singen wir immer das Hampshire-Lied (siehe Seite 7), während geduldige Tiere, Traktoren und Säcke mit Weizen, Hafer und Gerste draußen warten. Es ist recht lang, schreitet aber in einem konstanten Takt fort, der mir Zeit zum Nachdenken gibt, wenn wir vom Lob des »Schöpfers

Hymn of the Hampshire Countryside

Praise we The Lord, the great Author of Nature
Praise we the maker of upland and plain;
Praise we the Spirit through whom every creature
Gathers its life and renews it again.

Once did The Son of God – mighty the wonder –
Walk this Earth's dusty paths, tread on its loam;
Once did he look on the harvest and ponder:
Where is the labour to fetch it all home?

Lord, we would serve Thee and turn to Thy glory
All our best efforts of mind and of hand;
Lord, we would see the old heavenly story
Made flesh again in the soil of our land.

Are not the waters of Test and of Avon
Meet for thy christening as Jordan's of old?
May not our downs, with thy footprints engraven,
Like Judah's mountains thy cradle unfold?

Of in the starry night, waking or sleeping,
On the hard stones Thou reclines thy head:
Wilt no Thou not rest where our forest is heaping
Leaves for thy pillow and ling for thy bed?

Once for a gardener did Mary mistake Thee
In the first mists of the first Easter Day:
Lord, we have gardens, and fain would we make Thee
Master of all their resplendent array.

See, where his flock the young shepherd is guiding,
Hard by the track on Old Winchester Hill;
See, where 'mid Alton's shy slopes lie in hiding,
Kilns where the hops their soft odours distil.

Jesus, our Saviour, in mercy be near us:
Shepherd and Sower and Reaper art thou;
Pardon our sins – let thy charity cheer us:
Hallow the harvest we bring to thee now.

der Berge und Ebenen« zu den alten Wegen kommen, in die sich Fußstapfen zu den »Blättern für dein Kissen« und »zur Heide für dein Bett« eingeprägt haben. Eine Zeile fragt sinnigerweise nach dem Bauern und seiner Ernte: »Wo ist die Arbeitskraft, die alles heimbringt?«, wobei mein Mann Geordie immer etwas gequält lächelt. In einem endlosen Kreislauf nimmt das Land sein Leben wieder auf, beginnt Jahr für Jahr neu, während wir »wachend oder schlafend« in die »sternklare Nacht« blicken.

Wie die stattlichen Bäume, die es umgeben, steht auch das Schloss selbst fest an einem Ort. Bäume und Haus können nicht weg, sondern müssen sich anpassen, um unter unvorhersehbaren Bedingungen zu überleben. In den Gesprächen über Schloss, Bäume, Garten und Farm geht es natürlich tagtäglich ums Wetter. Wir sind so sehr an Läden, Kühlschränke und Lieferdienste gewöhnt, dass wir leicht vergessen, woher und wie unser Essen auf den Tisch kommt. Unsere Gärten sind heute vielleicht weniger ertragreich und mehr Rückzugsorte als früher, aber die Farm ist noch weitgehend so wie eh und je, wenn auch stärker mechanisiert: im Sinne eines Gleichgewichts zwischen guten Ernten und dem Erhalt der Natur.

Gäste nähern sich dem Anwesen auf einer Straße, die eine Kurve beschreibt, hügelabwärts führt und sich heiter durch eine idyllische Parklandschaft windet, bevor das unerschütterlich mittendrin thronende Schloss in Sicht kommt. Diese Lage, das Gefühl für den Ort und das profunde Wissen über Geschichte und Leben früherer Bewohnerinnen und Bewohner erden uns auf dem Anwesen: die Generationen, die hier vor meinem Mann und mir lebten, sich mühten und lachten. Es ist eine greifbare Erinnerung an Errungenschaften und Erbe.

Wir wissen wohl, was wir sind, aber nicht, was wir werden können.
William Shakespeare: *Hamlet*

Für Geordie und mich bedeutet es Privileg, Verantwortung und ein rund um die Uhr fleißiges Leben an der Seite einer Gemeinschaft, die das Haus, die Gärten, Äcker und Wälder und all die Werte, Bräuche und Träume, für die es steht, liebt. Oder, mit dem französischen Schriftsteller Victor Hugo: »Nichts trägt im gleichen Maß wie ein Traum dazu bei, die Zukunft zu gestalten. Heute Utopia, morgen Fleisch und Blut.«

FIONA, 8. COUNTESS OF CARNARVON

FRÜHLING

UNÜBERSEHBAR LIEGEN DIE GOLDGELBEN STEINE UND SPITZEN TÜRME von Highclere Castle in einer außergewöhnlichen Landschaft Südenglands. Ich klettere im Tower die enge Wendeltreppe bis zur Spitze hoch, stoße eine kleine Tür auf und betrachte still den Horizont, die nach allen Himmelsrichtungen freie Sicht. Rasenflächen, Hügel, Wälder, Felder, die Überreste früherer Gehöfte und prähistorischer Gemarkungen ziehen sich durch Zeit und Raum.

DIE ANFÄNGE

GEORDIE UND ICH SIND NICHT NUR DIE VERWALTER des schönen, inspirierenden Hauses, das Millionen Menschen als »Downton Abbey« kennen, sondern auch der Überreste einer großartigen, historisch gewachsenen Landschaft mit einer hinsichtlich Geografie, Landwirtschaft, Flora und Fauna großen natürlichen Vielfalt. Weil Highclere so lange in ein und demselben Besitz war, was radikale Brüche verhindert hat, kann heute jeder und jede in ihr spazieren gehen oder sich erholen und Eindrücke der einstigen Gemeinschaften erhaschen. Für rund 800 Jahre war Highclere ein großes kirchliches Anwesen, dessen Historie im bischöflichen Register in Winchester und in Laienberichten gut dokumentiert ist. Blickt man vom Schlossturm Richtung Süden, sieht man über jene Zeiten sogar noch hinaus, bis zu bronzezeitlichen Hügelgräbern und einer eisenzeitlichen Festung um die Ruinen von etwa 20 Gehöften und Vorratsgruben auf Beacon Hill. Als die Römer hier im 1. Jahrhundert v.Chr. einmarschierten, war das Land bereits eine rege Kulturlandschaft.

Highclere liegt zwischen den einstigen großen römischen Städten Winchester und Silchester; die alten Straßen verlaufen noch immer in dem Netz, das die urbanen römischen Siedler miteinander verband. Münzen und Tonscherben lassen auf eine Villensiedlung am nördlichen Fuß von Beacon Hill schließen. Als die römische Zivilisation unterging und die Sachsen den Kanal überquerten, löste sich das römische Marktleben auf, und die Landvillen, anderen Gebäude und Felder der Römer wurden zerstört oder in sächsische Bauernhöfe integriert. Die »englische Kirchengeschichte« des Beda Venerabilis erwähnt für diese Gegend einen Stamm namens Gewisse, doch dafür gibt es kaum Belege.

Schon seit angelsächsischer Zeit ging aus dem Vermögen der Bischöfe von Winchester einer der größten Grundbesitze Englands hervor. Fünf Chartas (Urkunden), die erste von 749 n.Chr., definierte Grenzen und Eigentumsverhältnisse der Ländereien von »Clere«, ja, »aet cleran« fand sogar im Testament Alfreds des Großen Erwähnung. Der Wert des Ortes stand außer Zweifel. Seine geologische Beschaffenheit bot ackerbautaugliche Böden, hügeliges Weideland, fruchtbare Weiden für Kühe und Pferde sowie Waldmast für Schweine. 1086 wurde in der Nähe des damaligen Castle eine Kirche fertiggestellt und nach dem heiligen Michael benannt; der erste überlieferte Priester war ein gewisser Aluric.

Spuren der Bronzezeit auf Highclere.

Im 13./14. Jahrhundert erfuhr Highclere unter den Bischöfen von Winchester, William Edington und seinem berühmten Nachfolger William von Wykeham, weitere Veränderungen. An einer natürlichen Kreuzung für Reisende gelegen, wurde Old Burghclere zum Zentrum des Landwirtschaftsbetriebs, während die bestehenden Gebäude nach und nach zu einem mittelalterlichen Palast mit Innen- und Außenhöfen, Obst- und Kräutergärten und einem Wildpark umgestaltet wurden. Dokumente belegen die Vergrößerung des Herrenhauses, umfangreiche Bauarbeiten und Zahlungen von Pächtern, die sich an den Kosten beteiligten. Das Herrenhaus von Highclere war bekannt für seine Sportgelegenheiten – den Wildpark, die Kaninchengehege und die Fischteiche. Landwirtschaft wurde über die umzäunten Parkflächen hinaus betrieben, und Bäume nördlich der Höfe und des Hauses kaschierten die Dorfsiedlung. Von Architektur und Leben jener Zeit ist zwar kaum etwas dokumentiert oder erhalten, doch vermutlich bestanden die regionaltypischen Häuser aus Flechtwerk oder aus Holz.

Im Zuge der Reformen fielen die Ländereien von »Clere« aus kirchlichem Besitz und gingen nach einer Lücke von rund 100 Jahren in den der Vorfahren der Familie Carnarvon über. Sie fügten in den 300 Jahre zuvor von den Bischöfen entworfenen Park die formaleren Alleen, Sichtachsen, Lichtungen, exotischen Bäume und Zierbauten eines typischen Adelssitzes ein.

Später gestaltete der berühmte Landschaftsarchitekt des 18. Jahrhunderts, »Capability« Brown, den elisabethanischen Garten und Park im großen Stil um und ließ zwecks »Rationalisierung« der Kulisse die regionaltypischen Wohnhäuser nördlich des Schlosses abreißen. Passend zur sozialen Stellung des Earl wurden eindrucksvolle Sichtachsen und eine modernere Ankunfts- und Abfahrtssituation geschaffen. Als einmal der namhafte Tagebuchschreiber William Cobbett in den Park ritt, empfand er ihn als Inbegriff von Präsentation und Effizienz mit einer extrem gegensätzlichen, von Menschenhand verschönten Topografie. Wer heute das Tor passiert und einen Moment innehält und genau hinsieht, betritt ein Idyll, das sich im Kern vielleicht gar nicht so sehr von dem unterscheidet, das der Priester Aluric vor 1000 Jahren sah.

EIN GARTEN EDEN

Ob Gilgamesch-Epos oder andere Mythen über den Ursprung des Lebens, alles scheint in einem Garten zu beginnen. Ein Mann wird von einem Gott aus Erde geformt und lebt unter Tieren in einer natürlichen Umgebung. Er wird mit einer Frau zusammengebracht, deren Verführung er erliegt. Die meisten von uns widerstehen ja allem – außer der Versuchung, es hat sich also nicht viel verändert.

Die Grenze zwischen Landwirtschaft und Gärtnern ist oft unscharf. Die Landwirtschaft (Agrikultur) umfasst Vieh und Pflanzen und ist zweckgerichtet. Der Gartenbau (Hortikultur) schließt die Aufzucht von Tieren nicht ein und kann zweckgerichtet sein, aber auch der Erholung oder Zierde dienen, oft einer Kombination davon.

Kurz vor seiner Krönung zum Kaiser des Heiligen Römischen Reichs im Jahr 800 erließ Karl der Große *Capitulare de villis vel curtis imperialibus*, worin u.a. die Pflanzen beschrieben sind, die in jeder Stadt angebaut werden sollten. Diese Richtschnur konnte an die jeweiligen lokalen Gegebenheiten angepasst werden – sein Reich war groß –, doch einiges, wie z.B. gute Entwässerung und Regenrinnen, sollte überall berücksichtigt werden. Dieselben Prinzipien gelten noch heute; so sind Schutz und gute Abflussmöglichkeiten unabdingbar, ebenso eine umfassende Vertrautheit mit Land und Garten.

Die Tagundnachtgleiche am 21. März markiert den offiziellen Frühlingsanfang und den Beginn der sommerlichen Tageslichtstunden, zumindest in Großbritannien. In römischer Zeit wurde sie »Freudentag« genannt und mit einer Festwoche begangen. Die Natur ist allerdings oft mindestens einen Schritt voraus: »Frühling« herrscht dann schon seit mehreren Wochen. Die ersten Frühlingsblüher sind gekommen und gegangen, und frische, grüne Triebe zeigen sich überall. Krokusse hellen die Schatten unter den Bäumen auf, ein Specht schießt durch den Wood of Goodwill (»Wald des guten Willens«), Kröten laichen im See, und die Bienen unseres Imkers Mike Withers schwärmen aus ihren Körben aus. In den mächtigen Eichen am Park beginnen die Säfte aufzusteigen, und die Lerchen steigen singend zum blauen Himmel auf. Oder, mit Shakespeare: »Als der April ... die Welt belebt mit frischem Jugendhauch.«

Oh, to be in England
Now that April's there,
And whoever wakes in England
Sees, some morning, unaware,
That the lowest boughs and the brushwood sheaf
Round the elm-tree bole are in tiny leaf,
While the chaffinch sings on the orchard bough
In England – now!
Robert Browning: »Home-Thoughts, From Abroad«, 1845

Der Frühling verwandelt die winterlich grauen Baumstämme und die stille Landschaft, von den spitzen, grünen, kräftigen Trieben, die sich an den Zweigen der Bäume entrollen, bis zu den offenen Weiden und Lichtungen mit goldenen Narzissen. Überall finden die lebhaften Farbtupfer am Boden ihr Gegengewicht in den ersten Blütenschaumwolken.

Ab einem unbestimmten Zeitpunkt werden die Morgen lauter, ertönt rivalisierender Vogelgesang, und besonders herzerquickend ist es, die winzigen Vögel hoch oben auf den sachte schwankenden, noch weitgehend kahlen Zweigen balancieren zu sehen. Auf Highclere kann der Frühling auch sonst zu einer Zeit der Rivalität werden: Um ihn als Erster zu hören, horcht Schlossverwalter John schon eifrig nach dem Kuckuck.

singende Nachtigallen . zwitschernde Stieglitze . quorrende Schnepfen
schwätzende Stare . krächzende Krähen

Tempo und Lautstärke steigen, wenn die Amseln flöten, die Zaunkönige und Rotkehlchen mit erstaunlicher Mannigfaltigkeit einfallen und sich weitere, aus südlichen Gefilden zurückgekehrte Vögel hinzugesellen. Wenn heftige Frühjahrsschauer treiben und riesige weiße Wolkenbänke am Horizont jagen, flüchten alle Vögel in die Steineichen und großen, dichten Schneeballsträucher. Scheue Tüpfelspechte verraten sich durch ihr Trommeln gegen Baumstämme, frühe Bienenköniginnen begeben sich auf die Suche nach Nektar, und eine Hummel taumelt in die Ställe hinter dem Schloss, um wenig später gemächlich und wie betrunken wieder hinauszufliegen.

DIE SCHAFSENKE

DAS SHEEP DELL LIEGT EIN GUTES STÜCK durch weitläufige Parkflächen entfernt; man folgt einem Pfad am Rand eines Waldstücks und nimmt dann einen alten, abschüssigen Weg zur Ivory-Farm-Scheune mit Wänden und Dach aus geschwärzten Holzlatten. Dahinter steht eine moderne Version mit langem, grauem Metalldach, das auf praktischen Metallstützen ruht, was für etwas Schutz und zirkulierende Frischluft sorgt.

Schon von Weitem ist das Blöken der Mutterschafe und Lämmer hörbar, und bald gesellt sich der vertraute Duft nach süßem Heu, Stroh und den unwiderstehlichen winzigen, weißen Knäueln aus Beinen und dreieckigen Köpfen hinzu. In der Scheune reihen sich an einer Seite die kleinen Buchten für die Mutterschafe und ihre Lämmer aneinander, während auf der mit großen Strohballen gerahmten freien Fläche ausladende Muttertiere Heu mampfend umhertrotten oder sich keuchend auf dicken Strohlagern ausruhen. Im Hintergrund läuft ein Radio, neben dem alles Nötige ordentlich aufgereiht ist: Desinfektionsspray, Handschuhe, Gele, Kessel, Milchpulver und Rotlichtlampen.

Die Tragezeit von Schafen beträgt fünf Monate. Um wenigstens ein bisschen Planbarkeit zu gewährleisten, werden die Böcke nacheinander mit Gruppen von Zibben zusammengebracht, sodass diese im Verlauf mehrerer Wochen lammen. Die einzelnen und manchmal auch die Zwillingslämmer sollen möglichst im Freien geboren werden, die mit Drillingen trächtigen Muttertiere bringt man zum Lammen in die Scheune.

Das Lammen ist Frühjahr für Frühjahr ein Wunder. Die Mutterschafe stehen auf und legen sich wieder hin, ächzen, torkeln und wirken oft hilflos. Dann platzt die Fruchtblase, die den Kopf des ungeborenen Lamms in der Gebärmutter geschützt hat. Nun fällt hoffentlich das Lamm heraus, Nase und restlicher Kopf sowie Schultern zuerst, dicht gefolgt von beiden Vorderfüßen. Ist sein Gesicht von Flüssigkeiten und Schleim gereinigt, niest es und schöpft Atem: jedesmal ein ehrfürchtiger Moment. Kaum mehr als zehn Minuten später erscheint das nächste. Dann werden die Lämmer, gefolgt vom Mutterschaf, vorsichtig in eine Einzelbucht mit Eimern voll Wasser und Heu getragen, und man hofft, dass die Mutter ihre Babys annimmt und sauber zu lecken beginnt. Bei einigermaßen freundlichem Wetter bringen wir die Zibben und ihre Neugeborenen schon am nächsten Tag auf die geschützteren Flächen im Park. Beim Fangenspielen über alte Baumstämme und -stümpfe werden die Lämmer immer kräftiger.

In manchen Jahren fiel das Lammen in Perioden eisiger Frühlingsfröste und sogar Schnee. Dann wird jedes Eckchen jeder Scheune genutzt, bis kräftige Aprilböen den Kälteeinbruch vertreiben. Eine 24-Stunden-»Bewirtung« mit Wasser, Heu und der Flaschenaufzucht verwaister Lämmer ist zermürbend. Im eisigen März 2018 genossen Geordie und ich im Schloss ein schönes Essen mit Freunden, um dann um elf Uhr Abendgarderobe aus- und Gummistiefel anzuziehen und die nächsten Stunden in dunkler Nacht in den Lämmerscheunen mitzuhelfen – die Wassereimer aufzufüllen, Heu in die Buchtecken zu legen und drumherum genug Stroh aufzuschichten, damit die Lämmer bei den eisigen Temperaturen überlebten. Man verfährt heute genauso wie vor Hunderten von Jahren, und je nach Tageszeit und Zahl der Stunden, die fürs Schlafen bleiben, überwiegt die Aufregung oder die Erschöpfung.

Schafe waren einst ein wichtiger Wirtschaftsfaktor: Im 13. und 14. Jahrhundert erwirtschafteten sie mindestens ein Drittel von Englands Ausfuhrerlösen, und auf Highclere spielen sie seit frühester Zeit eine wichtige Rolle. In angelsächsischen Chartas aus dem frühen 8. Jahrhundert zur Festlegung der Grenzen des Anwesens kommen Schaf»senken« vor – geschützte, zur Beweidung geeignete Bereiche. In bischöflichen Akten ist dokumentiert, dass

> **[1208] 554 [Schafe] vom letzten Jahr übrig sind, 250 aus dem Viehbestand dazukamen und 1 gefunden wurde. In Summe: 805.**

Damals wurden die Herden vom »Schafvogt« und seinen Gehilfen betreut. Akten von 1350 führen Ausgaben für »6 Gallonen Teersalbe, 24 Hürden Flechtwerk und Schur auf, die die Pächter aufgrund ihrer geringen Zahl [infolge der Pest] nicht allein bewältigen konnten«.

Die Schur war so bedeutsam, dass sie beaufsichtigt wurde und jeder mit anpackte. Die Wolle wurde für den Export nach London gebracht und war damals die wichtigste Einnahmequelle der Nation. War Wolle schon ein wichtiger Bestandteil von Highcleres Einkünften, wurden in London Vermögen damit gemacht.

1382 wurde am Wollkai ein zweistöckiges Zollhaus mit Arkaden gebaut, und die Leitung des Wollzollamtes war eine heiß umkämpfte Stellung, weil es um enorme Einkünfte ging.

Heute bringt jedes Schaffell vielleicht 1 Pfund ein, weniger, als die Schur kostet. Doch unsere Schafe sind Teil des Managements unserer Kreidehügellandschaft; sie halten das Gestrüpp in Schach und erfüllen ihre Funktion in den langen Fruchtwechseln der Kreislaufwirtschaft. Wir betreiben auf Highclere keine intensive Landwirtschaft, wollen vielmehr ein natürliches Gleichgewicht bewahren. Das Weiden der Schafe ist Teil komplexer Wechselbeziehungen; es lässt Gräser und andere Pflanzen gedeihen, die wiederum Vögel, Schmetterlinge, Nachtfalter und viele andere Insekten beherbergen und ernähren.

ANDERE TIERE

Im Mittelalter waren auch Highcleres Schweinewälder bekannt. Die winterliche Waldmast bestand aus Bucheckern und Eicheln, die wir heute durch Futtersäcke ersetzen, obwohl die Schweine nach wie vor in ihren Suhlen an den Waldrändern herumschnüffeln. Der Frühling ist ein guter Zeitpunkt für die Geburt ihrer Ferkel, die schnell auf den Beinen sind, ihre Umwelt erkunden und mit ihrem lauten Quieken die Säue wecken, wenn etwas sie beunruhigt.

Auf der gegenüberliegenden Parkseite befindet sich ein Hof mit Ställen, in denen Vollblutzuchtstuten den Frühjahrsanfang verbringen und wir auf die Geburt ihrer Fohlen warten. Das geschieht unweigerlich in den frühen Morgenstunden, doch inzwischen haben wir zum Glück Kameras, sodass wir schnell kommen können. Immer wieder geht die Stute unruhig auf und ab, blickt um sich und legt sich plötzlich hin, dann erscheinen Hufe und Gesicht des Fohlens, gefolgt von einem Haufen langer Beine. In den folgenden zwei Stunden beobachten wir die Tiere und greifen bei Bedarf helfend ein, bis das Fohlen zu trinken beginnt und genug Vormilch zu sich genommen hat, während bei der Stute die Wehen nachlassen.

Das Weideland ums Schloss hat die für kreidehaltige Gegenden typische weiche Beschaffenheit, die Pferdeknochen ebenso guttut wie unseren. Pferde gehören von jeher zu Highclere, ihre Zahl und Funktion sind detailliert

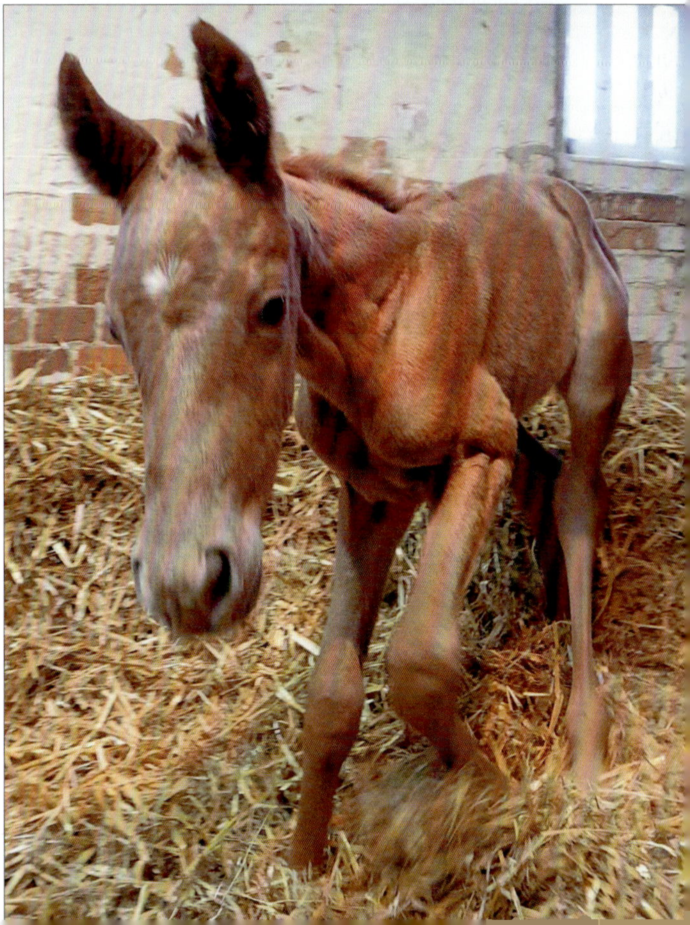

dokumentiert, aber das Gestüt gründete der 5. Earl 1902. Er gab die Leidenschaft an seinen Sohn weiter, der ein tüchtiger Amateurjockey war und mit dem Gestüt Geld machte. Der 7. Earl, Geordies Vater, kümmerte sich unermüdlich um die Organisation der Zucht und der Rennen und vererbte sein Interesse an Pferderennen an seine Kinder. Geordie arbeitet mit der gleichen Begeisterung wie sein Vater die Deckpläne für seine Stuten aus, überlegt, wo er sie ausbilden lässt, und bespricht mit den Trainern, auf welchen der vielen Veranstaltungen sich die passenden Rassen für sie finden lassen, stets im Bewusstsein, dass Triumph oder Desaster dabei herauskommen kann.

Tiere verkörpern in vielerlei Hinsicht die romantische Seite des Frühlings – die unfassbar langen, schon kurz nach der Geburt wackelig aufrecht stehenden Beine eines Fohlens, die im Stroh eingekringelten Lämmer, die lautstark und zuhauf erscheinenden Ferkel, die Hühner, die ihre Federn schütteln und mit zunehmender Wärme immer vernehmbarer und fruchtbarer werden. Sie alle sind zugleich Verheißung und Verpflichtung, und auch wenn wir nicht mehr in dem Maß von ihnen abhängig sind wie einst, bereichern sie unser Leben und Bewusstsein enorm.

EXPLODIERENDES WACHSTUM

Was ist Frühling?
Wachstum in jedem Ding.
Gerard Manley Hopkins

DER APRIL BEGINNT AUF HIGHCLERE oft mit heftigen Schauern, frischen Brisen und gelegentlichem Schneegestöber, die gern schutzlose Spaziergänger überraschen. Er ist ein Monat der Verwandlung, in dem sich zwischen gedeckten Braun- und moosigen Grüntönen plötzlich goldene Glanzlichter zeigen und sich zu den explodierenden Frühlingsfarben und -düften am Boden oben in den Bäumen melodische, unterschiedlich hohe Stimmen gesellen. Eines Tages hüllen wie aus dem Nichts kleine Schlüsselblumen die ganze Wildblumenwiese mit einem blassgelben Teppich ein. Ihr natürliches Habitat ist der kreidehaltige Boden ungemähter Wiesen, die einst so zahlreich waren. Die Verwandten der Primel und Vorboten des Frühlings haben Dolden dottergelber Blüten und längliche, runzlige Blätter. Begrenzungen ignorieren sie zum Glück und besiedeln munter Wege und Beete.

Als hätte der Dirigent des Naturorchesters ihnen den Einsatz gegeben, öffnen sich an Wegen, auf Beeten und Lichtungen die Knospen der in Gruppen stehenden längerstieligen Narzissen – doppelblütige, einzelblütige, weiße, gelbe, orange und solche mit gelber Mitte. Im Wood of Goodwill haben sich um Bäume und neben dem Walnut Walk Osterglocken und andere Narzissen angesiedelt, darunter der Sorten ›Minnow‹, ›Pheasant's Eye‹, ›Dutch Master‹, ›Cheerfulness‹, ›Actaea‹, ›Ice Follies‹ und ›Jonquilla Ice Follies‹. Wir haben dieses Projekt vor zwölf Jahren in Angriff genommen, also 1000 gemischte Narzissen gekauft und sie mühsam von Hand gesetzt, was zeitaufwendig war und auf der großen Fläche anfangs nicht viel hermachte. Es ist jedoch eine Frage der Geduld, und zur großen Freude der Gärtner machten wir einen Niederländer namens Michael Lubbe ausfindig, der uns samt Edamer Käse und einer cleveren Maschine aufsuchte. Er hängte sie an einen kleinen Traktor und setzte damit in nur zwei Stunden 5000 Zwiebeln (z. B. ›Standard Value‹, ›Holland Sensation‹, ›Flower Record‹, ›Dutch Master‹ und ›Carlton‹). Als Michael das erste Mal kam, erkannte unser Gärtner Don Dowsett sofort den enormen Vorteil, verschwand und sammelte für Michaels Maschine fix alle restlichen Zwiebeln ein. Vor lauter Eile nahm er sämtliche Zwiebeln, auch die der ›Tête-à-tête‹ und der ›Paperwhite‹, die eigentlich für große Kübel im Schloss gedacht waren. Aber im nächsten Jahr würde es ja neue geben ...

Schon lange ein beliebtes Motiv in Kunst und Literatur, werden Osterglocken und andere Narzissen in verschiedenen Kulturen mit unterschiedlichen Themen assoziiert, von Tod bis Glück. Viele Sorten duften, in erster Linie berauschend und anregend. In seinem berühmten Gedicht von etwa 1804 fasst William Wordsworth ihren typischen Anblick so zusammen:

... als plötzlich ich vor einem Volke
von goldnen Osterglocken stehe:
Am See, dort wo die Bäume sind,
flattern und tanzen sie im Wind.

Hatten wir sie anfangs vielleicht etwas zu geradlinig gepflanzt, wurden wir schon bald raffinierter, und in den Folgejahren beschrieb Michaels Maschine dann große Kurven. Um die Blütezeit im Wald zu verlängern, fügten wir später Gewöhnliche Schachblumen (*Fritillaria meleagris*), Berg-Anemonen (*Anemone blanda*), Sternhyazinthen (*Chionodoxa luciliae*), *Narcissus cyclamineus* ›Rapture‹, Wilde Tulpen (*Tulipa sylvestris*) und diverse *Allium*-Arten hinzu.

Wenn die goldene Pracht Kraft für ihr Schlussfeuerwerk sammelt, übernehmen nach und nach Tulpen in allen Farben. Um seine Kampagne sorgfältig zu planen, durchforstet Geordie im Herbst immer eifrig Kataloge nach alten und neuen Lieblingssorten. Tulpen setzt man später im Herbst als andere Zwiebeln und tiefer. Da jedoch kleine Säugetiere sie gern fressen, schützen wir sie mit Drahtnetzen und anderen trickreichen Dingen. Zu Frühlingsbeginn schauen wir dann etwas ängstlich, ob es funktioniert hat und wenigstens ein paar blasse, hasenohrförmige Blätter aus der Erde lugen.

Damit wir länger etwas davon haben, setzen wir auch die Tulpen nach und nach. Früh, mittel und spät blühende Sorten werden mit verschieden geformten gemischt: mit lilienblütigen, Papageien-, gefüllten frühen und Darwin-Tulpen. Sosehr die Tulpe heute noch bewundert wird – die Tulpenmanie im Holland des 17. Jahrhunderts ist nur schwer nachzuvollziehen. Sie wurde von den berühmtesten Künstlern als Statussymbol gemalt, und ihr vermeintlicher Wert führte zu sehr hohen Preisen und schließlich dem unvermeidlichen Einbruch. Das Ganze begann mit einer einzelnen, aus der Türkei nach Holland gebrachten Tulpenzwiebel, die – vielleicht nach der Form der Turbane der türkischen Männer (*tülbent*) – *Tulipan* genannt wurde (niederl. *tulp*, dt. Turban). Um 1630 betrug der Preis einer einzigen Zwiebel (der ›Semper Augustus‹) 6000 Gulden, so viel wie ein schönes Haus im schicksten Viertel von Amsterdam. Die Wirtschaftswissenschaft betrachtet die Tulpenmanie als erste große Spekulationsblase, auf die 1720 die Südsee- und dann kontinuierlich weitere Blasen bis zu den aktuelleren Technologieblasen folgten.

IRIS UND REGENBOGEN

In der griechischen Mythologie ist Iris die Personifikation des Regenbogens und eine Götterbotin des Zeus und der Hera; viele meinen, dass die Blume nach ihr benannt wurde. Sie trug auf dem Regenbogen Botschaften vom Himmel zur Erde und begleitete die Seelen von Frauen auf ihrem Weg in den Himmel. Noch heute pflanzen die Griechen lila Schwertlilien auf die Gräber von Frauen, damit Iris sie zu ihrer Ruhestätte im Himmel geleitet.

Mit ihren außergewöhnlich schönen, großen Blüten an kräftigen, langen Stängeln mit schwertförmigen Blättern ist jede Iris ein Kunstwerk. Am besten pflanzt man sie weit oben in die Erde, wenn nicht gar darauf. Nach der Blüte kann man die Rhizome teilen, was die gesunden in Ruhe gedeihen und fürs Blühen im Folgejahr Kraft schöpfen lässt. Bei guter Pflege treiben sie bis zu 20 Jahre lang Blüten. Wir pflanzen jedes Jahr neue Sorten: ›Lion King‹, ›Golden Beauty‹ und ›Red Ember‹ von regionalen Anbietern sowie solche der französischen Züchterfamilie Cayeux, etwa ›Baie des Anges‹ oder ›High Chaparral‹.

Eine Lieblingsblume der Könige, seit sie im alten Ägypten als Symbol des Lebens galt, wurde die Iris von den französischen Monarchen zur bourbonischen Lilie erwählt, in den Royal Standard und das britische Wappen integriert und auf einem der berühmtesten Gemälde der Welt für die Ewigkeit festgehalten: auf Vincent van Goghs *Iris (Schwertlilien)*. Der britische Künstler Sir Cedric Morris, der nationalen Rang als Maler und Gärtner errang, pflanzte in seinem berühmten Garten in Benton End/Suffolk jedes Jahr rund 1000 neue Irissetzlinge und zeigte sie an Tagen der offenen Tür. Er züchtete mindestens 90 mit Namen versehene Sorten, manche mit ›Benton‹ als erstem Bestandteil, und malte sie häufig.

WENN DER FRÜHLING IN DEN SOMMER ÜBERGEHT, denken wir an Cocktails und an unsere Freunde, mit denen wir im Garten feiern möchten. Der Bruder des Schriftstellers Evelyn Waugh gilt als Erfinder der Cocktailparty:

> »Vor einigen Jahren erwähnte ich meinem Bruder Evelyn gegenüber, dass ich glaubte, die Cocktailparty erfunden zu haben«, schreibt Alec. »Er machte wie immer große Augen ... ›Also veröffentlichen würde ich diese Prahlerei besser nicht.‹ Gut möglich, dass er recht hat, aber ich denke, ich habe gute Gründe für die Behauptung, in den literarischen Bohemekreisen ... die erste Cocktailparty gegeben zu haben.«

Evelyn Waugh heiratete nacheinander zwei Nichten des 5. Earl of Carnarvon. Wenn ihm etwas sehr gut erschien, bezeichnete er es als »sehr Highclere«. Diese Cocktailrezepte sind sehr Highclere, und unser Krocketspiel danach war folglich auch sehr gut.

Frühlingscocktails

The Lavender Lady

Dieser traumhaft schöne Cocktail bringt die Aromen des Highclere Castle Gins bestens zur Geltung.

50 ml Highclere Castle Gin
25 ml Lavendelsirup
25 ml frisch gepresster Zitronensaft
1 Eiweiß

Gin, Lavendelsirup und Zitronensaft in einem mit Eis gefüllten Cocktailshaker schütteln, bis der Cocktail kalt ist. Das Eis abseihen, das Eiweiß hinzugeben und nochmals schütteln (Reverse Shake). Zum Schluss in eine gekühlte Champagnerschale abseihen.

Tipp des Butlers

Lavendelsirup kann man ganz einfach selbst zubereiten. Dazu Lavendelblüten kurz vor dem Erblühen pflücken. 250 g Zucker und 250 ml kaltes Wasser in einem Topf vermengen. Zum Kochen bringen, 1 Handvoll Blüten hinzugeben, vom Herd nehmen und durchziehen lassen, bis der Sirup abgekühlt ist. In einen Krug abseihen. Im Kühlschrank ist der Sirup bis zu 1 Woche haltbar (alternativ in einen Eiswürfelbehälter füllen und tiefkühlen).

Bramble

Der vor 40 Jahren entstandene Cocktail ist bereits heute ein Klassiker und zaubert fantastische Sommerfarben ins Glas.

50 ml Highclere Castle Gin
25 ml frisch gepresster Zitronensaft
12,5 ml Zuckersirup
15 ml Crème de mûre (Brombeerlikör)

Zum Garnieren

Brombeeren
1 unbehandelte Zitrone, in Scheiben geschnitten

Ein dekoratives Glas mit Crushed Ice füllen. Gin, Zitronensaft und Zuckersirup hinzugießen und verrühren. Crème de mûre hinzugießen. Die Beeren und Zitronenscheiben auf einen Cocktailspieß stecken.

Tipp des Butlers

Crème de mûre durch Crème de cassis (Likör von schwarzen Johannisbeeren) ersetzen. Verwenden Sie 1 Zweig Rosmarin als Garnierung.

The English Garden

Diesen urbritischen Cocktail voll sommerlicher Aromen serviert man am besten in einem schmalen, hohen Glas und genießt ihn im Deckchair auf dem Rasen.

50 ml Highclere Castle Gin
25 ml Holunderlikör (St. Germain)
15 ml frisch gepresster Limettensaft
75 ml Apfelsaft

Zum Garnieren

Apfelscheiben
Gurkenspirale

Alle Zutaten im Shaker schütteln und in ein mit Eis gefülltes Glas abseihen. Mit Apfelscheiben und einer Gurkenspirale garnieren.

Hanky Panky

Die legendäre Barkeeperin Ada »Coley« Coleman ersann diesen Cocktail in den 1920er-Jahren. Sie wurde die erste weibliche Chefbarkeeperin des Savoy Hotels. Das Rezept stammt aus dem *Savoy Cocktail Book* (1930). Genießen Sie den verführerischen Duft.

50 ml Highclere Castle Gin
50 ml süßer Wermut
2 Spritzer Fernet-Branca (bitterer Kräuterlikör)

Zum Garnieren

1 Streifen unbehandelte Orangenschale

Alle Zutaten in einem Glas mit Eis verrühren, bis die Flüssigkeit kalt ist. In ein gekühltes Cocktailglas abseihen und dann garnieren.

His Lordship Cocktail

Wir verkaufen Orangenmarmelade, deren Herstellung nicht nur eine wichtige Rolle in Lord Carnarvons Leben, sondern auch in diesem Cocktail spielt.

50 ml Highclere Castle Gin
25 ml Holundersirup
25 ml frisch gepresster Zitronensaft
1 Barlöffel Orangenmarmelade

Zum Garnieren

Eiswürfel
1 Streifen unbehandelte Orangenschale

Alle Zutaten (ohne Eis) im Shaker gut verrühren. Das Eis hinzugeben und den Cocktail schütteln, bis er kalt ist. In ein Cocktailglas doppelt abseihen (das Eis bleibt im Shaker). Den Cocktail mit der Orangenschale garnieren und mit einem einzelnen Eiswürfel kühlen.

Tipp des Butlers

Die Verwendung von zwei Sieben unterschiedlicher Maschenweite nennt man »doppelt abseihen«. So gelangt kein Crushed Ice ins Glas.

AZALEA ›ALTACLERENSE‹

Wenn ich zum Abschluss meiner Morgenrunde mit den Hunden die Hauptzufahrt zum Schloss hügelan radele, freue ich mich jedesmal über die dunkelgrünen Rhododendronwälle. Mit mehr Energie, als ich dann noch habe, rennen die Hunde auf sie zu, verschwinden im Gebüsch und stellen sich jedes Mal ziemlich taub für meine Rufe, während ich durch das schwarze Tor und dann durch hohes Gras in Richtung des Zierbaus Jackdaw's Castle fahre.

Highclere Castle steht auf einem Kreidehügel, auf dem eigentlich nur Kalk liebende Büsche und Bäume gedeihen, aber die dortigen Massen von Rhododendren schützen auch eine Azaleensammlung. Einst war der ganze grüne Rasen voller Beete mit von Auslandsreisen mitgebrachten Pflanzen. Angelegt hatte sie der 2. Earl (1772–1833), ein begeisterter Gärtner, mit kundiger Unterstützung seines jüngeren Bruders, des Botanikers William Herbert. Um geeignete Bedingungen für seine Sammlung herzustellen, ließ Lord Carnarvon auf einer Fläche von 4000 bis 8000 Quadratmetern riesige Vertiefungen graben, die mit Wagenladungen humusreicher saurer Erde von einem See im nördlichen Teil des Parks gefüllt wurden. Auf diesem Gelände wurden zahlreiche Beete und formale Wege angelegt, die in Nähe der Schlossbibliotheksfenster beginnen.

Der 2. Earl sammelte auch Samen, besonders in Amerika, und zog daraus mit seinem Gärtner Mr Carton und der Unterstützung eines Mr Gowan in seinen Gewächshäusern Pflanzen heran. Mit der Zeit erwarb sich der Garten einen Ruf für viele schöne Erfolge dieser Herren und die von ihnen gezüchteten neuen Kreuzungen. In einem zeitgenössischen Artikel hieß es: »Am erstaunlichsten sind die Kreuzungen zwischen *R. arboreum* und winterharten Arten.« 1813 kultivierte der Earl durch Kreuzen von *Rhododendron ponticum* und *R. maximum* rund 1800 Jungpflanzen, die er mit der Bitte, sie an andere weiterzugeben, an viele Freunde verschenkte. Mehrere namhafte Zuchterfolge erzielte er auch mit Azaleen, insbesondere eine Kreuzung von *Azalea calendulacea* und *A. nudiflora* var. *rubescens*. Dieser Teil des Gartens

Erblühende Azaleen vor Jackdaw's Castle.

wurde daher in Viktorianischer Zeit zum Gegenstand großer Bewunderung und »Amerikanischer Garten« genannt. In unserer Broschüre heißt es dazu:

> **Zur Geschichte der Kreuzung *R.* ›Altaclerense‹ gibt es eine interessante Anekdote. Man wollte sie unbedingt züchten, doch die *R.-arboreum*-Pflanzen blühten auf Highclere nicht. Damals (1826) gelang das in England bei dieser Art nur auf Hylands (unter Mr Labouchere) und auf The Grange. Von The Grange wurde eine Blütendolde in einem Blechkästchen nach Highclere geschickt. Dort wurden mit ihrem Pollen Blüten von *R. ponticum* und *R. maximum* befruchtet … Die betreffenden Pflanzen haben jetzt Blühreife erlangt und stehen heute als große Sträucher ums Haus.**

Während der beiden Weltkriege wucherte in einem Großteil des Gartens Gras, aber ein paar Azaleenbeete ganz hinten blieben erhalten, verwilderten allerdings zunehmend. Im November 2015 beschloss ich, dort jedes Wochenende mehrere Stunden mit extra dicken Handschuhen, Grabegabel und langer Gartenschere Gestrüpp auszureißen und zu schauen, was sich darunter verbarg. Alle Hunde gruben fröhlich schnüffelnd mit. Manchmal schien es uferlos, manchmal erfolgreich, aber seitdem sind wir drangeblieben. Inzwischen haben wir alle Brombeerwurzeln entfernt und freuen uns, wenn wir die alten Azaleen entdecken und an die Zeit ihrer Pflanzung zurückdenken. Ich hätschele sie und spüre andere alte Beete mit der richtigen Erde auf, die manchmal an Vertiefungen im Gras zu erkennen sind.

Im Mai schießt das Gras – es bekommt jetzt genug Regen, gefolgt von Sonnenschein, sodass die Rasenmäher kaum hinterherkommen – und ebenso die alten Azaleen. Ihrem hohen Alter zum Trotz explodieren ihre Farben schier. Gelbe, rote, pfirsichfarbene, rosa, orange, weiße und mauvefarbene Blüten verdecken die Blätter fast komplett. Bei den Büschen, deren duftende Blüten sich so herrlich beißen, handelt es sich um seltene Genter Azaleen, die 1734 aus Nordamerika eingeführt wurden. *Azalea pontica* (oder *Rhododendron*

luteum), gelb und stark duftend, stammt von 1806, außerdem gibt es hier Kreuzungen wie z. B. ›Ignea Nova‹, ›Coccinea Speciosa Narcissiflora‹ oder ›Gloria Mundi‹.

Ein Beet weckt mit seinen herrlichen Farben und Düften immer besonderes Interesse, und einige seiner Sorten konnten bestimmt werden, darunter ›Pallas‹, ›Gloria Mundi‹ und ›Sang de Gentbrugge‹. Da ihre Zweige mit Flechten überzogen sind, sehe ich sie mir jedes Jahr im April genau an und hoffe, dass sie im folgenden Monat wieder ihre ganze Pracht zeigen.

MAIENBLÜTEN

»ALLER DINGE ANFANG IST EIN TAG IM FRÜHLING«, heißt es in den *Carmina Burana*. Gehen Sie südöstlich des Schlosses an der riesigen Büste Karls des Großen vorbei, stoßen Sie das Holztor auf, und lauschen Sie dem Gesang der Vögel in den Kirschbäumen, deren Tausende weiße, ins Rosa spielende Blüten sich wie ein heller Schneehimmel über Ihnen aufspannen. Die schlanken, fast unsichtbaren Äste bewegen sich leicht im Wind und verströmen einen schwachen Duft. In Japan gilt der Beginn der Kirschblüte von alters her als Symbol der flüchtigen Schönheit des Lebens, seiner Fragilität und Vergänglichkeit. Die herrliche Kirschblüte ist kurzlebig, doch in mancherlei Hinsicht ist das Frühlingsende, wenn die weichen Blütenblätter auf den gewundenen grünen Wegen des Secret Garden verstreut liegen, sogar noch schöner, auch wenn sie vom Verblühen zeugen. Der Secret Garden beherbergt Kirschbäume aus der Zeit seiner Anlage durch Jim Russell im Jahr 1962. Weitere 21 weiß-rosa Sakura-Bäume waren ein großzügiges Geschenk der Japanischen Botschaft in London. Sie wurden in kleinen Gruppen auf den Garten verteilt und werden uns noch viele Jahre erfreuen.

Anderswo gibt es jetzt Apfelblütenwolken in Rosa und Weiß, aus denen das leise Summen zahlreicher Bienen auf der Suche nach Nektar dringt. Die Vögel singen morgens nun längere, kompliziertere Melodien, aber auch für ihren Abendgesang bin ich dankbar. Doch nur noch zehn Tage, und schon schwindet die Pracht oder, mit Shakespeares berühmtem *18. Sonnett*:

Durch Maienblüten raue Winde streichen
Und kurz nur währt des Sommers Herrlichkeit!

Inzwischen ist auch der Schwarzdorn längst verblüht und wird vom Weißdorn abgelöst, dessen Massen weißer Blüten die Blätter und dornigen Zweige fast völlig verdecken. Vor allem mit ihm ist seit alters der Maifeiertag verbunden, der im ländlichen Kalender den Übergang vom Frühling zum Sommer markiert. Seine Blüten schmückten traditionell Maitagkränze und die Kränze des mythischen Grünen Manns. Man soll Weißdorn nicht ins Haus bringen, doch seine Früchte ergeben Gelees und Salate, seine Rinde einen gelben Farbstoff, und die Büsche bilden eine nahezu undurchdringliche Hecke, durch die Vieh nicht entkommt. Dem Volksglauben nach wohnen Feen darin. Die Stelle, an der Westminster Abbey steht, hieß einst nach dem heiligen Weißdornbestand, der hier wuchs, Thorney Island.

Für mich ist der Erste Mai vor allem ein Tag der allgemeinen Freude über das schöner werdende Wetter. Für ganz Europa gibt es viele mittelalterliche Belege für Maifeiern, doch ihre Wurzeln sind noch viel älter. So weihten etwa die Römer einen Tag Anfang Mai ihrer Göttin Flora. Tulpen, Sommerjasmin und Iris, kräftig wachsender Rasen – überall herrschen eine Kraft und ein Licht, mit dem Paul, unser Chefgärtner, und sein Team mit vollem Einsatz Schritt halten.

Der Maifeiertag geht auch auf noch ältere Feste zurück, etwa Beltane, das den Sommeranfang markierte und als bester Zeitpunkt für den Viehauftrieb galt. Noch heute sind wir erleichtert, dass es draußen nun weniger matschig ist, wir nicht mehr so viele Eimer Wasser und Heu schleppen, in Garten und Hof weniger schwer arbeiten müssen und die Tage länger werden. Es heißt, am Ersten Mai sind Feen und Hexen aktiv, aber bestimmte Bäume wehren sie angeblich ab, etwa Hasel und besonders Vogelbeere (*Sorbus aucuparia*, im Englischen auch *witchbeam* genannt: »Hexenbalken«). Auf Highclere sind zum Glück mehrere Vogelbeerhaine und zahlreiche Haselnusssträucher erhalten.

Blühender Kirschbaum (*Prunus* ›Yoshino‹) in einer schattigen Ecke im Mönchsgarten.

Das Christentum eignete sich einige alte Traditionen und Bräuche an und nutzte sie, um den Mai mit der Jungfrau Maria als »Maikönigin« zu verknüpfen. In Viktorianischer Zeit erfreuten sich viele davon wieder großer Beliebtheit und wurden in loser Verbindung mit dem ländlichen Erbe uminterpretiert. In manchen Dörfern wird die Maikönigin noch gefeiert und auch der Maibaum, um den im Tanz Bänder geflochten werden.

Auf Highclere laden wir gelegentlich Morris Dancers ein, eine weitere Erste-Mai-Tradition. Wenn sie in ihren farbenfrohen Kostümen, mit Glöckchen am Schienbein und flatternden Bändern an den Hüten auf dem Rasen ein paar Tänze hinlegen, amüsieren nichtsahnende Besucher sich prächtig. Sie schwenken große Taschentücher und Stöcke und schlagen Letztere im Takt der Musik gegeneinander. Wir freuen uns, die Tänzer heute dafür zu entlohnen, und wissen, dass die Tradition mindestens auf das Jahr 1448 zurückgeht, für das eine Bezahlung der Tänzer belegt ist. In einem Jahr war es draußen aber so fürchterlich nass, dass sie ihre Tänze allen im zentralen Salon des Schlosses vorführten, was ungewöhnlich, aber sehr unterhaltsam war.

VERZAUBERTE WÄLDER

Ein Licht gibt es im Lenz
Das sich zu keiner Frist
Des ganzen Jahres nochmal zeigt –
Kaum daß der März anbricht

Steht eine Farbe draußen
Auf einsamem Gefild
Die Wissenschaft nicht einholt –
Doch was Menschsein sich erfühlt.

Es wartet auf dem Rasen,
Holt fernste Bäume her
Und auf entlegnen Hängen
Spricht es schon fast mit dir.

Emily Dickinson: »Ein Licht gibt es im Lenz«

Auf dem Kreideboden oberhalb des Schlosses haben sich vor langer Zeit Buchen angesiedelt. Mit ihrem hohen Laubdach ist die Buche die Königin unter den britischen Bäumen. Wenn ich auf den alten Wegen spazieren gehe und in die prächtigen Kathedralen ihrer Äste schaue, empfinde ich Demut und Frieden. Einst glaubte man, dass einem Reisenden, der sich verirrt hat, nichts passiert, wenn er Schutz unter Buchenzweigen sucht, und dass dort gesprochene Gebete direkt in den Himmel aufsteigen. Die Menschen trugen für Glück und Ideenreichtum Talismane aus Buchenholz bei sich. Aus dem altenglischen *boc* ging *beech* (Buche) und ein altes Wort für *book* (Buch) hervor. Beide – Bäume und Weisheit – sind in den heutigen nordeuropäischen Sprachen eng miteinander verknüpft.

Am Wayfarers' Walk (»Weg der Reisenden«) auf einem hohen Kreidekamm südlich des Schlosses stehen einzelne Eichen auf Lichtungen, gemischte Hecken zeugen von alten Trampelpfaden, und Insektenwälle an Ackerrändern bilden Schutzgürtel. Jeder Frühlingstag wartet mit neuem Wachstum auf, bis fast über Nacht ein himmelblaues Meer aus Hasenglöckchen den Boden überflutet, aus dem dicht an dicht glatte, graue Baumstämme mit sonnenbeschienenen, halb geöffneten Blättern emporragen, zwischen denen der azurblaue Frühlingshimmel hervorblitzt.

Überall prangen nun unendlich vielfältige Farben und Düfte, die die Zeit zwischen der Erwärmung des Bodens und dem Schließen des dichten, grünen Walddachs überbrücken. In Massen ist das Hasenglöckchen, ein bescheidenes Waldblümchen, atemberaubend. Es steht für ewige Liebe und ist die Blume von Englands Nationalheiligem Georg. Die Dichter John Keats und Alfred Tennyson besangen es, und Gerard Manley Hopkins beschrieb 1871 in seinem Tagebuch seinen »vibrierenden blauen Schleier« und »hauchzarten berauschenden Duft«. Wie so vieles ist es heute rarer als früher, wobei über die Hälfte der Hasenglöckchen weltweit in Großbritannien wächst.

Hasenglöckchenfelder brauchen von Saat bis Blüte zwischen fünf und sieben Jahren und sind empfindlich: Läuft man darüber, können sie eingehen, weil sie nur in der kurzen Zeitspanne, in der sie Blätter haben, Fotosynthese betreiben können. Dem Volksglauben nach rufen ihre Blütenglöckchen Sommerfeen zu Waldversammlungen herbei, und ein Bund Hasenglöckchen im Haus soll Unglück bringen.

Man kann Hasenglöckchenzwiebeln (heimischer Sorten) gut unter der breiten Krone eines Baums pflanzen, vielleicht in kleinen Gruppen hie und da. Man setzt sie so ein, dass die weißen Ansätze der grünen Blätter bedeckt sind. Wässern Sie gut, und seien Sie geduldig. Hasenglöckchen siedeln sich besonders gern in mindestens 400 Jahre alten Wäldern an. Es sind artenreiche Habitate, die nur noch rund zwei Prozent der Fläche Großbritanniens einnehmen; vor dem Zweiten Weltkrieg war es doppelt so viel. Relativ

unbeeinträchtigt von menschlicher Bebauung leben im unberührten Boden und modernden Holz komplexe Gemeinschaften, Pilze, Wirbellose, Insekten, Flechten und andere Pflanzen. Leider werden diese Wälder noch zügiger gerodet als die Amazonas-Regenwälder.

Der britische Lyriker Gerald Manley Hopkins war ein leidenschaftlicher Naturbeobachter und haderte mit dem viktorianischen Industrialismus, den er für enorm schädlich und dafür verantwortlich hielt, dass die Menschen nicht mehr genug Zeit hatten, über die Wunder der Natur zu staunen. Er empfand seine Epoche als eine des realen und spirituellen Vandalismus, ohne Bewusstsein für die »größere Bedeutung des aufkeimenden Grüns«. 1870 schrieb er:

> **Ich glaube nicht, dass ich je Schöneres sah als das Hasenglöckchen, das ich betrachtete. Ich erkenne darin die Schönheit unseres Herrn.**

BÄUME GOTTES

Wir kämen eher ohne Gold zurecht als ohne Holz.
John Evelyn (1620–1706)

RICHARD POCOCKE UND SEIN COUSIN JEREMIAH wurden von ihrem Großvater, Pfarrer Isaac Milles, im alten Pfarrhaus von Highclere Park gemeinsam mit Robert Herbert von Highclere und dessen älterem Bruder Henry Herbert (der spätere 9. Earl of Pembroke) unterrichtet. Als Erwachsene reisten sie zwischen 1737 und 1741 durch den Mittleren Osten, u.a. den Libanon, und Richard kehrte mit Zapfen einer Libanon-Zeder heim, auf die die ersten von Highcleres Kultbäumen zurückgehen. Pococke schrieb Tagebuch über seine Abenteuer und schickte alle drei Wochen einen unbeschwerten, lebendigen Brief an seine »Geehrte Mama«. 1738 schrieb er über diese Bäume:

> **Sie bilden ein Wäldchen mit etwa anderthalb Kilometer Durchmesser, das aus einigen dicht an dicht stehenden großen Zedern, etlichen jungen Zedern und einigen Kiefern besteht. Die hohen Zedern sehen von Weitem wie ausladende, große Eichen aus; ihr Rumpf ist kurz und teilt sich unten in drei oder vier Stämme, die z.T. etwa drei Meter hoch zusammen heranwachsen, sodass sie wie dicke, scheinbar aus sieben Gliedern bestehende gotische Säulen wirken; weiter oben wachsen sie dann horizontal in die Breite: Eine mit rundem Rumpf, nicht die höchste, maß im Durchmesser über sieben Meter, eine andere, mit einer Art Dreifachrumpf wie beschrieben, dreieinhalb Meter an jeder Seite.**

Zedern wurden in antiken Zivilisationen verehrt und sind in der Bibel öfter erwähnt als jeder andere Baum; Salomon baute aus ihrem Holz einen Tempel und einen Palast. Man bestattete Pharaonen darin, baute Schiffe daraus und hielt es für unzerstörbar, weil es hell, aber hart und sehr verrottungsresistent ist.

Es gibt vier Gruppen (Taxa) von Zedern: die Libanon-Zeder, *Cedrus atlantica* (Atlas-Zeder) mit bläulichen Nadeln, *C. deodara* (»Götterholz«) mit schlankerer Form und die langsam wüchsige, kleinere und eher kegelförmige Zypern-Zeder (*C. brevifolia*). Die von den beiden Vettern bewunderten Zedern wuchsen einst in großen, inzwischen gefährdeten Wäldern im Libanon. Einige werden »Überlebende« genannt, weil von den Tausenden Exemplaren nur noch Gruppen von je Hunderten übrig sind. Tausende Kilometer von ihrer Heimat entfernt verleihen Zedern unserem Park das ganze Jahr über Struktur und Schönheit. Dokumente belegen, dass die allererste Zeder 1739 aus

> **einem vom Orientreisenden Dr Pococke aus dem Libanon mitgebrachten Zapfen herangezogen und 1767 versetzt wurde, als ihr Umfang auf 30 Zentimeter Höhe 43 Zentimeter betrug. 1812 lag er bei 2,1 und 15 Jahre danach bei 2,7 Metern.**

Brownlow North, ab 1781 Bischof von Winchester, war häufig zu Gast auf Highclere, sein Porträt hängt hier heute noch. Auch er wollte Zedern besitzen und transportierte so viele von Highcleres jungen Exemplaren ab, dass sein Kutscher vor lauter Bäumen wohl kaum noch zu sehen war. Sie wurden auf dem Gelände von Farnham Castle gepflanzt, einem bedeutenden mittelalterlichen Haus Englands.

Viele unserer Zedern sind über 250 Jahre alt. In den Wintermonaten sorgen sie für etwas Farbe, und auf Fahrten durch den Park, wenn das Schloss abwechselnd sichtbar wird und wieder verschwindet, rahmen sie die Blicke. »Wie malerisch, wie malerisch!«, rief einst Premierminister Benjamin Disraeli, als er 1866 Highclere einen Wochenendbesuch abstattete. Seit Geordie und ich hier leben, haben wir für alle, die in 150 Jahren unter ihnen Schatten oder Schutz suchen, viele neue Zedern gepflanzt und auch zwei *C. deodara* durch neue Exemplare ersetzt.

DIE ALTE ESCHE

Die stattlichen Zedern sind jedoch relativ junge Elemente in Highcleres Landschaft. Die Eschen und Ulmen sind älter. Der berühmte Maler John Constable fertigte ein paar schöne Baumskizzen an, »insbesondere von einer natürlichen (aber sehr eleganten) Gruppe von Bäumen – Eschen, Ulmen und Eichen«, wie er im September 1821 schrieb. Sie lösten bei ihm auch tiefe Gefühle aus; ein amerikanischer Freund von ihm bemerkte: »Ich sah ihn einen schönen Baum mit einer derart verzückten Freude betrachten, als hielte er ein schönes Kind auf dem Arm.«

In seinen vor rund 2000 Jahren verfassten *Eclogae* bezeichnet der römische Dichter Vergil die Esche als den schönsten aller Bäume. Seine Gedichte, in denen es um die üblichen politischen und romantischen Anfechtungen geht, vor allem aber um die erlesene Schönheit der Welt, in der wir leben, wurden auf den römischen Bühnen mit großem Erfolg vorgetragen. Seitdem findet sich die idyllische Landschaft, in der er sie ansiedelte, in unseren Dramen und Prosawerken wieder. Eschen bilden den Kern des Lebens auf Erden und sind in vielen Kulturen von Mythen und Legenden umgeben. Im Volksglauben werden sie oft mit dem Heiligen assoziiert. Die Wikinger glaubten, dass der Weltenbaum Yggdrasil, unter dem die Götter ihre Versammlungen abhielten, eine Esche war, und der gälische Glaube sprach ihnen Schutzkraft zu: Von den fünf legendären Schutzbäumen Irlands sind drei Eschen.

Eschenholz ist ebenso robust wie biegsam; ein Verbindungsstück aus Esche soll mehr Gewicht tragen als jedes andere Holz. Deswegen wurden Radachsen für Kutschen, Werkzeuggriffe, Ruder und Bogen daraus gefertigt. Eschen eignen sich für den Stockausschlag; nach fünf Jahren hat man kräftige, gerade Stangen für Bohnen und nach 20 Jahren Ruder. Seine hohe Dichte macht das Holz auch zum idealen Brennstoff, weil es heiß und lange brennt. Es wächst schnell und schlägt kräftig aus, wenn man die Bäume auf den Stock setzt, und stürzt eine Esche, überlebt sie das oft.

Im Gartenteil südwestlich des Schlosses bezaubert uns jedes Frühjahr eine herrliche Rot-Esche, unter der es sich heute gut sitzen lässt, »weil dort jemand vor langer Zeit einen Baum gepflanzt hat«, wie Warren Buffett einmal gesagt hat. In einem Areal auf den steilen Kreidehügeln von Highclere sind die Eschen leider von der Eschenwelke befallen, sodass wir sie fällen und durch andere Arten ersetzen müssen. Aber wir hoffen auf eine neue, resistente gentechnische Züchtung, sodass wir die stattlichen Bäume für kommende Generationen pflanzen können.

Wenn der Frühling schließlich in den Sommer übergeht, beginnt auf den Kreideböschungen der Flieder (*Syringa*) zu blühen. Ob primelgelbe oder dunkellila, weiße oder rosa Blüten in allen Schattierungen – ihr wundervoller Duft bleibt, wenn der Abend sich neigt. Der Flieder entlang von Highcleres Pfaden wird von Glyzinien mit ihren langen lila und weißen Blütentrauben abgelöst, die uns den ganzen Frühsommer über begleiten.

EIN HEILKRÄUTERGARTEN

Ich weiß 'nen Hügel, wo man Quendel pflückt,
Wo aus dem Gras Viol' und Maßlieb nickt,
Wo dicht gewölbt des Geißblatts üppge Schatten
Mit Hagedorn und mit Jasmin sich gatten.
William Shakespeare: *Ein Sommernachtstraum*

ALS ES NOCH KEINE SUPERMÄRKTE GAB, spielten Gärten den größten Teil der Menschheitsgeschichte über eine entscheidende Rolle bei der täglichen Lebensmittelversorgung. So auch die Gärten und Höfe des Bischofs auf Highclere. Dicht bei den Gebäuden wurden Obst, Gemüse und Kräuter angebaut. Weiter entfernte Weiden lieferten Futter für die Schafe, Kühe und Pferde und die Äcker auf den umgebenden Hügeln Hafer und andere Getreide – nicht viel anders als heute.

Im Mittelalter wurde an einem Südhang südöstlich des heutigen Schlosses dann ein ummauerter Garten angelegt. Die hohen Mauern hielten den Wind ab, und die Ziegelsteine speicherten die Wärme viel besser als Naturstein. Hier lag vielleicht auch der Heilkräutergarten, den jedes mittelalterliche Spital brauchte. Gewöhnlich wuchsen darin Salbei, Eisenkraut, Raute, Kamille, Dill, Beinwell und Kreuzkümmel, die auf der kalkhaltigen oder alkalischen Erde der Gegend gut gedeihen. Ich las, dass man im Mittelalter aus Schlachten heimkehrenden, seelisch angegriffenen Soldaten anbot, in Klostergärten mitzuarbeiten, und schlaffördernde Kräuter verabreichte: hilfreich auch in unserem heutigen unruhigen Leben.

Schon der altägyptische Papyrus Ebers (um 1500 v. Chr.) führt über 850 pflanzliche Arzneien auf, darunter Fenchel und Leinsamen, die wir hier noch immer anbauen, sowie verschiedene Mittel gegen Traumata. Tutenchamun, auf ewig mit Highclere verbunden, seit der 5. Earl an der Entdeckung seines Grabs beteiligt war, wurde mit Knoblauch und Zwiebeln bestattet, um ihm im nächsten Leben das Atmen und Verdauen zu erleichtern.

Wer heute durch den alten ummauerten Garten spaziert, sieht noch immer seine ursprünglichen Fundamente, die Schatten unbenutzter Türen und die Mauerkrone, die gerade die Holzäpfel, Spalierfeigen und -reben überragt. Auf langen Beeten gedeiht üppig Lavendel, und auf dem grünen Gras stehen Maulbeerbäume und eine Quitte. Ihres Dufts und ihrer Schönheit wegen haben wir auch Rosen und andere Blumen gepflanzt, die vielleicht ebenfalls heilsam sind, denn bei ihrem Anblick empfinden wir reines Glück.

Zum etwas weiter vom heutigen Schloss entfernt liegenden Monks' Garden (»Mönchsgarten«) gelangt man über einen abschüssigen Hang und einen Kiesweg. Aufgrund der Geschichte der Kräuter, die hier gezogen werden, haben wir in den letzten Jahren in Nähe der Teestuben einen neuen, symmetrisch bepflanzten, mit einer Buchenhecke eingefassten Kräutergarten geschaffen. In seiner Mitte steht eine moderne Sonnenuhr mit der Inschrift »Omnia tempus habent et suis spatiis transeunt universa sub caelo«, ein Vers aus dem biblischen Buch Prediger Salomo, zu Deutsch: »Ein jegliches hat seine Zeit, und alles Vorhaben unter dem Himmel hat seine Stunde.«

Meines Erachtens erweckt nichts die Gärten der Vergangenheit so sehr zum Leben wie Kräuter: eine üppige Mischung aus Engelwurz, Fenchel, Rosmarin, Borretsch, Majoran und Veilchen. Duftend und zugleich kräftig im Geschmack, bildeten sie in Zeiten vor der modernen Medizin die Grundlage von Arzneien und Gesundheit. Und noch heute basiert rund ein Viertel aller westlichen Arzneien auf Pflanzen, wobei der Umgang mit ihnen Sorgfalt erfordert, weil bestimmte Teile bei unsachgemäßem Gebrauch giftig sein können.

Früher unterschied man nicht zwischen Kräutern und Gemüse, die alle beim Kochen Verwendung fanden: roh, gegart oder in Form von Tees, Elixieren oder Aromastoffen zur Überdeckung des Geschmacks von verdorbenem Essen. Einige Kräuter gelten als wirksame Begleitpflanzen bestimmter Gemüsesorten, weil sie deren Wachstumskraft erhöhen und gegen Krankheitsbefall schützen können. Borretsch ist z. B. ein ausgezeichneter Nachbar von Erdbeeren, Minze vertreibt dagegen Kohlraupen und ist auch bei Mäusen und Ratten nicht gerade beliebt.

Philip arbeitet schon seit über 20 Jahren in Highcleres Gärten, und besonders er hilft mir im Monks' Garden und pflanzt dort die von uns beiden getroffene traditionelle Auswahl an Kräutern. Manche, wie z. B. Lorbeer, Majoran, Rosmarin, Thymian und Petersilie, sind verbreitet, andere, wie Wilder Anis, Goldmelisse und Engelwurz, seltener. Zitronenmelisse (*Melissa officinalis*) ist eine Staude, die im Beet ebenso gut gedeiht wie im Topf. Bienen lieben sie ihres Duftes wegen: Neben einem Bienenstock wachsende Zitronenmelisse soll weitere Bienenvölker anziehen. Wohl allein mit ihrem Geruch hilft sie auch bei angegriffenen Nerven, und laut John Evelyn, Tagebuchschreiber des 17. Jahrhunderts, vertreibt sie Melancholie und stärkt Verstand und Gedächtnis.

Im Kräutergarten sind Lavendel und Rosmarin wichtige Gestaltungselemente.

Wie immer ist meine Auswahl teilweise assoziativ; Arznei-Engelwurz (*Angelica archangelica*) pflanze ich z.B. meiner engen Freundin Angeli Bolza wegen. Der Name der Pflanze weckt himmlische Assoziationen; der Legende nach blüht sie am 8. Mai, dem Tag des Erzengels Michael, nach dem die ursprüngliche angelsächsische Kirche von Highclere benannt wurde. Engelwurz hat fast den ganzen Sommer über lange, grünlich-weiße Dolden und sollte bei diversen Krankheiten helfen, vor allem gegen die Pest. Heute werden ihre Samen für Wermut, ätherische Öle und Aromastoffe verwendet.

Wir bauen auch Waldmeister (*Galium odoratum*) an, der in getrocknetem Zustand süß nach Heu und Honig duftet. Er verleiht Bettwäsche Duft, hält Motten fern und wurde als Beruhigungsmittel und zur Behandlung von Krampfadern geschätzt. In Deutschland versetzt man damit Wein für die Erste-Mai-Bowle. Bei uns wächst auch Liebstöckel (*Levisticum officinale*), ein traditionelles Aphrodisiakum, das von den Griechen und Römern und im Mittelalter angepflanzt und konsumiert wurde. Nutzbar sind alle Teile: Das Kauen der Samen soll die Verdauung fördern, Aufgüsse helfen bei Harnproblemen, und die Blätter haben antiseptische Eigenschaften und können in Salate oder Suppen gegeben werden. Weniger verbreitet ist der adstringierende Kriechende Günsel (*Ajuga reptans*), mit dessen frischen oder getrockneten Blättern Wunden, Hustenreiz und Mundfäule behandelt wurden. Wir haben auch eine Menge Salbei, der ja angeblich auf ewig jung hält, und Sauerampfer, der die Verdauung fördert und Leberprobleme lindert, sowie schlaffördernden Lavendel, kraftsteigernden Rosmarin, außerdem Fenchel und Kamille für Tees.

Alles hat seine Jahreszeit, und im späten Frühjahr wird in erster Linie gepflanzt, in den Gemüsebeeten gesät und im Haus eingetopft. Für ein paar Töpfe mit Kräutern hat ja sicherlich fast jeder genug Platz – und sei es nur auf der Fensterbank.

Kräuterbrühe

In meiner Jugend verbrachte ich mehrere Monate in Deutschland, um die Sprache zu lernen. Ich erinnere mich noch gut an einige der kulinarischen Traditionen. Besonders die grüne Kräuterbrühe ist mir im Gedächtnis geblieben, eine meist am Gründonnerstag zubereitete Spezialität, die Brunnenkresse oder Petersilie enthält. Die Suppe in meinem Rezept ist jedoch klarer. Die Brühe ist gerade in der Übergangszeit vom Winter zum Frühjahr ein hervorragender Booster fürs Immunsystem.

2 Zwiebeln, grob gehackt
1 Knoblauchknolle, geschält und grob gehackt
2 TL Apfelessig
1 TL ganze schwarze Pfefferkörner
3 Lorbeerblätter
je 1 große Handvoll frischer Rosmarin, Thymian, Salbei und Oregano (oder andere duftende Kräuter)

Alle Zutaten in einem Topf mit 4 l Wasser bedecken. Zum Kochen bringen, die Temperatur reduzieren und ohne Deckel 30–45 Minuten köcheln lassen, bis die Flüssigkeit um ¼ reduziert ist. Den Großteil der Kräuter und des Gemüses mit einem Schaumlöffel abschöpfen. Die Brühe abkühlen lassen. Durch ein mit einem Mulltuch ausgelegtes Sieb abseihen. Sofort verwenden oder in einem sterilisierten Behälter im Kühlschrank aufbewahren oder tiefkühlen.

FRÜHLINGSERNTE

In einem Frühling der 1240er-Jahre »wurde im Garten Dornengestrüpp entfernt, mit einer Egge gejätet und ein umschlossener Bereich mit Lauch, Kohl und anderem Gemüse bepflanzt«, u.a. mit sehr vielen Bohnen. 1248/49 wurden ca. 8100 Quadratmeter große Flächen umgegraben und in zwei Gärten Bohnen gepflanzt. 1262/63 wurde der Garten wieder von Gestrüpp befreit und fürs Pflanzen von Bohnen umgegraben, ebenso 1265/66, 1267/68, 1268/69 und 1270/71. Leider ist nicht überliefert, um welche Sorten es sich handelte, aber zweifellos waren Bohnen ein Grundnahrungsmittel, wohl für Mensch und Tier. Und bestimmt erforderte ihr Anbau damals wie heute den steten Kampf gegen Unkraut.

An zwei Frühlingsgemüsen liegt mir besonders: Rhabarber und Roter Bete. Wer Rhabarber anbaut, hat das ganze Jahr über Farbtupfer im Garten, und ich hatte noch dazu das Glück, ein paar sehr kräftige Pflanzen vorzufinden. Um die Frage, wie man sie am besten erntet, entbrannte in den letzten Jahren zwischen Freundin Genny und Gärtner Philip ein stiller Kampf, aber zu diesem Thema später.

Rhabarber

Rhabarber kann man erst ernten, wenn sich die Pflanze richtig etabliert hat (also nach frühestens einem Jahr) und wenn die Stängel im betreffenden Jahr mindestens 25 Zentimeter lang sind. Dann ist die Pflanze kräftig genug, um die Ernte zu überstehen. Man könnte ein paar Stängel auch früher abschneiden, aber sind es zu viele, geht die Pflanze ein. Man muss auch wissen, wann man nicht mehr ernten sollte. Theoretisch ist es bis in den Spätsommer möglich, man sollte die Pflanzen aber genug Energie speichern lassen, damit sie durch den Winter kommen.

Man kann Rhabarber auf zweierlei Art ernten. Man kann die Stängel entweder mit einem scharfen Messer abschneiden oder vorsichtig abbrechen. Beides hat seine Vorzüge. Auf jeden Fall muss man die an den Stängeln sitzenden Blätter wegwerfen, denn sie sind giftig und dürfen nicht verzehrt werden.

ROTE BETE

Rote Bete kann gekocht, gedämpft, geröstet und eingelegt, heiß oder kalt verzehrt sowie Suppen und Getränken beigemischt werden. Sie gilt als eine der zehn antioxidantienreichsten Gemüsearten: ein wahres Superfood. Zudem lässt sie sich leicht ziehen und ist daher ideal für alle Gemüsebauneulinge.

Sie gehört zur selben Familie wie Spinat, und essbar sind sowohl die – allerdings oft ziemlich bitteren – Blätter als auch die Rübe. Während die sogenannten alten Sorten wie etwa weiße oder gelbe Rüben optisch viel hermachen, ist die Rote Bete das Kraftpaket. Sie enthält die Krebs bekämpfende Verbindung Betacyanin, wirkt blutdrucksenkend und ist einer gesunden Verdauung förderlich, weil sie eine reiche Quelle von Glutamin ist, einer für die Darmgesundheit und -pflege wichtigen Aminosäure. Sie ist zudem reich an Ballaststoffen und wirkt antientzündlich.

Säen Sie Rote Bete am besten in kleiner Menge und dafür oft aus, und ernten Sie die jungen, zarten, golfballgroßen Rüben. Wenn Sie auch Sorten ziehen, die sich für die Winterlagerung eignen, haben Sie fast ganzjährig Rüben; am süßesten schmecken sie zugegebenermaßen aber im Juni/Juli.

B L U M E N   I N   T Ö P F E N

Damit in Ihren Töpfen immer etwas blüht, gilt es, die Zwiebeln mit Bedacht zu wählen. Bei einer schichtweisen Bepflanzung können Sie in jeden Topf erstaunlich viele Zwiebeln setzen und sich im ganzen Frühjahr an Blüten erfreuen. Unsere Gärtner füllen die Töpfe im Hof und um die Teestuben mit sorgfältig zusammengestellten Mischungen aus Narzissen, Tulpen und Traubenhyazinthen (*Muscari*), damit die Gäste immer einen frischen, hübschen Anblick haben.

Voraussetzung für eine überlegte Planung sind Kenntnisse über die Höhe der Blumen und ihre Blühzeiten. Wählen Sie große, mittelgroße und kleine Zwiebeln und sortieren Sie sie nach Pflanztiefe. Das lässt sich auch auf Beete übertragen:

1. Entfernen Sie Unkraut und Schutt aus dem Beet und arbeiten Sie die Erde tief durch. Nehmen Sie eine 20 bis 25 Zentimeter tiefe Schicht Erde ab und legen Sie die Erde beiseite.
2. Mischen Sie etwas Blumenzwiebeldünger oder Knochenmehl unter die Erde unten im Saatbett.
3. Setzen Sie die größten Zwiebeln, z.B. von Narzissen, Tulpen oder *Allium*, ins Saatbett. Bedecken Sie sie mit einer Schicht Erde.
4. Verteilen Sie die mittelgroßen Zwiebeln, etwa der kleineren Tulpen, Traubenhyazinthen und Holland-Iris. Bedecken Sie sie mit Erde.
5. Verfahren Sie genauso mit den kleinsten Zwiebeln, z.B. von Krokussen und Anemonen, und bedecken Sie sie mit der restlichen Erde.

Das Gleiche funktioniert mit Samen, wobei Planung hier noch wichtiger und noch mehr Geduld nötig ist.

BESONDERHEITEN

WIE AUF SO VIELEN ANWESEN verfielen im Laufe des 20. Jahrhunderts die meisten Besonderheiten der Vergangenheit, von Kiefernwäldern bis zu Pilzgewächshäusern, Orangerien und Glashäusern für Weinreben. Der Zuwachs an importierten Lebensmitteln, der Arbeitskräftemangel infolge zweier Weltkriege und veränderte Essgewohnheiten ließen sie zunehmend obsolet werden.

Hinter dem Mönchsgarten steht ein Glashaus für Wein. Wein verträgt zwar die meisten englischen Wetterlaunen, doch für die Reben ist die Zeit zwischen spätem Frühjahr und Mitte Mai entscheidend – ihre Wachstumsperiode, in der plötzlicher strenger Frost verheerend sein kann. 1834 beschrieb das *Gardener's Magazine* das Vorgehen auf Highclere detailliert:

> **Die Setzlinge werden in sehr kleine Töpfe gesetzt und, wenn sie größer sind, in größere bis zu solchen mit mindestens 30 Zentimeter Durchmesser verpflanzt; dann werden sie auf große Untersetzer gesetzt und mit Flüssigdünger versorgt. Die Töpfe werden hinten im Haus dicht unter das Glas gestellt und die Sprosse an Drähten entlang der Schräge erzogen, damit die Blätter möglichst viel Sonne und Wärme abbekommen. Jede Pflanze dürfte fünf oder sechs Trauben tragen; die von Mr Pillans in dieser Weise behandelten Pflanzen trugen 200 Kilogramm Trauben aus 70 Töpfen.**

Und in einem anderen Artikel heißt es:

> **In einem kleinen Garten in einiger Entfernung vom Park stehen mehrere je ca. 11,5 Meter lange Glashäuser für Wein in zwei Abteilungen. Die Reben hat Mr Phipps gepflanzt; die eine Abteilung, von Sommer 1854, trug dieses Jahr eine große Menge ausgezeichneter Trauben. Die andere wurde im letzten Sommer (1855) gepflanzt, die Zweige darin sind ungewöhnlich kräftig.**

Die restaurierten Weinhäuser versorgen uns mit einer Fülle von Trauben.

Für 1895 sind in den Gartenbüchern 226 Pfund für den Bau eines neuen Hauses für Tafeltrauben aufgeführt. Wir haben es aufwendig restauriert und können nun wieder kleine, süße Trauben ernten.

ENGLISCHES WETTER

Seinen Namen verdankt Highclere dem für diesen Teil Englands recht hohen Kreidehügel, auf dem das Haus errichtet wurde. Dank der freien Sicht malt der Himmel bei Tag herrliche Kulissen für fantastische Wolken und zeigt sich bei Sonnenuntergang in vielerlei Rotschattierungen, bis er klar und schwarz seine langsamen Bahnen zieht.

Ein Engländer gab vielen Wolkenformationen nach ihrer Höhe und Form (lateinische) Namen. Wolken bestehen aus Wasserpartikeln und Staub und verändern ihre Farbe, Form und Dichte unablässig. Landschaftsmaler lieben ihre Schönheit, die das Auge gen Himmel lenkt, es sei denn, sie bilden eine undurchdringliche graue Regenwand. Garantiert wird in Großbritannien über nichts mehr geredet als übers Wetter, seien es Cirrocumulus-, Schleier- oder große, fluffige Quellwolken, die an sonnigen Tagen gutes Wetter verheißen. Für den Frühling gibt es unzählige Bauernregeln, etwa: »Der März soll kommen wie ein Wolf und gehen wie ein Lamm.« Dem britischem Schriftsteller John Ruskin zufolge gibt es aber eigentlich gar kein schlechtes Wetter, nur verschiedene Arten von gutem. Und so wird irgendwann aus Frühling Sommer.

Frühlingsküche

ÜBERALL ENTFALTEN SICH WINZIGE BLATTKNOSPEN – DER FRÜHLING BRINGT UNS Grüntöne in zahllosen Schattierungen. Beim Kochen geht es nun um das köstliche Knacken der ersten Spargelstangen und um die vielen frischen Kräuter mit ihren mannigfaltigen Aromen und Geschmacksrichtungen. Junge Erbsen und Bohnen kann man sogar roh essen. Die neuen Jersey-Kartoffeln genießen wir mit goldglänzender Butter und grünem Schnittlauch. Es gibt kaum etwas Besseres, als Bärlauch zu sammeln und ein Pesto, die ideale Ergänzung zu Lamm oder Pasta, daraus zuzubereiten. Mit den blassrosa Stängeln des Rhabarbers aus dem Garten kommt Süße ins Spiel. Er kann mit Ingwer gedämpft oder zu einem Crumble verarbeitet werden.

Omelette aux fines herbes

Der 6. Earl of Carnarvon saß zum Frühstück gewöhnlich am Kopfende des Esstischs und verkündete, dass es auf der ganzen Welt kein besseres Omelett gäbe als genau jenes Omelett, das sein kleiner Enkel (Geordie) gerade verzehrte. Die besten Eier, das perfekteste, weich verquirlte Innere des Omeletts und die allerhervorragendsten Kräuter des ganzen Landes. Aber lassen Sie sich nur nicht unter Druck setzen!

Diese Version wird mit Petersilie, Schnittlauch und Estragon verfeinert.

Zutaten

6 Eier (Größe L)
Salz und frisch gemahlener Pfeffer
2 EL frisch gehackte Kräuter (Petersilie, Schnittlauch, Kerbel und Estragon)
25 g Butter
natives Olivenöl extra oder Rapsöl zum Braten

Zubereitungszeit 5 Min. **Garzeit** 5 Min. **Für** 2 Personen

Eier mit Salz, Pfeffer und Kräutern verquirlen.

Etwas Öl bei mittlerer Hitze in einer beschichteten Pfanne heiß werden lassen. Die Butter in der heißen Pfanne zerlassen, bis sie schäumt (nicht anbräunen).

Die Eimischung hinzugießen und die Pfanne schwenken. Die Mischung beim Erhitzen gut im Auge behalten. Das Ei die ersten 15 Sekunden mit einem Pfannenwender vom Rand in die Mitte der Pfanne schieben und die Lücken durch Schwenken der Pfanne wieder mit flüssigem Ei füllen. Weitere 45 Sekunden braten, bis das Ei an den Rändern allmählich stockt.

Die Pfanne vom Herd nehmen. Das Omelett mit dem Pfannenwender zusammenklappen und auf einen vorgewärmten Teller gleiten lassen.

Tipp aus der Küche

Omelett kann man zum Frühstück, Mittag- oder Abendessen servieren. Köstlich schmeckt es z.B. mit Käse, Räucherlachs, Schinken, Chorizo oder Spargel.

Salat mit Erbsen, Dicken Bohnen und Radicchio

Erbsen waren schon immer beliebt: Im Nahen Osten entdeckten Archäologen sogar Erbsen aus dem späten Neolithikum. Auch in Tutenchamuns Grab fand man Erbsen. Unweit von Highclere bekommen Sie im Pub Erbsen mit Fish & Chips, doch auch mit diesem frischen, appetitlichen Salat können Sie den Frühling gebührend begrüßen.

Zutaten

½ Bund frischer Estragon
500 ml Gemüsebrühe
200 g Dicke Bohnen
150 g Erbsen
3 EL natives Olivenöl extra
1 EL Sherryessig
1 TL frisch geriebener Ingwer
frisch gepresster Saft von ½ Zitrone
2 Stängel frische Minze, Blätter gehackt
½ Kopf Radicchio, zerpflückt
1 gelbe Grapefruit, in Spalten zerteilt
Salz und frisch gemahlener Pfeffer

Zubereitungszeit 10 Min. **Garzeit** 10 Min. **Für** 6 Personen

Die Brühe mit 1 Stängel Estragon in einem Topf zum Kochen bringen. Die Bohnen hinzufügen und 2 Minuten blanchieren. Herausnehmen und zum Abschrecken in kaltes Wasser legen.

Die Brühe erneut zum Kochen bringen und die Erbsen 4 Minuten blanchieren. Herausnehmen und zu den Bohnen geben.

Die restlichen Estragonblätter fein hacken. Erbsen und Bohnen abseihen. Mit der Hälfte des Olivenöls in einer Schüssel vermengen, dann mit Salz und Pfeffer abschmecken.

Das restliche Olivenöl mit Essig, Ingwer, Minze und Zitronensaft vermengen. Den Radicchio hinzufügen und vermengen.

Den Radicchiosalat mit der Erbsen-Bohnen-Mischung vermengen und in eine Servierschüssel füllen. Mit den Grapefruitspalten garnieren.

Bärlauch

Der Bärlauch kündigt mit seinem verführerischen Duft den Frühling an und erinnert an Spaziergänge entlang noch feuchter Wege. Seine grünen Blätter sprießen im Schatten uralter, knorriger Bäume. Wenn Sie an den Blättern schnuppern, wissen Sie, dass Sie die richtige Pflanze vor sich haben – eine gute Einführung ins Sammeln von Wildkräutern. Da viele Pfade von reichlich Bärlauch gesäumt sind, können Sie ohne Bedenken ein Büschel pflücken.

Bärlauch wirkt antiseptisch. Die gekochten Blätter kann man sogar zur Desinfektion verwenden.

Sein im Vergleich zur Knoblauchknolle mildes Aroma passt zu Suppen, Tomatensalat und Omelett. Oder Sie verarbeiten ihn mit Olivenöl zu einem leckeren Pesto.

Bärlauchpesto

Zutaten

150 g Bärlauchblätter
50 g Parmesan, fein gerieben
1 Knoblauchzehe, fein gehackt
abgeriebene Schale und Saft von 1/2 unbehandelten Zitrone
50 g Pinienkerne, geröstet
150 ml qualitativ hochwertiges Pflanzenöl
Salz und frisch gemahlener Pfeffer

Zubereitungszeit 15 Min. **Ergibt** 1 Glas

Die Bärlauchblätter gut abspülen und grob hacken.

Bärlauch, Parmesan, Knoblauch, Zitronenschale und Pinienkerne im Mixer zu einer groben Paste pürieren. Gut salzen und pfeffern und das Öl bei eingeschaltetem Mixer (niedrigste Stufe) langsam zugießen.

Abschmecken und bei Bedarf Zitronensaft oder Salz hinzugeben. In einem sterilisierten Schraubglas aufbewahren.

Im Kühlschrank etwa 2 Wochen haltbar.

Gedünstetes Blattgemüse mit Bärlauch

Der Wert von grünem Blattgemüse ist mir stets bewusst. Es ist gesundheitsförderlich, reduziert diverse Krankheitsrisiken und verlangsamt den Abbau unserer geistigen Kräfte.

Zutaten

1 kg Frühlingsblattgemüse, in feine Streifen geschnitten (z. B. junger Spinat)
150 g Bärlauchblätter, gehackt
2 EL Sherryessig
25 g Butter
Salz und frisch gemahlener Pfeffer

Zubereitungszeit 15 Min. **Garzeit** 5 Min. **Für** 6 Personen

Blattgemüse und Knoblauch mit etwas Wasser in einem Topf bei mittlerer Hitze 2–3 Minuten zusammenfallen lassen. Dabei gelegentlich umrühren.

Den Essig hinzugießen und das Gemüse garen, bis die Flüssigkeit fast vollständig verkocht ist.

Butter, Salz und Pfeffer hinzugeben. Das Gemüse in der Butter wenden und dann servieren.

Bärlauchpesto →

Spargel

Kaiser Augustus war ein großer Spargelkenner, der sich von militärischen Eliteeinheiten mit Spargel versorgen ließ. Seine berühmte »Spargelflotte« brachte die besten Sorten nach Rom. Die schnellsten Läufer wurden engagiert, um frische Spargelstangen zum Tiefkühlen in die Alpen zu transportieren.

Wer weder eine Flotte noch Dauerläufer zur Verfügung hat, sollte wissen, dass sich Spargel leicht anbauen lässt und auf durchlässigem Boden oder in erhöhten Beeten bestens gedeiht. Es gibt männliche und weibliche Spargelpflanzen. Die männlichen Pflanzen produzieren mehr und zudem bessere Stangen. Weibliche Spargelpflanzen erkennt man daran, dass sie orangerote Beeren ansetzen. Wenn Sie eine »rein männliche« Sorte anbauen, müssen Sie keimende weibliche Pflanzen entfernen.

Pflanzen Sie die Spargelwurzelkronen im März und jäten Sie das Unkraut von Hand (der Spargel wurzelt flach). Bauen Sie aus Stangen und Gartenzwirn auf beiden Seiten der Spargelreihe einen Stützzaun, denn im Sommer sind die Pflanzen recht hoch und buschig. Lassen Sie das Spargelkraut im Herbst gelb werden, bevor Sie es vor dem Winter auf Bodenhöhe abschneiden. In den ersten zwei Jahren nach dem Pflanzen sollten Sie nicht ernten. Im dritten Jahr können Sie die Stangen von Mitte April an sechs Wochen lang ernten.

Spargeltarte

Zutaten

150 g Mehl, gesiebt, plus etwas zum Bestäuben
75 g Butter, gewürfelt, plus etwas zum Einfetten
85 g Cheddar oder ein anderer Hartkäse, fein gerieben

Für die Füllung

5 Eier (Größe M)
175 ml Vollmilch
100 g Cheddar oder ein anderer Hartkäse, gerieben
300 g Spargel, geschält, Enden abgeschnitten, längs halbiert

Zubereitungszeit 30–40 Min. **Garzeit** 30–35 Min. **Für** 4 Personen

Für den Teig das Mehl in eine Schüssel geben, die Butter hinzufügen und beides mit den Fingerspitzen verreiben, bis die Mischung an Semmelbrösel erinnert.

Den Cheddar hinzugeben und alles vermengen. 3 EL kaltes Wasser hinzufügen und mit einem Löffel oder im Mixer vermengen, bis sich eine Teigkugel bildet. In Frischhaltefolie wickeln und 5 Minuten kalt stellen.

Eine Springform (20 x 6 cm) oder eine rechteckige Tarteform (35 x 12 cm) einfetten.

Den Backofen auf 180 °C vorheizen.

Die Arbeitsfläche mit Mehl bestäuben, den Teig ausrollen und die Form damit auslegen. 20 Minuten tiefkühlen.

Den Teig mit Backpapier bedecken, Bohnen daraufgeben und 15 Minuten blind backen. Bohnen und Papier entfernen und den Teig weitere 10 Minuten backen.

Die Eier in einem hohen Gefäß aufschlagen und verquirlen. Die Milch zugießen und erneut verquirlen. Die Hälfte des Käses auf den Teig streuen, den Spargel darauf verteilen und mit der Eimischung übergießen. Mit dem restlichen Käse bestreuen (für die rechteckige Form benötigen Sie vielleicht nicht die ganze Mischung – besser nach und nach zugießen).

30–35 Minuten in der unteren Hälfte des Backofens backen, bis die Eimischung fest ist.

Spargel mit Parmesan

Zutaten

Spargelstangen
natives Olivenöl extra zum Beträufeln
frisch geriebener Parmesan zum Garnieren
1 Zweig frischer Thymian (nach Belieben)
Meersalz und frisch gemahlener Pfeffer

Zubereitungszeit 10 Min. **Garzeit** 10 Min.

Den Backofen auf 180 °C vorheizen.

Die Enden der Spargelstangen abschneiden. Auf einem mit Alufolie bedeckten Backblech verteilen.

Mit Olivenöl beträufeln und mit etwas Meersalz und reichlich frischem Pfeffer bestreuen.

Den Spargel 10 Minuten backen.

Mit reichlich geriebenem Parmesan bestreuen, nach Belieben mit 1 Zweig Thymian garnieren und sofort servieren.

← Spargeltarte

Bruschette mit Dicken Bohnen, Rucola und Fetakäse

Die Grundidee von Bruschetta ist einfach eine gegrillte, mit rohem Knoblauch eingeriebene und mit Olivenöl beträufelte Brotscheibe, bestreut mit etwas Meersalz und oft belegt mit Tomaten. Diese Variation ergibt ein köstliches Mittagessen.

Zutaten

1 Laib Ciabatta oder Sauerteigbrot, in 2 cm dicke Scheiben geschnitten
2 EL natives Olivenöl extra
1 Knoblauchzehe, geschält und halbiert
300 g frische oder TK-Dicke Bohnen
einige frisch gehackte Minzeblätter (nach Belieben)
frisch gepresster Saft von 1 Zitrone (nach Belieben)
100 g Fetakäse, gewürfelt
2–3 große Tomaten, fein gewürfelt
Rucola zum Servieren
Salz und frisch gemahlener Pfeffer

Zubereitungszeit 10 Min. **Garzeit** 15 Min. **Für** 4 Personen

Eine Grillpfanne erhitzen. Die Scheiben mit Olivenöl beträufeln und von beiden Seiten sanft rösten. Mit der Schnittseite der Knoblauchzehe einreiben.

Die Bohnen 2 Minuten in einem Topf mit Wasser kochen. Unter fließendem kaltem Wasser abschrecken. Salzen, pfeffern und grob hacken (einige Bohnen ganz lassen). Mit dem restlichen Olivenöl beträufeln. Minze und Zitronensaft nach Belieben hinzugeben.

Die Scheiben mit Bohnen, Feta, Tomaten und Rucola belegen.

Salat mit Brunnenkresse und Spinat

Brunnenkresse wächst in vielen kreidehaltigen Bächen Hampshires. Im Jahr 1865 wurde das Städtchen Alresford zum Zentrum des Brunnenkressehandels, als die »Watercress Line« – die Zugverbindung nach London – eröffnet wurde.

Traditionell verwendete man die Brunnenkresse mit ihrem typisch pfeffrigen Aroma für Salate und Suppen. Sie gilt als sehr nährstoffreich und enthält u.a. Vitamin C und A, Folsäure, Eisen und Kalzium.

Zutaten

2 EL natives Olivenöl extra
frisch gepresster Saft von 1 Zitrone
1 großes Bund frische Brunnenkresse, Stängel entfernt
100 g junger Spinat
1 kleine rote Zwiebel, in feine Ringe geschnitten
Salz und frisch gemahlener Pfeffer

Zubereitungszeit 5 Min. **Für** 4 Personen

Öl und Zitronensaft verquirlen, salzen und pfeffern.

Brunnenkresse, Spinat und Zwiebel vermengen, mit dem Dressing beträufeln und darin wenden. Sofort servieren.

Selleriesuppe mit Ziegenkäsecroûtons

Die Sellerieknolle ist ein Wurzelgemüse, dessen Geschmack intensiver ist als der des Stangenselleries. Sie kann roh (am besten dünn aufgeschnitten) oder püriert verzehrt werden und kommt in Suppen und Eintöpfen zum Einsatz. Die Knolle ist mehrere Monate haltbar.

Zutaten

- 4 Stangen Lauch, in Ringe geschnitten
- 50 g Butter
- 1 EL natives Olivenöl extra, plus etwas für die Croûtons
- 1 Sellerieknolle, geschält und gewürfelt
- 1,5 l Gemüsebrühe
- Baguettescheiben, getoastet
- 100 g Ziegenfrischkäse mit Kräutern
- Salz und frisch gemahlener Pfeffer

Zubereitungszeit 15 Min. **Garzeit** 40 Min. **Für** 6 Personen

Den Lauch bei mittlerer Hitze in einem Topf mit Butter und Olivenöl garen.

Sellerieknolle und Brühe hinzugeben, zum Kochen bringen. 15–20 Minuten köcheln lassen, bis der Sellerie weich ist.

Abseihen, kurz abkühlen lassen und dann im Mixer zu einer glatten Paste verarbeiten. Salzen und pfeffern.

Für die Croûtons den Backofen auf 200 °C vorheizen. Die Baguettescheiben in etwas Öl tunken und im Backofen 5 Minuten knusprig backen. Mit dem Ziegenfrischkäse bestreichen und zur Suppe servieren.

Hausgemachte Erbsensuppe mit grüner Minze

Zutaten

- 1 kleine Zwiebel, grob gehackt
- 1 mittelgroße Kartoffel, geschält und gewürfelt
- 1 Knoblauchzehe, zerdrückt
- 850 ml Gemüse- oder Hühnerbrühe
- 900 g junge Erbsen in der Hülse oder 250 g frisch gepalte oder TK-Erbsen
- 4 EL frisch gehackte Minze
- 1 große Prise Zucker
- 1 EL frisch gepresster Saft von 1 Zitrone
- 150 ml Buttermilch oder saure Sahne, plus etwas zum Servieren
- Salz und frisch gemahlener Pfeffer

Zubereitungszeit 10 Min. **Garzeit** 20 Min. **Für** 4 Personen

Zwiebel, Kartoffel, Knoblauch und Brühe in einem Topf zum Kochen bringen und 15 Minuten köcheln lassen, bis die Kartoffel sehr weich ist. Die Erbsen hinzufügen und weitere 5 Minuten köcheln lassen.

Minze, Zucker und Zitronensaft unterrühren. Leicht abkühlen lassen und dann im Mixer zu einer glatten Suppe pürieren. Die Hälfte der Buttermilch einrühren. Dann mit Salz und Pfeffer abschmecken.

Um die Suppe kalt zu servieren, etwas abkühlen lassen und dann kalt stellen. Um die Suppe heiß zu servieren, die Flüssigkeit wieder in den ausgespülten Topf gießen und vorsichtig erhitzen (nicht aufkochen).

Vor dem Servieren in jede Portion etwas Buttermilch geben.

Tipp des Gärtners

Erbsen lassen sich vom zeitigen Frühjahr bis zum Frühsommer gut aus Samen ziehen. Sie brauchen eine Kletterhilfe, benötigen aber nicht viel Platz. Wer früher mit der Anzucht beginnen möchte, sollte im Haus ansäen. Nie in kalte, feuchte Erde säen. Ziehen Sie eine flache Furche (etwa 30 cm lang und 5 cm tief). Säen Sie in zwei parallelen Linien mit etwa 10 cm Abstand. Decken Sie die Samen mit Erde ab und wässern Sie sie gut. Nach 10 Tagen sollten sich die ersten Triebe zeigen.

Selleriesuppe mit Ziegenkäsecroutons →

Forelle aus der Pfanne mit Erbsen und kleinen Dicken Bohnen

Forelle ist leicht zubereitet und eine hervorragende Quelle für die gesundheitsförderlichen Omega-3-Öle, die das Risiko für Herzkrankheiten und Schlaganfälle reduzieren. Forelle enthält zudem Jod und Selen. Im Winter und während der ersten Frühjahrsmonate können wir durch ihren Verzehr unseren Vitamin-D-Spiegel erhöhen. Heute sind Forellen das ganze Jahr über erhältlich, aber ursprünglich fing man Forellen v.a. im Frühling.

Zutaten

4 Regenbogenforellenfilets
150 g Butter
110 g Erbsen
110 g kleine Dicke Bohnen
125 g Schalotten, gehackt
1 Handvoll frisch gehackte Petersilie
frisch gepresster Saft von 1 Zitrone
Salz und frisch gemahlener Pfeffer

Zubereitungszeit 20 Min. **Garzeit** 10 Min. **Für** 4 Personen

Die Forellenfilets salzen und pfeffern. 50 g Butter in einer Pfanne zerlassen und die Filets mit der Hautseite nach unten 2–3 Minuten braten, bis die Haut knusprig und goldbraun ist. Dann wenden und 1 weitere Minute gar braten. Aus der Pfanne nehmen und warm halten.

1 weiteren Löffel Butter in die Pfanne geben und Erbsen und Dicke Bohnen hinzufügen. Knapp mit kochendem Wasser bedecken, erneut zum Kochen bringen und 1–2 Minuten köcheln lassen, bis die Hülsenfrüchte weich sind. Abseihen und beiseitestellen.

Die übrige Butter und die Schalotten in die Pfanne geben und 2–3 Minuten braten, bis die Schalotten weich und goldbraun sind.

Bohnen, Erbsen, die Hälfte der Petersilie und den Zitronensaft in die Pfanne geben und vermengen. Mit Salz und Pfeffer würzen.

Die warmen Forellenfilets auf Teller verteilen und mit der Erbsen-Bohnen-Mischung krönen. Mit der übrigen Petersilie garnieren.

Tipp aus der Küche

Besonders gut schmeckt dieses Gericht mit lila Stängelbrokkoli und neuen Kartoffeln als Beilage. Perfekt, um die zitronig-buttrige Sauce damit auftunken zu können.

Pochierte Miesmuscheln mit Schalotten, Knoblauch und Kräutern

Viele Leute schrecken davor zurück, Muscheln selbst zu garen, da ihnen das Vorbereiten der Muscheln Kopfzerbrechen bereitet. Doch das ist ganz einfach: Sie müssen sie vor dem Kochen nicht in Wasser legen, sondern nur unter fließend kaltem Wasser abspülen und mit einer Gemüsebürste die Schalen abputzen sowie den manchmal vorhandenen »Bart« entfernen. Unangenehm riechende Exemplare oder solche mit defekter Schale bitte entsorgen. Die Muscheln sollten vor dem Kochen fest geschlossen sein.

Zutaten

1,5 kg Miesmuscheln
25 g Butter
2 große Schalotten, fein gehackt
2 Knoblauchzehen, fein gehackt
4 EL trockener Weißwein
6 EL frisch gepresster Zitronensaft
3 EL frisch gehackte Petersilie
3 EL frisch gehackter Estragon
1 EL frisch gehackter Schnittlauch
Salz und frisch gemahlener Pfeffer

Zubereitungszeit 10 Min. **Garzeit** 10 Min. **Für** 4 Personen

Die Muscheln gut waschen und putzen (siehe oben).

Die Butter in einem großen Topf mit Deckel zerlassen. Die Temperatur etwas erhöhen und die Schalotten hinzugeben. 2 Minuten braten, bis sie weich, aber nicht angebräunt sind.

Den Knoblauch hinzufügen und weitere 30 Sekunden braten. Wein, Zitronensaft, Petersilie, Estragon und Schnittlauch hinzugeben und zum Kochen bringen.

Die Muscheln hinzufügen, salzen und pfeffern. Auf niedrige Temperatur reduzieren, den Deckel auflegen und weitere 3–6 Minuten garen.

Nach 3 Minuten prüfen, ob der Großteil der Schalen noch geschlossen ist. In diesem Fall den Deckel wieder auflegen und weitere 3 Minuten garen. Nach der Hälfte der Zeit den Topf etwas rütteln.

Geschlossene Muscheln entsorgen. Die fertigen Muscheln auf Schüsseln verteilen und mit Sauce übergießen. Dazu frisches Brot und Salat reichen.

Eier

Frittata mit Kräutern

Da uns unsere große Hühnerschar mit reichlich Eiern versorgt, greifen wir oft darauf zurück, wenn wir unter der Woche ein schnelles Abendessen benötigen.

All unsere Hennen sind nach Jane Austens Heldinnen benannt – die fünf Bennet-Schwestern aus Stolz und Vorurteil, *Emma, Isabella und Mrs Weston aus* Emma, *Anne aus* Überredung, *Catherine (Morland) aus* Die Abtei von Northanger Abbey, *Marianne, Eleanor und Fanny* (Mansfield Park) *und Charlotte aus* Sanditon.

Es ist ziemlich schwer, die Hennen voneinander zu unterscheiden. Aber ich glaube, dass es Geordie mit meinen Lieblingsfiguren ähnlich geht.

Zutaten

30 g Crème fraîche
2 EL frische Schnittlauchröllchen
6 Eier (Größe L), leicht verquirlt
250 g frisch gehackte Petersilie
250 g frisch gehacktes Koriandergrün
60 g frisch gehackter Dill
60 g frisch gehackter Estragon
6 Frühlingszwiebeln, in Ringe geschnitten
4 EL natives Olivenöl extra
Salz und frisch gemahlener Pfeffer

Zubereitungszeit 10 Min. **Garzeit** 20 Min. **Für** 4 Personen

Den Backofen auf 180 °C vorheizen.

Crème fraîche und Schnittlauch in einer Schüssel vermengen und beiseitestellen.

Eier, Kräuter, Frühlingszwiebeln und die Hälfte des Öls in einer weiteren Schüssel vermengen, gut salzen und pfeffern.

Das restliche Öl in einer feuerfesten Pfanne erhitzen, die Eimischung hineingießen und bei mittlerer Hitze garen, bis der Rand stockt.

In den Backofen schieben und 15 Minuten backen, bis die Eier gerade gar sind. 5 Minuten ruhen lassen. Mit der Crème-fraîche-Mischung servieren.

Die Frittata kann gut im Voraus zubereitet und lauwarm serviert werden.

Gebackener Brokkoli mit Parmesaneiern

Brokkoli hat vom Winter bis ins Frühjahr hinein Saison. Er steckt, ob roh oder gekocht, voller Vitamine, Mineralien, sekundärer Pflanzen- und Ballaststoffe und unterstützt unseren Körper sogar bei der Krebsabwehr.

Zutaten

1 EL natives Olivenöl extra
1 Zwiebel, in Ringe geschnitten
300 g Brokkoli, in Röschen zerteilt
2 EL frisch geriebener Parmesan
8 Eier (Größe M)
110 g Schlag- oder Kochsahne
Meersalz und frisch gemahlener Pfeffer

Zubereitungszeit 5 Min. **Garzeit** 15 Min. **Für** 4 Personen

Den Backofen auf 220 °C vorheizen.

Das Öl in einer Pfanne erhitzen und die Zwiebel 5 Minuten weich braten.

Inzwischen den Brokkoli in einem Topf mit kochendem gesalzenen Wasser 3–4 Minuten blanchieren. Abseihen, zur Zwiebel geben, umrühren und leicht anbräunen. 2 TL Parmesan unterrühren, mit Salz und Pfeffer würzen.

Das Gemüse auf 4 Souffléförmchen verteilen. Mit je 2 aufgeschlagenen Eiern krönen, salzen und pfeffern.

Die Sahne auf die Förmchen verteilen. Restlichen Parmesan darüberstreuen. Die Förmchen auf ein Backblech stellen und 6–8 Minuten backen, bis die Eier gar sind.

Schinken-Senf-Tarte mit Frühlingszwiebeln

Eine köstliche Mischung aus beliebten herzhaften Köstlichkeiten. Niemand kann der Kombination aus Schinken und Käse widerstehen, ob nun auf einem Croque Monsieur oder wie hier als Tarte. Den Teig können Sie auch einfach fertig kaufen und ausrollen.

Zubereitungszeit 30 Min. **Garzeit** 30 Min., plus Kühlzeit
Für 6 Personen

Zutaten

300 g Mürbteig
300 g kleine neue Kartoffeln
3 Eier (Größe L)
125 g Schlag- oder Kochsahne
100 g Cheddarkäse, gerieben
2 EL Cheshirekäse, gerieben
2 EL körniger Senf
200 g Pulled Pork
1 Bund Frühlingszwiebeln, geputzt und längs halbiert
Mehl zum Bestäuben
Salz und frisch gemahlener Pfeffer

Den Backofen auf 200 °C vorheizen.

Eine tiefe Tarteform (23 cm ø) auf ein Backblech stellen. Eine kalte Arbeitsfläche leicht mit Mehl bestäuben und den Teig ausrollen. Die Tarteform mit dem Teig auslegen und den Teigboden mit einer Gabel einstechen. 20 Minuten kalt stellen. Dann 15 Minuten blind backen (siehe Seite 57) und etwas abkühlen lassen.

Inzwischen die Kartoffeln in kochendem Wasser 15 Minuten garen, bis sie weich sind. Abseihen und abgekühlt in 5-mm-Scheiben schneiden. Auf dem Teigboden verteilen.

Eier, Sahne, beide Käsesorten und Senf verquirlen und mit Salz und Pfeffer würzen.

Pulled Pork und Frühlingszwiebeln auf den Kartoffeln verteilen. Mit der Eimischung übergießen und 15 Minuten backen, bis die Mischung gar ist, aber noch etwas wackelt. Vor dem Servieren 5 Minuten ruhen lassen.

Mürbteig für pikante Speisen

Zubereitungszeit 10 Min., plus 2 Std. Kühlzeit
Für eine Form mit 23 cm ø

Zutaten

120 g kalte Butter
200 g Mehl
1 Eigelb (Größe M)

Butter, Mehl und Eigelb in einer großen Rührschüssel mit den Fingerspitzen zu einem Teig verarbeiten. Nach Bedarf 4–5 TL kaltes Wasser zufügen, bis ein fester, aber geschmeidiger Teig entsteht.

In Frischhaltefolie wickeln und vor der Verwendung mehrere Stunden kalt stellen.

Frühlingslammkarree mit Sardellen und Gremolata

Die Sardellen verleihen dem (Lamm-)Fleisch ein intensives Aroma.

Mein Vater liebte Gentleman's Relish – eine Sardellenpaste, die man auf gebuttertem Toast serviert. Es bereitete ihm großes Vergnügen, in London durch den Green Park bis zu Fortnums zu spazieren, sich dort zwischen den Marktständen umzusehen und sich mit dem salzigen Aufstrich einzudecken.

Zutaten

30 g frische Petersilie
4 Knoblauchzehen, zerdrückt
4 Sardellenfilets, abgetropft und grob gehackt
70 g Kapern, abgetropft
fein abgeriebene Schale von 1 unbehandelten Zitrone
75 ml natives Olivenöl extra
1 Lammkarree (8 Koteletts am Stück)

Für die Gremolata

abgeriebene Schale von 1 unbehandelten Zitrone
20 g frisch gehackte Petersilie
1 Knoblauchzehe, zerdrückt
1 EL natives Olivenöl extra
Salz und frisch gemahlener Pfeffer

Zubereitungszeit 10 Min., plus mind. 3 Std. Marinierzeit
Garzeit 55 Min. **Für** 4 Personen

Für die Marinade ...

Petersilie, Knoblauch, Sardellen und Kapern im Mixer zu einer Paste pürieren. Zitronenabrieb und Olivenöl hinzugeben und nochmals kurz pürieren.

Das Lammkarree rundum mit der Paste einreiben, abdecken und im Kühlschrank mind. 3, besser 24 Stunden marinieren.

Zum Braten ...

Den Backofen auf 130 °C vorheizen.

Das Lammkarree in einen Bräter legen. 50 Minuten langsam braten. Dann aus dem Backofen nehmen und mit der Hautseite nach unten in eine kalte Pfanne ohne Öl legen und diese langsam erhitzen. So erhält die Haut eine schöne braune Farbe und wird knusprig.

Für die Gremolata ....

Zitronenabrieb, Petersilie, Knoblauch und Olivenöl in einer Schüssel vermengen. Mit Salz und Pfeffer würzen.

Das Lammkarree auf einem Bett aus Gremolata servieren.

Tipp aus der Küche

Backöfen können ganz unterschiedlich heizen. Wer sein Lammfleisch rosa haben möchte, sollte es beim Braten mehrmals prüfen und sich auf seinen Kücheninstinkt verlassen.

Hähnchen mit Erbsen, Salatherzen und Artischocken

Wenn Sie auf die Frage »Was gibt's heute zum Abendessen?« erschrocken »Ach, du meine Güte!« denken, sollten Sie besser mit »Eine Überraschung!« antworten. Dies ist ein wunderbares Abendessen für Familie oder Freunde. Die meisten Zutaten für dieses Rezept finden Sie in Ihrer Speisekammer oder im Vorratsschrank.

Zutaten

6 große oder 12 kleine Hühnerkeulen, mit Haut und Knochen
2 EL natives Olivenöl extra
1 große Zwiebel, gehackt
2 Knoblauchzehen, fein gehackt
1 Zweig frischer Thymian
50 ml Weißwein
600 ml heiße Brühe
4 kleine Salatherzen, längs geviertelt
1 Dose (400 g) Artischockenherzen, abgetropft und längs halbiert
250 g Erbsen
1 EL Butter
frisch gepresster Saft von 1 Zitrone
1 EL frisch gehackte glatte Petersilie
Salz und frisch gemahlener Pfeffer

Zubereitungszeit 15 Min. **Garzeit** 50 Min. **Für** 6 Personen

Die Hühnerkeulen salzen und pfeffern. Das Öl in einem großen Bräter erhitzen und die Hühnerkeulen anbräunen.

Zwiebel, Knoblauch und Thymian hinzugeben und weitere 5 Minuten braten. Den Weißwein hinzugießen und 1 Minute erhitzen.

Die Brühe hinzugießen, zum Köcheln bringen, den Deckel auflegen und 30 Minuten köcheln lassen, bis das Fleisch gar ist.

Butter, Salatherzen und Erbsen hinzufügen und weitere 5 Minuten garen.

Die Artischockenherzen hinzugeben und alles 5 Minuten garen.

Mit Zitronensaft, Salz und Pfeffer abschmecken. Vor dem Servieren mit Petersilie bestreuen.

Einfacher Rhabarber-Crumble

Rhabarber lässt sich sehr leicht anbauen und treibt jedes Jahr von Neuem aus. Die Staude sollten Sie im Winter setzen. Rhabarber braucht viel Dünger und kann direkt im Beet oder in einem großen Pflanztopf kultiviert werden. Das nicht aus Europa stammende Gewächs galt im 15. Jahrhundert als äußerst kostbar. Durch den Anbau im Gewächshaus wurde es allgemein bekannt. Rhabarberstängel mit Kälteschaden sollten Sie ebenso wenig essen wie Rhabarberblätter.

Rhabarber wird nicht nur als Heilmittel bei Dermatitis, Bauchspeicheldrüsenkrebs und Diabetes geschätzt, sondern kann auch Haare aufhellen.

Bei Rhabarber-Crumble muss ich immer an meine Mutter denken, da dies eine ihrer klassischen Nachspeisen war. Ich erinnere mich, wie ich als Kind am Tisch saß und ihr beim Backen zusah. Dieses Rezept unterscheidet sich etwas von dem meiner Mutter. Doch das Ingwereis dazu hätte sie begeistert gutgeheißen …

Zutaten

550 g Rhabarber
85 g feiner Rohrzucker
140 g Mehl
1 TL Backpulver
85 g kalte Butter
50 g grober Rohrohrzucker
50 g Walnüsse, sehr fein gehackt (nach Belieben)
Ingwer- oder Vanilleeis zum Servieren

Zubereitungszeit 10 Min. **Garzeit** 30 Min. **Für** 4 Personen

Den Backofen auf 200 °C vorheizen.

Den Rhabarber abwaschen, die Enden abschneiden und die Stängel in Stücke schneiden. In einer flachen, ofenfesten Schale mit Zucker bestreuen, vermengen und gleichmäßig verteilen.

Mit Alufolie abdecken und 15 Minuten backen. Die Folie abnehmen und die Schale etwas rütteln, damit sich der Zuckersaft besser verteilt. Weitere 5 Minuten backen, bis der Rhabarber gar, aber nicht zu weich ist. Dann beiseitestellen.

Für die Streusel Mehl, Backpulver und Butter mit den Fingerspitzen verarbeiten, bis die Mischung krümelig ist.

Zucker und Walnüsse hinzufügen und alles gut vermengen.

Die Streusel auf einem Backblech verteilen und 10–20 Minuten backen, bis sie braun sind. Dabei gut im Auge behalten, damit sie nicht anbrennen.

Den Rhabarber auf Teller verteilen, die Streusel darübergeben und mit Ingwer- oder Vanilleeis servieren.

Ananaskuchen mit Vanillecreme

Als Kolumbus in Amerika landete, kamen er und seine Mannschaft zum ersten Mal in den Genuss, eine Ananas zu essen. Die Neuankömmlinge waren so begeistert vom köstlichen Geschmack und Duft der Frucht, dass es sich bald in ganz Europa herumsprach. Der Anbau im Norden erwies sich jedoch als Herausforderung, auch wenn der englische Architekt und Gartenbauer John Evelyn in seinem Tagebuch festhielt, dass eine der ersten in England angebauten Früchte an den Lordprotektor Oliver Cromwell geschickt wurde.
Im Laufe der Zeit entwickelten die Niederländer die korrekte Anbaumethode: Man benötigte dazu eine Bodenheizung für das Gewächshaus, das zudem nach Süden ausgerichtet sein musste.

Von 1750 bis ins 20. Jahrhundert galt die Ananas auf adeligen Landgütern als Statussymbol, da sie vom Reichtum des Hausherrn und von Talent und Erfahrung seines Gärtners zeugte.

Zutaten

250 g Mehl
400 g feiner Zucker
2 TL Backnatron
2 Eier (Größe M)
1 TL Vanilleextrakt
300 g Ananas, frisch oder aus der Dose, in 1–2 cm große Stücke geschnitten, plus etwas zum Garnieren

Für die Creme

225 g Frischkäse
110 g Butter, zerlassen
200 g Puderzucker
1 TL Vanilleextrakt
frisch gepresster Saft von 1 Zitrone (nach Belieben)

Zubereitungszeit 15 Min. **Garzeit** 30 Min., plus Abkühlzeit **Für** 6 Personen

Eine quadratische Kuchenform (20 x 20 cm) einfetten und mit Backpapier auslegen.

Mehl, Zucker und Backnatron in einer Schüssel vermengen. In die Mitte eine Mulde drücken und Eier, Vanilleextrakt und Ananaswürfel hinzugeben. Zu einem glatten Teig verarbeiten und in die Form füllen.

30 Minuten backen. Dann mit einem Holzstäbchen prüfen, ob der Kuchen fertig ist.

Für die Creme Frischkäse, Butter, Puderzucker und Vanilleextrakt zu einer cremigen Masse verarbeiten. Wer es nicht so süß mag, gibt etwas Zitronensaft hinzu. Auf dem noch warmen (nicht heißen) Kuchen verstreichen. Mit einigen Ananaswürfeln garnieren.

Da dieser Kuchen Obst enthält, bewahrt man ihn am besten im Kühlschrank auf – die Aromen werden mit der Zeit noch intensiver!

Die Sonne schien, ich sah die Blätter an den Bäumen wie im Zeitraffer sprießen,
und da regte sich in mir die vertraute Gewißheit,
daß das Leben mit dem Sommer neu beginnt.

F. Scott Fitzgerald: *Der große Gatsby*

SOMMER

DIE STEHENDE, WARME SOMMERLUFT VERLOCKT UNSERE GÄSTE DAZU, BARFUSS ÜBER den makellosen, kurzen grünen Rasen zu laufen, die Füße sanft und entspannt aufzusetzen und das Gras und die Erde darunter zu spüren. Könnte auf Highclere der Sommer nur immer so sein – voll schwereloser Glücksmomente! Bei perfektem Wetter ist die sommerliche Luft so dicht, dass die Zeit außer Kraft gesetzt scheint und Rasen und Garten von einer träge verträumten Atmosphäre erfüllt sind.

Summer afternoon – Sommernachmittag; für mich sind dies immer die beiden schönsten Wörter der englischen Sprache gewesen.
Henry James (1843–1916)

Unten, hinter Hecken jenseits der Rasenflächen schmücken ganze Felder tief azurblauer Rittersporne, blassrosa Rosen, Lavendel und Wolken von Meerkohl und Schleierkraut, Bartfaden und Storchschnabel den Garten. Ihre Farben und Düfte verheißen Feste und Partys, denn sie sind inspiriert von den Dekorationen der sozialen Sommerbühnen Großbritanniens – von den Royal-Ascot-Rennen über Konzert- und Opernaufführungen in Gärten und Sälen bis zu Dorffesten, Krocket- und Kricketspielen und Tennis in Wimbledon.

Mit etwas Glück kann das Essen – bei Picknicks – überwiegend im Freien serviert werden, aber auch drinnen schmecken die kleinen Leckereien: vielerlei grüne Gemüse und rote Früchte, jede Menge Eier, je nach Gusto Cremes und Speiseeis und nicht zu vergessen ein wenig Wassereis.

John Clare, ein Dichter des 19. Jahrhunderts, beobachtete gern stundenlang Bienen, die an den Stängeln von Wildblumen emporkrabbelten und in üppigen Blüten ihre Schätze sammelten. In England kann im Sommer Regen niedergehen, aber er ist anders als in anderen Jahreszeiten, weil er das Licht stärker bricht. Ist Regen im Anmarsch, machen sich Bienen und Schmetterlinge rar, doch wir beobachten dann den Himmel und die Wolken:

Wenn St. Swithin Regen fällt,
der Regen vierzig Tage hält;
herrscht St. Swithin Trockenheit,
bleibt es trocken lange Zeit.

Im Sommer ist Hoffnung unser steter Begleiter. Wir hoffen aufs perfekte Picknickwetter und darauf, dass die Anstrengungen im Garten in ein Feuerwerk von Farben und Düften münden, begleitet vom leisen Brummen des Rasenmähers und vom Geruch gemähten Grases, dem Inbegriff des englischen Sommers.

GEORGIANISCHES HIGHCLERE

Der ehrenwerte Robert Herbert war der jüngere Bruder des Earl of Pembroke und erbte Highclere Place House 1693 als Säugling von seinem Großvater Sir Robert Sawyer. Penibel, prächtig gekleidet und ein wenig versponnen, bekam Robert von Lord Chesterfield den Spitznamen »Amoretto« verpasst. Bei einem Ball im schicken Bath trug er im Oktober 1734 »seinen Anzug mit goldenen Litzen und sah darin so gut aus, dass viele ihn, wie er so zwischen den Tänzern stand, von Weitem für eine goldene Girlande hielten«. Er war bekannt für seine geistreichen Parabeln und sehr auf die eigene Wirkung bedacht, wenn er zu Frühstück, Tee und Dinner die Häuser verschiedener Gastgeberinnen beehrte.

Als Lord Chesterfield einmal von Bath nach London fuhr, nahm er Robert in seiner Kutsche mit und machte auf dem Weg in Highclere halt, wo Mary Herbert sie freundlich empfing. Roberts Frau Mary war die Tochter des Präsidenten des Unterhauses und Palastdame Königin Carolines, der Gattin Georgs II. Die damalige Politik verbot es eigentlich, dass Mary als Mitglied einer Tory-Familie mit einem oppositionellen Whig verkehrte, aber sie war davon anscheinend ausgenommen. Mary war lange »eine persönliche, herzliche Feindin« von Sir Robert Walpole (ebenfalls ein Whig) gewesen und war »so vernünftig, so wohlerzogen, so patent, so fröhlich und so angenehm«, dass die Queen sie bevorzugt behandelte, sodass Mary statt auf Highclere oft bei Hofe weilte.

Roberts Funktion als Kammerjunker Georgs I. endete mit dessen Tod, aber als Parlamentsabgeordneter für Wilton, das Anwesen seines Bruders, übte er auch ein staatliches Amt aus. Obwohl er den Sitz 46 Jahre innehatte, ist keine einzige Rede von ihm belegt. Er bekleidete in seiner Laufbahn überwiegend unbedeutende Regierungsposten und stimmte auf allen protokollierten Gebieten für verschiedene aufeinanderfolgende Parlamente ab, sodass der spätere Premierminister Rockingham kritisch anmerkte, er würde wohl jeder Verwaltung dienen. 1751 wurde er vom fleißigeren und bedeutenderen Politiker Pelham zum leitenden Aufsichtsbeamten ernannt. Dieser schrieb später, dass Herbert »über 20 Jahre zum Handelsministerium gehörte, sich vermutlich aber weniger als 20-mal dort aufhielt«, was irgendwie zu Rockinghams Urteil passt.

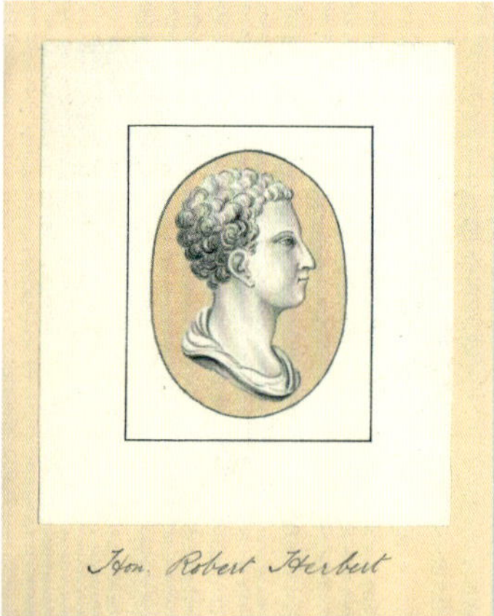

Damals war Highclere Place ein schöner, L-förmiger Herrensitz aus rotem Backstein, den Robert vom Beginn seiner Karriere an zu einem möglichst attraktiven Anwesen zu machen gedachte, genau das Richtige, um jede holde Dame, die seine Aufmerksamkeit erregen mochte, zu begeistern. Als eingefleischter Reisender im klassischen Italien und Griechenland wurde Roberts Bruder oft um

architektonischen Rat gebeten, und Robert selbst war bestrebt, sich einen entsprechenden Namen auf dem Gebiet der Gartengestaltung zu machen.

Es lag ihm also besonders daran, die umgebende Landschaft zu verschönern, d.h. ein neiderregendes »Arkadien« mit Wegen, Parterres und »Wildnissen« zu schaffen. Richtung Südosten führte eine diagonale Buchenallee zu einem mit einer Rotunde gekrönten Hügel, und näher am Haus wanden sich Schlängelwege durch Parkanlagen mit vielen verstreuten, oft mit Statuen geschmückten Anhöhen. Nie zufrieden mit dem Erreichten, dachte er sich ständig neue Projekte aus. 1733 – gerade war als Pendant zur Rotunde in der »Großen Wildnis« ein hübsches Oktagon fertig geworden – plante er als Ergänzung seiner Spazier- und Reitwege sowie Aussichtspunkte ein »Waldtheater«.

Angehörige des niederen Landadels hatten immer genug Zeit für die Erkundung der Umgebung, und so erkor Robert die alte Kreidegrube in Rookery Pit östlich des Hauses zu einer herrlich verschwiegenen Lichtung – der ideale Ort für eine Parkanlage wie den Steinbruchgarten, der auf dem Anwesen seiner Kindheit, Wilton House, angelegt worden war. Der auf Wilton House tätige Landschaftsarchitekt und Autor der *Ichnographica Rustica*, Stephen Switzer, empfahl vielen seiner Kunden, solche Gärten ein paar Kilometer vom Haupthaus entfernt als hübsche »Überraschungen« bei Ausritten zu kreieren, die nebenbei auch perfekte Orte für verbotene Rendezvous waren. In seinem Tagebuch beschrieb Jeremiah Milles, Sohn des Altphilologen und Pfarrers Isaac Milles, den Garten so:

> **In einiger Entfernung liegt in einem kleinen Hain eine schöne Grube mit einem toskanischen Tempel am Rand. Mit dieser Verschönerung hat Mr Herbert Geschmack bewiesen, denn vorher gab es hier nichts als eine tiefe Kreidegrube mit Gestrüpp drumherum. Er säuberte und planierte ihren Grund & bepflanzte ihn mit Rasen, sodass er wie die Arena eines Amphitheaters aussieht. Deren eine Seite ist zwölf Meter hoch und im Stil einer hübschen Wildnis mit Büschen & Heide begrünt. Der hölzerne toskanische Tempel ist**

rechteckig & hat vorn vier Säulen mit einem dreieckigen Ziergiebel darauf. Auf der gegenüberliegenden Seite der Grube befindet sich vor dem Abhang zur Arena ein Sitzplatz, & dahinter & drumherum ist ein Wald, durch den sich Wege schlängeln.

Highclere wurde nicht im selben Maßstab erbaut wie einige der riesigen palladianischen Paläste, deren zugige Zimmer kalt und ungemütlich waren und deren kleine Gartenzierbauten *(follies)* immer beliebter wurden, weil sie vergleichsweise behaglich und Zufluchtsorte vor der herrschaftlichen Pracht waren. Robert, der ein kleineres Haus, aber große Pläne für seinen Garten hatte, wollte das Beste von beidem.

In seiner Epoche spielte man gern auf literarische und antike Motive an, und Robert griff sie in großer Zahl auf. Er war mit seinen Brüdern unter dem Patronat von Pfarrer Isaac Milles unterrichtet worden, dem Roberts Großvater die Pfründe von Highclere gegeben hatte. Das Wirken des bewunderten Altphilologen genoss so großes Ansehen, dass Lord Pembroke Milles' ältesten Sohn Thomas Königin Anne als Bischof von Waterford und Lismore in Irland empfahl. Mit diesem Bildungshintergrund mixte Robert fröhlich heidnische Feld- und Naturgottheiten mit Druiden und alten Britanniern und platzierte sie neben römische und griechische Götter. Geprägt hatte ihn insbesondere der berühmte Alexander Pope; einen Großteil von dessen Werken schaffte er für Highcleres Bibliothek an. Pope ist heute vor allem als Dichter bekannt, interessierte sich aber auch sehr für Gartengestaltung, ja,

In all, let Nature never be forgot.
But treat the goddess like a modest fair,
Nor overdress, nor leave her wholly bare;
Let not each beauty everywhere be spied,
Where half the skill is decently to hide.
He gains all points, who pleasingly confounds,
Surprises, varies, and conceals the bounds.

Consult the genius of the place in all;
That tells the waters or to rise, or fall;
Or helps the ambitious hill the heavens to scale,
Or scoops in circling theatres the vale;
Calls in the country, catches opening glades,
Joins willing woods, and varies shades from shades;

Now breaks, or now directs, the intending lines;
Paints as you plant, and, as you work, designs.

Alexander Pope: *Epistle IV, 1731*

Die über die Zeiten mit viel Mühe kunstvoll gestalteten Blicke im Park von Highclere wirken angenehm natürlich.

behauptete gar, der Gartenbau sei älter und stehe Gottes Wirken näher als die Dichtung. Er war ausgiebig in seinem eigenen Garten in Twickenham tätig, wo er u.a. eine Grotte schuf.

Popes Einfluss war recht groß, und kein Geringerer als Jonathan Swift nannte ihn den Meister und Erfinder jenes Gartenstils, der natürlicher war als der vorher moderne französische mit seinen endlosen symmetrischen Hecken und beschnittenen Parterres. Im Laufe des 18. Jahrhunderts wurden Landschaften und Gärten zunehmend in poetischen und malerischen Begriffen beschrieben, und als schönster Stil galt der, bei dem eine künstlerische Komposition statt auf eine Leinwand in die Dreidimensionalität von Pflanzen und Bäumen, Licht und Schatten sowie hie und da Ruinen und Tempeln gebracht wurde.

Pope kannte die Herberts und weilte kurz auf Highclere. Er besuchte auch ihre Nachbarinnen, die Schwestern de Lisle im nahen Crux Easton, um deren berühmte Muschelgrotte zu bestaunen. Leider ist von ihr nichts mehr erhalten, aber damals war sie etwas ganz Besonderes. Die Fassade bestand aus Kieseln, und das Innere war gespickt mit Muscheln, Eisenerzschlacke u.a. und enthielt Sitzplätze für jede Schwester und eine Nische für die vorsitzende »Magierin«. In seiner *Inscription on a GROTTO of Shells at CRUX-EASTON, the Work of Nine young Ladies* beschrieb Pope die Grotte als glanzvolles Sinnbild jeder der makellosen Damen. Und in einer auf den 25. August 1733 datierten improvisierten Inschrift mit dem Titel *On seeing the LADIES at Crux-Easton Walk in the WOODS by the GROTTO* bezeichnete er den Ort, an dem diese leuchtenden Engel sich ergingen, als das Paradies, nach dem die sich so klug dünkenden Dichter stets suchen. Zwischen Robert Herbert und der Familie de Lisle bestand eine langjährige Verbindung, und 1735 gab Robert die Pfründe von Burghclere (eine Nachbarpfarrei von Highclere) an Dr Thomas de Lisle, einen der Brüder, der dort bis zu seinem Tod Pfarrer war. Margaret, die jüngste Schwester, war künstlerisch begabt; ihre Porträts von Sir Richard und Lady Kingsmill, die vor dem Kauf des Anwesens durch Roberts Großvater auf Highclere lebten, hängen bis heute im Schloss.

Allen gegenteiligen Behauptungen zum Trotz war Robert leider nie so recht zufrieden mit seinen Maßnahmen und fand immer, dass es nicht genug Blickfänge gab, die seinen Garten – und so auch ihn selbst – hätten berühmt machen können. In seinem Bemühen, Pope nachzueifern, schmiedete er unablässig neue Pläne und zeigte seinen Freunden und Bekannten stolz seine aktuellen Verschönerungsversuche, gern bei Picknicks und anderen Freiluftunternehmungen, um seinen Park ins bestmögliche Licht zu rücken. Auf den verschiedenen Rundwegen kamen die Besucherinnen und Besucher an diversen »Standpunkten« vorbei, wo sie stehen bleiben und eine bestimmte Aussicht oder Wirkung bestaunen konnten. An manchen standen fest installierte rustikale Bänke, anderswo wurden Stühle und dreibeinige Tische sowie Körbe für einen *nuncheon* (heute *luncheon*: Lunch) hingestellt, die oft eine kleine kalte Mahlzeit enthielten: Schinken und Huhn, einen kleinen kalten Wild-Pie und sogar eine Creme oder Speiseeis aus der Milchkammer. Eine beliebte Alternative war das *pique-nique*; das französische Wort *piquer* bedeutet »aufpicken«, und der gereimte Zusatz *nique* (Kleinigkeit) steht für die entsprechenden kleinen Gerichte. Schon damals aßen die Menschen anscheinend lieber im Freien als drinnen.

Als Robert 1769 starb, hatte er die Thronbesteigung dreier Könige erlebt – der George I, II und III (1760) – und noch mehr Blickfänge gebaut, längere Reit- und Spazierwege sowie einige für Highcleres Lage sehr schöne Ruheorte geschaffen. Durch Nutzung der Rotunde als Ziffernblatt lenkte er Augen und Schritte der Gäste auf die Zierbauten Heaven's Gate (1737) und Dan's Lodge, den Bühnentempel in Rookery Pit, den Tempel der Diana, Jackdaw's Castle (1743) und schließlich einen Weg um Milford Lake mit der Villa am einen Ende. Sein Freund und früherer Mitschüler Jeremiah Milles notierte in seinem Tagebuch:

> **Mr Herberts Haus … liegt am Fuße des Sidown Hill, und beide verbindet eine fast tausend Meter lange Buchenallee. Das Haus, einst ein sehr gutes im alten Stil, ist vom werten aktuellen Besitzer so sehr verändert und aufgebessert worden, dass es für seine Größe eines der schönsten und elegantesten Englands ist. Neben einer guten, alten gotischen Seite zu den Ställen hin hat es zwei andere, moderne Seiten: die Hauptfassade Richtung Hügel und eine, die auf den mit Rasen gestalteten Garten geht.**

DIE ZIERBAUTEN

MARY HERBERT STARB 1757, vor ihrem Mann, und da sie keine Kinder hatten, vermachte Robert Highclere seinem Neffen Henry Herbert, später ebenfalls Parlamentsabgeordneter für Wilton. Als Besitzer eines reizvollen Anwesens und somit höchst begehrter Junggeselle hielt der ehrgeizige Henry um die Hand von Lady Elizabeth Wyndham an, Tochter des 2. Earl of Egremont, der auf Petworth House in Sussex lebte.

Die Zeit schreitet voran und mit ihr die Moden. Lord Egremont hatte als einer der Ersten den großen Landschaftsarchitekten Capability Brown mit der Neugestaltung seiner Parkanlagen betraut, und Henry, der sich nicht lumpen lassen wollte, beauftragte Brown mit dem Entwurf eines Plans für seinen Park samt neuem See und modernem Haus, das Highclere Place House ersetzen sollte.

Als Brown 1770 nach Highclere kam, fand er auf der Nordwestseite eine Gruppe landwirtschaftlicher Gebäude, einen alten, von einer Ziegelsteinmauer umschlossenen Friedhof und Haine mit Bäumen vor, die seines Erachtens die Sicht versperrten und keinen Eindruck von Weite aufkommen ließen. All das würde weichen müssen, und so wurde in relativ kurzer Zeit ein Gutteil von Roberts Vision und harter Arbeit hinweggefegt, als hätte es sie nie gegeben. Zugunsten eines immerwährenden Idylls wurden die klassischen Bezüge von Roberts Zierbauten aufgegriffen, indem ein palladianisch beeinflusstes Haus gebaut und der Garten optimiert und vergrößert wurde.

Von den Zierbauten blieb Andover Lodge am alten Ort, ein kleiner, dreieckiger Bau an einem Aussichtspunkt auf dem Weg nach Heaven's Gate, ebenso dieses selbst (erbaut 1737) oben auf Sidown Hill, wobei man nicht mehr auf der großartigen Doppelallee darauf zugeht. Man kann von da aber noch den Torbogen, das Schloss und die fernen Hügel Richtung Oxford sehen. Der Etruskertempel steht nicht mehr auf der Lichtung am Amphitheater, wurde vielmehr versetzt, sodass er nun nach Süden auf Capability Browns endlose gewellte Wiesenlandschaft blickt. Rotunde und Oktagon wurden entfernt, ebenso die Parterres und die aufwendige Pflasterung am Haus.

Außerdem stehen noch die beiden größten Zierbauten des 18. Jahrhunderts an Ort und Stelle und sind bis heute herrliche Picknickplätze. Der nur 100 Meter über den östlichen Rasen vom Haus entfernte nächstgelegene, Jackdaw's Castle, ist ein klassizistischer Tempel, der rund 3,5 Meter oberhalb des Niveaus des heutigen Rasens steht, ursprünglich aber auf einer Ebene mit der langen Galerie oder Bibliothek im Haus aus dem 18. Jahrhundert stand, von wo aus er sichtbar war.

Sein Name geht vielleicht darauf zurück, dass in den Bäumen der dahinter verlaufenden Allee gern Dohlen (*jackdaws*) schliefen. Beeindruckender ist seine Geschichte: Seine Säulen gehörten einst zum Vorbau eines der elegantesten Häuser Londons, Berkeley House. Erbaut um die Zeit des Großen Brands von London 1666, wurde es später von der Familie Devonshire gekauft und in Devonshire House umbenannt, brannte bei der Renovierung 1733 jedoch ab. Die Säulen hielt man anscheinend für verzichtbar und verkaufte sie an Robert Herbert, der sie mit dem Pferdewagen nach Highclere schaffen ließ.

Einst überdacht, ist der ehemalige Vorbau nun den Elementen ausgesetzt, aber die Proportionen der Säulen entsprechen den harmonischen klassischen Regeln, die man im 18. Jahrhundert so bewunderte. Die korinthische Säule zeichnet sich durch schlanke Schäfte und mit Akanthusblättern verzierte Kapitelle aus. Das Kapitell ist der obere Abschluss einer Säule und leitet von ihr zu der auf ihr ruhenden Traglast über, indem es ihre Tragfläche vergrößert. Das ist zwar hier nicht nötig, war es aber vielleicht bei dem Gebäude, zu dem die Säulen einst gehörten, und Robert legte sicher großen Wert auf sie, zeugen sie doch von Geschichte, Kultur und antiker Architektur. Seiner heute erhöhten Lage zum Trotz erfüllt Jackdaw's so noch immer Roberts Vision eines Denkmals und Blickpunkts vom und aufs Schloss mit langen, gerahmten Blicken auf den Park und die alten Bäume.

Weiter weg steht der Tempel der Diana, den die Gäste heute nur beim Verlassen des Anwesens sehen. Er blickt auf Dunsmere Lake und einen Teil des von Capability Brown umgestalteten Parks und war ursprünglich vielleicht Roberts »Rotunde«, doch dafür gibt es keine eindeutigen Belege. Er hat ebenfalls eine klassische Form, aber schlichte ionische Säulen. Später (1838) erhöhte der Architekt Charles Barry die Kuppel, fügte 16 Urnen hinzu und gestaltete das Innere um, indem

LINKS, VON OBEN
Tempel der Diana.
Andover Lodge.
Winchester Lodge.
Beacon Hill Gate.
Heaven's Gate.

er ihm mehr Höhe verlieh und es so aufwertete. Der britische Künstler George Frederick Prosser, der oft auf dem Anwesen zeichnete, schrieb:

> **Der Tempel wirkt großartig, nicht nur aus der Nähe, sondern auch von überall sonst auf dem Anwesen. Seine Architektur ist fehlerhaft, da die Säulenreihe nicht komplett und die die Kuppel tragende Mauer über dem Gesims nicht sichtbar ist, aber über diese Mängel sieht hinweg, wer dankbar ein solches Objekt in so passender Umgebung erblickt.**

All dies bestätigt die Vermutung, dass der Tempel schon vorher existiert hat und umfunktioniert und verändert wurde. Man kann heute nicht mehr hineingehen, aber außen wurde er instand gesetzt, sodass er wieder ein erfreulicher Anblick ist. Schön ist auch die Umgebung. Am Abhang stehen ein paar stattliche alte Zedern, und die ungewöhnlichen Böden mit ihren von Jahr zu Jahr kräftigeren Flechten, Pilzen und Enzianen sind Gegenstand wissenschaftlichen Interesses geworden.

PICKNICKS

Im 18. Jahrhundert schrieb man Briefe und Tagebuch ebenso in französischer wie in englischer Sprache, und auch unser Archiv zeugt von der Wertschätzung, die man Sprache, Brauchtum und Kultur Frankreichs damals entgegenbrachte. Auf französische Vorbilder geht die formale Gestaltung englischer Gärten zurück – und auch das Picknick. So dinierte Jean-Jacques Rousseau mit Freunden gern »tête à tête en pique-nique«. Nach der Französischen Revolution von 1789, in deren Folge französische Emigranten nach London kamen, gründete sich dort 1801 ein Club namens The Pic Nic Society. Seine Mitglieder speisten exzeptionell luxuriös und kostspielig, tranken viel zu viel, spielten und amüsierten sich sogar mit

Oben
Jackdaw's Castle.
Rechts
Pyramiden-Hundswurz vorm Tempel der Diana.

Amateurtheaterspiel. Vielleicht weil man damals derartige Exzesse mit Picknicks verband, brachte man ihnen im Frankreich des 19. Jahrhunderts erhebliches Misstrauen entgegen.

Ihren etwas zweifelhaften Ruf nutzte Jane Austen in *Emma* (1816) für ihre scharfsinnige Schilderung eines rustikalen Picknicks auf Box Hill, Surrey – eine quälend peinliche Szene und ein Wendepunkt im Roman. Mit dem Aufkommen von Eisenbahn, Fahrrad und Auto stürzten sich britische Familien jeder Couleur mit Begeisterung aufs Picknicken, und als die berühmte Kochbuchautorin Mrs Beeton den »Speiseplan für ein Picknick für 40 Personen« in ihr *Book of Household Management* aufnahm, war es ein wichtiger Bestandteil englischen Lebens.

Das ist angesichts des so wechselhaften britischen Wetters ziemlich paradox. Obwohl man an einem einzigen Tag fast überall im Land jede Spielart des launischen Wetters erleben kann, steht das Picknicken im Zentrum zahlloser informeller und formeller sozialer Events des britischen Sommers. Ob Picknick-Lunch, Picknick-Tee, Cocktails im Freien, die sich alle nicht sehr vom Picknick mit leichten Imbissen im 18. Jahrhundert unterscheiden, Freiluftkonzerte mit Picknick-Souper, Picknicks bei Sportfesten, beim Royal Ascot – immer stellt sich die Frage: Was, wenn es regnet? Unverdrossen machen wir Briten weiter und beten inständig für gutes Wetter.

Als typischer Britin macht mir die Planung von Gartenpicknicks mit Freunden großen Spaß. Zusätzlich bietet Highclere Konzert- und Picknick-Tees sowie Picknick-Tee-Boxen für Gäste. Zur Überraschung unserer beiden wärmeliebenden portugiesischen Butler Luís und Jorge finden Frühjahrsspaziergänge, Picknick-Tees und -Lunches unter Umständen schon ab März statt, ihre Hauptsaison ist aber der Sommer. Meist sind sie einfach und heiter – Mahlzeiten im Freien, bei denen es vor allem darum geht, sich in der Natur zu erholen. Der bekannte englische Schriftsteller Evelyn Waugh beschreibt in seinem Roman *Wiedersehen in Brideshead* (1945) ein solches improvisiertes Mahl:

Durch die Wild Flower Meadow führen einfache Graswege.

»Ich habe ein Auto und einen Korb Erdbeeren und eine Flasche Château Peyraguey – ein Wein, den du noch nie getrunken hast, tu nicht so, als ob. Mit Erdbeeren schmeckt er himmlisch.«

An einem schattigen Plätzchen auf einem von Schafen abgeweideten kleinen Hügel unter Ulmen essen die Protagonisten die Erdbeeren, trinken den Wein und schauen in die Bäume. Das Picknick in Kenneth Grahames Kinderbuchklassiker *Der Wind in den Weiden* war etwas aufwendiger; in einem riesigen Picknickkorb waren »kaltes Huhn und Schinken und saure Gurken und Salat und Butterkuchen und Fleischpastete und Limonade und Sprudelwasser«, und so genoss man ein angenehmes Sommermahl, plauderte und döste: das perfekte Glück aus dem Esskorb. Ich bin mit meinem Mann aber auch schon nur mit einer Thermosflasche Suppe, ein paar knusprigen, frischen Brötchen und etwas Wasser dabei gewandert und mit einem Baumstumpf mit schöner Aussicht zufrieden gewesen. Oder ich treibe größeren Aufwand, mache mit Freundinnen und Freunden einen schönen Spaziergang und genieße danach einen rustikalen Lunch im Freien.

Und dann gibt es noch jene märchenhaften Momente – an einem lauen Juniabend an der langen Tafel im Temple zu Abend essen oder über den Rasen zu Jackdaw's schlendern, wo Cocktails und Kanapees serviert werden, bevor im Speisezimmer zu Abend gegessen wird. Das weiche Gras unter den Füßen, die milde Abendbrise in den gigantischen Zedern und dem alten Walnussbaum, neue exotische Arten, die es zu bestaunen gibt, und die schläfrig machenden Schatten von all dem, derweil Gäste und Freunde die liebliche goldene Stunde genießen.

Ein Sommerpicknick

Picknicktechnik

Mit etwas Planung und reichlich Muße sind Sie bestens vorbereitet. Sie benötigen einen Picknickkorb, in den Sie folgende Dinge packen ...

- Teller und Gläser (besser kein Glas und Porzellan)
- Messer, Gabeln und Löffel
- Flaschenöffner/Korkenzieher
- Schneidbrett mit (Brot-)Messer
- Servietten und Küchenpapier
- Mülltüte
- Tischtuch

Und in eine Tragetasche ...

- Sonnenhut und -creme
- Buch zum Lesen
- Insektenschutz
- Salbe gegen Insektenstiche

Um den Transport folgender Dinge sollte sich eine geeignete Person kümmern ...

- Teppich/Decken/Kissen
- Klapptisch und -stühle (nach Belieben)

Und keinesfalls vergessen sollten Sie ...

- eine Kühlbox
- Eispacks oder loses Eis, damit Essen und Getränke schön kalt bleiben
- reichlich Wasser (und zusätzlich ein oder zwei Flaschen Rosé)

Tarte mit alten Tomatensorten

Geordie und ich widmen uns mit ganzem Herzen unserem Erbe in Highclere. Deshalb lieben wir auch unsere alten Tomatensorten, die ohne Kreuzung seit über 40 Jahren angebaut werden. Es gibt sie in vielen verschiedenen Farbtönen. Diese Tarte schmeckt nicht nur wunderbar, sondern sieht auch hübsch aus. Alte Tomatensorten enthalten viele Lycopene, eines der stärksten natürlichen Antioxidantien.

Zutaten

200 g Tomaten (vorzugsweise alte Sorten)
125 g Ziegenfrischkäse
150 g Ricotta
1 EL Vollmilch
1 kleines Bund frischer Schnittlauch, gehackt
1 TL fein abgeriebene Schale von 1 unbehandelten Zitrone
gebackener Mürbteigboden (Rezept, siehe Seite 70)
½ TL getrockneter Oregano
1 EL natives Olivenöl extra
Salz und frisch gemahlener Pfeffer

Zubereitungszeit 10 Min. **Garzeit** 15–20 Min. **Für** 6 Personen

Den Backofen auf 200 °C vorheizen.

Die größeren Tomaten in Scheiben schneiden, die kleineren halbieren. Die Tomaten beiseitestellen.

Ziegenkäse, Ricotta und Milch glatt verquirlen. 1 Prise Pfeffer, den Großteil des Schnittlauchs und des Zitronenabriebs hinzufügen und alles vermengen.

Die Käsemischung auf dem Teigboden verteilen. Die Tomaten darauflegen und mit etwas Oregano, dem restlichen Schnittlauch und Salz bestreuen. Mit Öl beträufeln.

15–20 Minuten backen, bis die Tomaten weich sind.

Aus dem Backofen nehmen und vor dem Aufschneiden mindestens 10 Minuten abkühlen lassen.

Kartoffelsalat mit Zitrone und Schnittlauch

Ein Gebet für Frieden, Gnade und geistige Nahrung,
Für Weisheit und Orientierung, denn all dies ist wichtig,
aber vergesst dabei nicht die Kartoffeln.
John Tyler Pettee (1822–1907)

Zutaten

1 kg Kartoffeln, mit Schale
abgeriebene Schale und frisch gepresster Saft von 1 unbehandelten Zitrone
2 EL natives Olivenöl extra
½ TL feiner Zucker
50 g Mayonnaise
60 g saure Sahne
50 g frische Schnittlauchröllchen, plus etwas zum Garnieren
2 große Stangen Sellerie, fein gehackt
Salz und frisch gemahlener Pfeffer

Zubereitungszeit 25 Min. **Garzeit** 30 Min. **Für** 8 Personen

Die Kartoffeln in kochendem Wasser weich garen und abgießen.

Zitronenabrieb und -saft, Olivenöl, Zucker und ½ TL Salz verquirlen.

Die Kartoffeln in der Zitronenmischung wenden. Bei Zimmertemperatur unter gelegentlichem Rühren 30 Minuten abkühlen lassen.

Mayonnaise und saure Sahne verrühren. Schnittlauch und Sellerie hinzufügen und mit Salz und Pfeffer abschmecken. Die Mayonnaisemischung zu den Kartoffeln geben und vorsichtig unterheben.

Sofort servieren oder den Salat abdecken und kalt stellen. Mit Schnittlauch garnieren.

Burrata mit gebackenen Tomaten, Basilikum und Olivenöl

Zutaten

400 g Kirschtomaten, halbiert
1 Knoblauchzehe, in Scheiben geschnitten
5 EL natives Olivenöl extra
2 EL Balsamicoessig
1 Handvoll frische Basilikumblätter
abgeriebene Schale und frisch gepresster Saft von 1 unbehandelten Zitrone
2 EL Pinienkerne, geröstet
200 g Burrata (oder Mozzarella), zerpflückt oder in Scheiben geschnitten
Salz und frisch gemahlener Pfeffer

Zubereitungszeit 15 Min. **Garzeit** 15 Min. **Für** 4 Personen

Den Backofen auf 180 °C vorheizen.

Tomaten und Knoblauch auf einem Backblech verteilen, mit Olivenöl beträufeln und mit Salz und Pfeffer abschmecken. 15 Minuten backen, mit Balsamicoessig beträufeln und abkühlen lassen.

Basilikum, Zitronenabrieb und -saft und restliches Olivenöl im Mixer kurz vermengen. Mit Salz und Pfeffer abschmecken.

Die Tomaten in eine Servierschüssel füllen. Pinienkerne, Basilikumöl und Burrata darübergeben und mit etwas Pfeffer bestreuen.

Salat mit Flusskrebsen und Avocado

Zutaten

Für das Dressing

100 ml natives Olivenöl extra
1 Stängel Zitronengras, gequetscht
1 Schalotte, in feine Ringe geschnitten
1 TL frisch gehackter Dill

Für den Salat

200 g Flusskrebse
frisch gepresster Saft von 1 Zitrone
Blattsalatmischung mit jungem Spinat
2 reife Avocados, in Scheiben geschnitten
1 unbehandelte Zitrone, in Scheiben geschnitten, zum Garnieren
Salz und frisch gemahlener Pfeffer

Zubereitungszeit 10 Min. **Für** 6 Personen

Für das Dressing …

Olivenöl und Zitronengras bei niedriger Hitze in einem kleinen Topf heiß werden und 20 Minuten sanft durchziehen lassen.

Vom Herd nehmen und das Zitronengras entfernen. Die Schalotte hinzugeben, abkühlen lassen und den Dill hinzufügen.

Für den Salat …

Die Flusskrebse im Dressing wenden und beiseitestellen.

Die Zitronenscheiben am Schüsselrand anordnen. Die gewaschenen Salatblätter in die Schüssel geben.

Die Avocadoscheiben in Zitronensaft wenden und mit Salz und Pfeffer würzen. Mit den Flusskrebsen vermengen. Die Mischung in die Schüssel mit den Salatblättern geben und servieren.

Räucherlachsroulade

Zutaten

20 Scheiben Räucherlachs
200 g junger Spinat
500 g heiß geräucherter Lachs
250 g Frischkäse
frisch gepresster Saft von 1 Zitrone
200 ml Crème double
1 Prise Cayennepfeffer
1 EL frisch gehackter Dill
1 TL frisch gehackter Schnittlauch
Salz und frisch gemahlener Pfeffer

Zubereitungszeit 30 Min., plus Kühlzeit **Für** 4 Personen

1 Lage Frischhaltefolie auf einer sauberen Arbeitsfläche ausbreiten und die Räucherlachsscheiben auf einer Fläche von 15 x 30 cm leicht überlappend anordnen. Dann mit dem Spinat bedecken.

Heiß geräucherten Lachs, Frischkäse und Zitronensaft im Mixer kurz zu einer glatten Paste pürieren.

Crème double und Cayennepfeffer hinzugeben und erneut kurz im Mixer vermengen. Nicht zu lange mixen. Dill und Schnittlauch hinzufügen und mit Salz und Pfeffer abschmecken.

Die Mischung auf dem Spinat verteilen und alles zu einer Rolle formen. Die Frischhaltefolie fest um die Roulade wickeln und die Enden verzwirbeln, damit die Roulade nicht auseinanderfällt. Mindestens 6 Stunden kalt stellen.

Kurz gedünsteter Spinat mit gerösteten Pinienkernen

Zutaten

50 g Pinienkerne
1 EL natives Olivenöl extra
500 g Spinat
abgeriebene Schale und frisch gepresster Saft von 1 unbehandelten Zitrone

Zubereitungszeit 5 Min. **Garzeit** 5 Min. **Für** 4 Personen

Die Pinienkerne in einer Pfanne ohne Öl leicht rösten. Die Pfanne mehrmals schwenken, damit sie nicht anbrennen. Beiseitestellen.

Das Öl in einem Wok erhitzen. Den Spinat hinzufügen und 1 Minute braten.

Pinienkerne, Zitronenabrieb und -saft hinzugeben und vermengen.

Sofort servieren (z. B. als Beilage zu Fleisch und Fisch).

Peperonata

Zutaten

4 EL Pflanzenöl
250 g rote Zwiebeln, in Ringe geschnitten
2 Knoblauchzehen, zerdrückt
2 Lorbeerblätter
4 rote Paprikaschoten, in feine Streifen geschnitten
2 gelbe Paprikaschoten, in feine Streifen geschnitten
1 Prise feiner Zucker
Salz und frisch gemahlener Pfeffer

Zubereitungszeit 25 Min. **Garzeit** 45 Min. **Für** 4 Personen

Das Öl in einer Pfanne bei mittlerer Hitze erhitzen. Zwiebeln, Knoblauch und Lorbeerblätter hinzugeben und unter gelegentlichem Rühren 5 Minuten leicht anbraten.

Die Paprika portionsweise hinzufügen, dann einen Deckel auflegen und 10 Minuten sanft garen.

Mit Zucker, Salz und Pfeffer würzen. Alles ohne Deckel unter häufigem Rühren 30 Minuten braten, bis die Mischung eingedickt ist.

Die Lorbeerblätter herausnehmen und die Peperonata abschmecken. Heiß oder kalt servieren.

Roastbeefsalat mit hausgemachter Meerrettichsauce

Gemüse und Fleisch 2 Tage im Voraus zubereiten. Das Fleisch 4 Stunden vor dem Servieren aufschneiden. So haben Sie vor dem Essen Zeit für Ihre Freunde.

Zutaten

- 6 kleine Rote Ringelbeten
- 5 TL natives Olivenöl extra
- 500 g Kartoffeln
- 4 rote Zwiebeln, in Spalten geschnitten
- 700 g küchenfertiges Sirloinsteak (Hüftsteak)
- 200 g grüne Bohnen
- 30 Kirschstrauchtomaten
- 3 EL Balsamicoessig
- 1 EL körniger Dijonsenf
- Salz und frisch gemahlener Pfeffer

Zubereitungszeit 25 Min. **Garzeit** 50 Min. **Für** 6 Personen

Den Backofen auf 200 °C vorheizen.

Die Beten auf einem mit Backpapier ausgelegten Blech ausbreiten und mit 1 EL Öl und etwas Wasser beträufeln. Das Backpapier zu einem geschlossenen Päckchen zusammenfalten. 30 Minuten backen, bis die Beten weich sind. Herausnehmen, halbieren und warm halten.

Die Kartoffeln schälen, in Stücke schneiden und 5–6 Minuten in einem Topf mit Wasser kochen. Mit Zwiebeln und 2 EL Öl in einem Bräter 30 Minuten goldbraun backen. Den Backofen ausschalten, das Gemüse nicht herausnehmen.

Das Fleisch salzen, pfeffern und mit 1 EL Öl rundum einreiben. Einen großen Topf erhitzen und das Fleisch darin rundum anbräunen. In einen Bräter legen und 15–20 Minuten (blutig), 20–25 Minuten (englisch) oder 25–30 Minuten (halbrosa) braten (keine Minute länger).

Das Fleisch herausnehmen, mit Alufolie abdecken und mindestens 20 Minuten ruhen lassen.

Die Bohnen 3 Minuten in kochendem gesalzenen Wasser bissfest garen und dann abseihen.

Die Tomaten höchstens 5 Minuten auf einem mit Backpapier ausgelegten Blech im Backofen backen und mit Salz und Pfeffer würzen.

Essig, das restliche Öl und Senf in einer Schüssel verquirlen und abschmecken. Das Dressing mit den Beten und Bohnen vermengen.

Kartoffeln, Zwiebeln, Beten, Bohnen und Tomaten rund um das aufgeschnittene Roastbeef anrichten, sodass sich die Gäste ihre Portion selbst zusammenstellen können. Dazu die Meerrettichsauce (siehe unten) reichen.

Tipp vom Gärtner

Meerrettich, der perfekte Kontrast zu Rindfleisch, hilft gegen Rheuma und regt den Kreislauf an.

Er lässt sich leicht anbauen und zubereiten. Frisch schmeckt er intensiver als aus dem Glas. Er ist sehr ergiebig: Ein oder zwei Stangen reichen. Am besten im Topf anpflanzen, da sie sich schnell ausbreiten.

Meerrettichsauce

Zutaten

- 15 g Meerrettich, frisch gerieben
- 1 EL Weißweinessig
- 1 Prise Englisches Senfpulver
- 1 Prise feiner Zucker
- 150 ml Crème double, leicht geschlagen
- Salz und frisch gemahlener Pfeffer

Zubereitungszeit 30 Min. **Für** 4–6 Personen

Den Meerrettich 30 Minuten in 2 EL heißem Wasser einweichen.

Abseihen, ausdrücken und mit den anderen Zutaten vermengen. In einer Schüssel servieren.

Tarte aux fraises

Frischer Erdbeerkuchen ist der Inbegriff des englischen Sommers. Als mein Sohn noch klein war, unternahm er mit uns gern einen Ausflug zum nächsten Erdbeerfeld. Dort verbrachten wir eine Stunde mit einem zufriedenen kleinen Jungen, der wahrscheinlich mehr Früchte selbst aß, als er in seinen Korb legte.

Zutaten

125 g Butter
85 g Puderzucker
1 Ei (Größe M)
200 g Mehl, plus etwas zum Bestäuben
100 g Erdbeermarmelade
500 g Erdbeeren (bei kleinen nur Grün entfernen, große halbieren)
2 EL Aprikosenmarmelade
1 EL frisch gepresster Zitronensaft

Für die Crème pâtissière
300 ml Vollmilch
150 ml Crème double
1 TL Vanilleextrakt
3 Eigelb (Größe M)
60 g feiner Zucker
3½ EL Speisestärke
50 g Butter, gewürfelt

Zubereitungszeit 40 Min. **Garzeit** 45 Min., plus Kühlzeit **Für** 10 Personen

Den Backofen auf 200 °C vorheizen

Eine Springform (23 cm ø) einfetten.

Butter und Zucker glatt verrühren, nicht schaumig schlagen. Erst das Ei und dann das Mehl unterrühren.

Den Teig zu einer Kugel formen, in Frischhaltefolie wickeln und 20 Minuten kalt stellen.

Eine Arbeitsfläche mit Mehl bestäuben und den Teig zu einem Kreis ausrollen (ø 3 cm größer als die Backform). Den Teig in die Form legen und am Rand überhängen lassen. Den Boden mit einer Gabel einstechen und die Form erneut 30 Minuten kalt stellen. Mit Backpapier bedecken und Backbohnen darauf verteilen. 15 Minuten backen. Backpapier und Bohnen herausnehmen und die Tarte weitere 15–20 Minuten backen, bis sie knusprig und goldgelb ist. In der Form abkühlen lassen.

Für die Crème pâtissière …

Milch, Crème double und Vanilleextrakt bei mittlerer Hitze unter gelegentlichem Rühren in einem Topf zum Köcheln bringen.

Eigelb und Zucker in einer Schüssel 3 Minuten schaumig schlagen. Dann die Speisestärke einrühren.

Unter ständigem Rühren ¼ der heißen Creme zur Eimischung gießen. Dann die warme Eimischung in den Topf zur restlichen Creme gießen. Bei mittlerer Hitze 5–8 Minuten vermengen, bis die Mischung eindickt. In eine große Schüssel füllen und unter gelegentlichem Rühren 15 Minuten abkühlen lassen.

Nach und nach die Butter einrühren, bis die Creme glatt ist. Abdecken und kalt stellen.

Die Erdbeermarmelade auf den Teigboden streichen. Die Crème pâtissière darauf verteilen und die Erdbeeren in einem dekorativen Muster oder nach Wunsch darauflegen.

Aprikosenmarmelade und Zitronensaft in einem Topf erhitzen und die Erdbeeren vorsichtig damit bestreichen.

Hausgemachte Limonade (AUF ZWEIERLEI ART)

Der Ausdruck »aus Zitronen Limonade machen« bedeutet so viel wie, aus etwas Saurem oder Langweiligem etwas Köstliches oder Nützliches zu zaubern: Vielleicht sehen nicht alle Menschen eine derartige Gelegenheit, doch das Leben ist gut zu uns, wenn wir das Positive darin suchen. Kreativ verarbeitet schmecken (selbst bittere) Zitronen einfach wunderbar. Mit dem Leben ist es ähnlich – wir müssen uns nur die Zeit nehmen, uns umzusehen.

Das erste Rezept stammt von mir: Der säuerlich-erfrischende Geschmack der Zitronen wird durch die Süße des mit ein wenig Minze aromatisierten Zuckers ausgeglichen. Das genaue Mischungsverhältnis ist Geschmackssache. Beim Mischen müssen Sie das Aroma nach und nach verfeinern, je nachdem wie saftig die Zitronen sind.

Zutaten

6 unbehandelte Zitronen
150 g feiner Zucker
einige frische Minzeblätter, zerpflückt
1,4 l Wasser (mit oder ohne Kohlensäure)

Zubereitungszeit 20 Min., plus Kühlzeit über Nacht

Die Zitronen in warmem Wasser abbürsten und 1,4 l Wasser in einem Topf bei hoher Hitze zum Kochen bringen.

Die Schale von 3 Zitronen mit einem Kartoffelschäler abschälen (ohne die weiße, bittere Schicht).

Die Schale der 4. Zitrone abschälen und beiseitestellen.

Alle 6 Zitronen auspressen. Mit dem Zucker in einer großen Schüssel mit dem kochenden Wasser übergießen. Die Minzeblätter hinzufügen.

Zitronenschalen hinzugeben, gut vermengen, einen Deckel auflegen und über Nacht kalt stellen.

Am nächsten Tag erneut umrühren, probieren und bei Bedarf etwas mehr Zucker hinzufügen.

Rezept des Kochs von Highclere

So bereitet unser Koch Paul Brooke-Taylor die Limonade zu.

Zutaten

abgeriebene Schale und frisch gepresster Saft von 4 großen unbehandelten Zitronen
150 g feiner Zucker
1,2 l Wasser (mit oder ohne Kohlensäure)
einige Stängel frische Minze

Zubereitungszeit 20 Min., plus Kühlzeit über Nacht

Zitronensaft und -schale mit dem Zucker vermengen, bis sich der Zucker aufgelöst hat.

Das Wasser hinzugießen und umrühren. Die Mischung abseihen, die Schale entfernen.

Minzestängel hinzugeben und servieren.

Für eine Blaubeer- oder Himbeerlimonade 1 Handvoll Früchte mit der Rückseite eines Löffels zerdrücken, zur Limonade geben, umrühren und servieren.

DIE WILDFLOWER MEADOW

Unter capability brown wurden die Parterres des 18. Jahrhunderts südlich des einstigen Hauses gerodet und an ihrer Stelle eine geschwungene Rasenfläche in die Kreide gegraben, die das Auge zu sorgfältig platzierten Bäumen am Horizont lenkt. Im westlich vom Haus gelegenen Park wurden die heute hohen, dunklen Libanon-Zedern gepflanzt, die an Sommernachmittagen lange Schatten werfen, und die blassen Stämme und hellen Blätter der heimischen Buchen und Linden führen den Blick zum Steilhang des Beacon Hill im Osten.

Früher wurde das abschüssige Gelände unterhalb des Rasens bestimmt gemäht, aber Geordie und ich haben daraus eine Wildblumenwiese gemacht. In Südengland sind in den letzten 70 Jahren viele Wiesen für Kalk liebende Arten verloren gegangen, sodass wir der Chance, eine anzulegen, nicht widerstehen konnten. Vor über zehn Jahren haben wir den Boden volle zwei Jahre lang geeggt, um das Gras zu lockern, damit die Wildblumensamen sich nicht zu sehr gegen »aggressivere« Konkurrenz behaupten mussten. Die gewählten Mischungen enthielten vor allem die traditionellen Kalkrasenarten Hampshires, und mit den Jahren entwickelt die Wiese sich weiter und zeigt immer neue Farben und Arten.

Wildblumenwiesen machen nicht weniger Arbeit als traditionelle Rabatten, erfordern aber ein völlig anderes Vorgehen. Die meisten Projekte auf Highclere sind Großprojekte, aber eine Wildblumenwiese lässt sich überall anlegen. Wichtig ist ein sonniges Fleckchen mit Magerboden ohne Konkurrenz durch andere Pflanzen. Als Erstes entfernt man die oberen etwa acht Zentimeter Erde und jätet das Unkraut. Arbeiten Sie die Erde gründlich mit einer Hacke durch. Bedecken Sie die Erde mit etwas schwarzer Folie, damit verbliebene Samen nicht keimen können. In diesem Stadium, vor der Saat, lohnt es sich, geduldig zu sein. Verstreuen Sie dann (am besten im Herbst oder im März) die Samen in alle Richtungen, lassen Sie kein Eckchen aus und laufen Sie vorsichtig darüber, um sie in die Erde zu drücken. Gießen Sie im ersten Jahr. Alternativ können Sie Wildblumensamen auch in mehreren unterschiedlich großen Töpfen aussäen.

Ein Unkraut ist nichts anderes als eine ungeliebte Blume.
Ella Wheeler Wilcox (1850–1919)

In puncto Arten raten wir ganz klar zu heimischen. Besonders geeignet ist der Klappertopf, der die Fruchtbarkeit reduziert, aber auf einem Boden wie dem von Highclere gedeihen vermutlich auch Knautie, Gewöhnlicher Hornklee, Rundblättrige Glockenblume, Wicke, Augentrost, Kornrade, Labkraut, Kreuzblütchen und britische Orchideen. Ihre Namen erinnern an alte Bräuche und Heilzwecke. Knautie soll die Heilung von Beulen und Hautkrankheiten unterstützen. Das weiche, elastische, getrocknet nach Heu duftende Labkraut (engl. *lady's bedstraw*) eignete sich als Bettstreu, wirkt adstringierend und wehrt angeblich Flöhe ab.

Bei Orchideen denkt man meist an die spektakulär gefärbten ferner Länder, aber in Großbritannien existieren 52 heimische Arten. In Viktorianischer Zeit starben sie durch exzessives Sammeln fast aus, bei genug Platz und Ungestörtheit kehren sie aber zurück. Auf der Wildblumenwiese wächst viel Pyramiden-Hundswurz und auf dem kalkhaltigen Boden an den Rändern der im Halbschatten liegenden Lichtungen die seltenere Bienen-Ragwurz.

Wildblumen bieten Bienen und anderen Bestäubern Schutz und Nahrung. In Großbritannien leben mehr als 250 Bienenarten, denen im Ökosystem eine bedeutende Rolle zukommt. Die Blumen ziehen auch Schmetterlinge und andere Insekten an, die ihrerseits Vögeln, Fledermäusen, Amphibien, Reptilien und kleinen Säugetieren zugutekommen. Laut Sir David Attenborough sind drei Viertel der britischen Schmetterlinge im Niedergang begriffen und ein Drittel vom Aussterben bedroht. Schmetterlinge und Bienen sind wichtige Indikatoren dafür, wie intakt eine Landschaft ist. Sie sind in ihrer Ernährung oft sehr wählerisch; so sind z.B. der Gemeine und der Himmelblaue Bläuling auf die Wicke und den Gewöhnlichen Hornklee angewiesen, während der Große Kohlweißling Kohl und Kapuzinerkresse mag, der Kleine Fuchs Nesseln und der Rote Admiral und das eindrucksvolle Pfauenauge Buddlejas.

Gemächlich dem diagonal durch die Wiese mäandernden gemähten Weg zu folgen ist herrlich und tut gut. Im Laufe des Sommers wird das Gesumm immer lauter – das Sirren der Insektenflügel zeigt, wie

viel Nahrung sie bietet. Am Ende färben die Blütenköpfe sich braun, sind oft aber auch so noch schön, finde ich. Wenn die Schatten länger werden und Ockertöne sich durchsetzen, sorgen sie an den Abhängen für Höhe und Struktur. Es gibt viele gute Momente im Leben, aber die einfachsten sind oft die schönsten. Ende September, wenn die verdorrten Blumen und Gräser anfangen, ihre Samen zu verstreuen, mähen wir die Wiese, sammeln die Samen auf und verkaufen sie im Laden, während das »Heu« gebündelt und weggeschafft wird, damit der Boden mager bleibt. Danach lockern Paul und sein Team die ganze Fläche auf.

DIE BIENEN

DAS ENGLISCHE WORT *MEADOW* (WIESE) leitet sich vom altenglischen *maed* ab, dem heutigen *mead* (Met). Met ist ein aus der Mode gekommenes alkoholisches Getränk, das durch Gären von Honig und Wasser, teils auch mit Früchten, Gewürzen, Getreide oder Hopfen, gewonnen wird.

Bienen gehören seit Jahrhunderten zu Highcleres Agrarlandschaft. In dessen angelsächsischer Gründungsurkunde von 749 n. Chr. ist als eine Begrenzung des Anwesens ein »Hunig-weg« erwähnt. Vor 1200 Jahren schätzte man Honig und Bienen ebenso wie heute. Wo man auch lebte und welchen Rang man bekleidete – die Bienenzucht war ein wichtiger Teil der Landwirtschaft und Lebensmittelerzeugung, von der Bestäubung über die Verwendung von Honig als Süßungsmittel und Antiseptikum bis zu der von Wachs für Kerzen und Möbelpolitur. Am wichtigsten aber ist ihre Bestäubungsfunktion. Bienen bestäuben 70 Prozent der Nutzpflanzen, die 90 Prozent der Nahrungsmittel der Welt liefern, und ein großes Bienenvolk von rund 60000 Tieren legt täglich eine Flugstrecke wie die zwischen Erde und Mond zurück.

Ihrer Bedeutung zum Trotz ist ihre Zahl in den letzten Jahren in katastrophalem Ausmaß zurückgegangen, in Großbritannien im Laufe des letzten Jahrhunderts um 75 Prozent. Die Ursache sind Umweltfaktoren: Pestizide, Habitatverlust und Stress. Auf Highclere tun wir nichts Weltbewegendes, wollen

aber einen kleinen Beitrag zu ihrem Schutz leisten. Außer unserer Wildflower Meadow haben wir breite Blühstreifen an den Ackerrändern geschaffen und lassen freie Hänge unbebaut.

Unser Bienenexperte Mike Withers hält seit über 50 Jahren Bienen auf Highclere. Noch mit über 80 Jahren sind seine Begeisterung und Leidenschaft ungebrochen. Eines Tages habe ich ihn bei dem Versuch beobachtet, einen Bienenschwarm in einen »Stülper« zu bekommen. Diese traditionellen Bienenkörbe wurden vor über 1000 Jahren unter Alfred dem Großen erfunden und sehen heute noch ganz ähnlich aus. Sind die Bienen drin, unbedingt samt Königin, überführt man sie über ein Brett in ihren neuen Stock. Dies ist ein heikler Moment, denn der Schwarm könnte ausbüxen, aber Mike ist ja sehr erfahren. Die Königin lief also über den Arbeiterinnen hinein, und sobald sie drin war, musste man sich keine Sorgen mehr machen.

Bienen legen ihre Honigvorräte im Sommer an. Ein idealer Ort für einen Bienenstock ist ein Obstgarten, denn dort können sie ihrer Bestäuberfunktion nachkommen und wehren Schädlinge ab. Sie laben sich an den Blüten der Obstbäume, mögen aber auch Pflanzen mit blauen Blüten, wie die großen Buddlejarispen am Rand der Wildblumenwiese, den Lavendel im Mönchsgarten, den Borretsch im Heilkräutergarten, außerdem die Blüten der Esskastanienbäume und Brombeerbüsche auf dem Anwesen. Dank solcher Pflanzen produzieren sie Zucker, die in den Wintermonaten in den Waben flüssig bleiben.

Der Honig selbst ist eine Art Wundernahrung – komplex, nahrhaft und antibakteriell – und enthält 24 verschiedene Zucker und kleine Mengen pflanzlicher Enzyme und Proteine. Er ist das einzige Nahrungsmittel mit allem Lebensnotwendigen darin.

Zur Vermeidung von Bienenstichen ist es ratsam, helle Kleidung zu tragen. Man sollte in ihrer Gegenwart auch nicht fluchen, sie nicht hinters Licht führen, und als ausgezeichneten Zuhörerinnen sollte man ihnen alles von sich erzählen:

Hochzeit, Taufe, Leichengang,
Neues von jenseits der Meere,
Was immer euch froh oder traurig stimmt,
Sagt's dem Bienenheere.

DIE LINDENALLEE

LÄUFT MAN ZU DEN GÄRTEN ÖSTLICH DES SCHLOSSES, macht sich ein intensiver Duft bemerkbar und zieht einen in Richtung der vor rund 200 Jahren gepflanzten Lindenallee. Erstaunlicherweise ist der süße Duft weiter weg stärker und wird beim Näherkommen schwächer, dafür hört man dann das Summen der Bienen. Honig aus Lindenblüten gehört zu meinen Lieblingssorten. Alter und Beschaffenheit der Bäume ziehen nicht nur Bienen, sondern auch andere Tiere wie Blattläuse, Nachtfalter und Vögel an.

Die Winterlinde (*Tilia cordata*) geht auf die Eiszeit zurück und war damals in ganz Europa verbreitet. Seit römischer Zeit werden die meisten Teile des Baums genutzt. Durch Stockausschlag gewinnt man Stöcke und Brennholz; noch heute schlägt man beim Morris Dance (englischer Volkstanz) Stöcke aus Lindenholz gegeneinander. Tee aus den getrockneten Blüten soll bei Kopfschmerzen, Schlaflosigkeit und Nervosität helfen, und aus den Fasern unter der Rinde fertigte man Körbe, Schuhe und Netze. In Frankreich verfüttert man im Glauben, so die Milchproduktion anzuregen, blühende Lindenzweige an Kühe; andere abergläubische Vorstellungen wie etwa die, das Sitzen unter Linden heile Epilepsie und andere Nervenkrankheiten, haben inzwischen aber wohl ausgedient.

Lindenholz ist hell und weich und daher fürs Schnitzen geeignet. Einige der feinsten Holzschnitzarbeiten des englischen Bildhauers Grinling Gibbons aus dem späten 17. Jahrhundert bestehen daraus. Linden kommen in der mittelalterlichen Dichtung vor, und in Deutschland hielt man *sub tilia*, unter der Gerichtslinde, Versammlungen ab. So ist die tief und breit wurzelnde Linde, die über 1000 Jahre alt werden kann, Teil unseres kulturellen Erbes und schenkt uns nicht nur Duft, sondern auch Wohlbefinden und sogar Kunst.

DIE WHITE BORDER

IM HOCHSOMMER ist einer der geschütztesten und stillsten Orte im Garten der Bereich zwischen der blass roten Südmauer des Mönchsgartens und einer parallel verlaufenden sehr hohen, dicken, dunklen Eibenhecke. Sie war nicht immer so hoch, aber im Zweiten Weltkrieg fehlte es an Gärtnern, die sie hätten im Zaum halten können. In diesem langen, schmalen Rechteck schufen meine Schwiegereltern eine breite, weiße Rabatte und pflanzten als Erstes in regelmäßigen Abständen sechs dekorative, blassgraue Weidenblättrige Birnbäume.

In unserer Rabatte wachsen an beiden Schmalseiten Yucca, *Romneya coulteri* (Kalifornischer Strauchmohn) und Salbei, Buddlejas sorgen für Höhe, und in der Mitte prangt Meerkohl (eine Lieblingspflanze meiner Schwiegermutter, ein riesiger, wuscheliger Verwandter des Kohls). Die Birnbäume sind vor einer Weile leider dem Honiggelben Hallimasch zum Opfer gefallen, aber wir haben sie durch ebenso große, grüne Obelisken ersetzt, an denen weiße Rosen und Klematis ranken.

Geordie und ich haben unterschiedliche Lieblinge unter unseren weißen Pflanzen – Prachtkerze, *Agapanthus*, Anemonen, Tulpen, duftender Tabak und wolkiges Schleierkraut, samtig graue Lichtnelke, Arzneiehrenpreis, Dreiblattspieren mit ihren auffälligen Stängeln im Herbst, Pfingstrosen, Lilien, die gefürchtete Hortensie ›Annabelle‹ und Glockenblumen. *Wisteria sinensis* und *Hydrangea petiolaris* malen weiße Ranken und Blütenbüschel an die Mauer. Um den Spaziergang noch interessanter zu machen und immer neue Freudenmomente zu kreieren, probieren wir jedes Jahr andere Formen und Gruppierungen aus.

Auf halber Länge der White Border stößt man auf ein in die alte Mauer eingelassenes, von einem Backsteinbogen überspanntes schmiedeeisernes Tor. Obwohl es heute Hinweisschilder gibt, fragen sich die Gäste gespannt, was wohl dahinter liegt. Es ist der 1962 entstandene Secret Garden, ein Werk des namhaften Gärtners und Gartengestalters James Russell.

DER SECRET GARDEN

HAT SICH DAS VERZIERTE SCHWARZE TOR ohne Quietschen geöffnet, empfängt einen ein schwacher, an wärmere Gefilde erinnernder Duft. Er geht von den *Libocedrus decurrens* (Kalifornische Flusszeder) rechts und links vom Eingang aus. Und vor sich sieht man den ersten einer Reihe Kirschbäume.

James (Jim) Russell war ein Mitschüler und lebenslanger Freund meines Schwiegervaters, des 7. Earl of Carnarvon. Jim bekam die meisten Aufträge von Freunden und über deren Empfehlung und hatte auf Highclere bereits einen besonderen Garten um Milford Lake House geschaffen. Briefe belegen, dass er den Umgang mit dem despotischen 6. Earl, der ihn auf eine Stufe mit den Gärtnern stellte und regelmäßig anblaffte, recht herausfordernd fand.

Russell war in praktischer wie ästhetischer Hinsicht vor allem Pflanzenexperte. Er begeisterte sich für Rhododendren und alte Strauchrosen, das Spezialgebiet der von ihm geleiteten Gärtnerei Sunningdale in Surrey. Da der Boden des neuen Gartens auf Kalkgrund und auf der Seite der Mauer liegt, wo Gärtner früher Abfälle entsorgt hatten, waren einige Vorarbeiten nötig. Das hintere Ende markierte Russell mit einer Buchenhecke, und in die geschwungenen, breiten Rabatten setzte er seine Lieblingspflanzen – Flieder, Hortensien, Funkien, Hartriegel, *Eucryphia* ›Nymansay‹ (Scheinulme) und alte Rosen. Kirschbäume sorgten für Struktur und Höhe, und in den vorderen Bereichen der Rabatten weist sein Plan Gruppen von Indianernesseln, Fingerkraut, Salbei, *Agapanthus*, Fuchsien und Glockenblumen auf.

Jim Russell kam mit der Zeit immer besser mit dem Vater seines Freundes zurecht, der alles andere als zurückhaltend war und auch in seinem Garten alles gern groß, bunt und prompt haben wollte. Anlässlich von Partys und Gartenprojekten kam Russell auch später noch häufig nach Highclere. Seine »Aufbesserungen« und die Neubepflanzung des Gartens von Milford Lake House sind hochwertig, Traditions- und Zierwert der Rhododendrengärten, die sich über viele Jahre entwickelt haben, beachtlich. In seiner 25-jährigen Zusammenarbeit mit Russell hat der 7. Earl Highcleres lange Gartenbautradition wiederbelebt, und wir führen sie fort.

In einem Vortrag in den USA verglich Russell Gärten mit Gemälden oder Skulpturen, denn bei allen dreien gehe es um verschiedene Blickwinkel; außerdem sah er Gemeinsamkeiten mit der Musik und dem Theater, womit er vielleicht auf Robert Herberts Anliegen anspielte, Gemälde des 18. Jahrhunderts in Landschaft umzusetzen. 1968 zog die Gärtnerei Sunningdale von Surrey nach Yorkshire um, wo Russell als bedeutender Vertreter der Gartenbaukunst des 20. Jahrhunderts 1996 starb.

Wir haben seine breiten Gebüschbereiche weiterentwickelt und in einer Ecke einen neuen, zu einer duftenden Lichtung führenden Weg angelegt, auf der vorn Maiglöckchen und Goldlack wachsen, weiter weg Gardenien in Töpfen stehen (nach der Frostperiode) und Wicken an Metallgittern ranken.

Von beiden Enden des Geheimen Gartens führen Wege und Buchenbogengänge zum Wood of Goodwill. Vom westlichen kommt man durch die hohe, dunkle Wacholderpflanzung zum Beginn von Robert Herberts Buchenallee des 18. Jahrhunderts auf der einen Seite, und zur anderen durchquert man auf einem sonnigen, kurvigen Weg die Wildflower Meadow.

Auf den Rabatten gedeihen weiterhin Hortensien, Rosen und ein paar der ursprünglichen Kirschbäume. Da Highclere heute für längere Zeiträume geöffnet ist, haben wir mehr Frühlingsblüher gepflanzt. Tulpen und Bartfaden, skulpturale Pflanzen wie *Mahonia japonica* und Buchs sowie diverse Buddlejas bilden den Hintergrund, vor dem Einjährige und Stauden mit vielerlei Farben und Düften umso besser zur Geltung kommen.

An den alten Mauern ranken Kletterrosen, Klematis und Geißblatt. Die kaputten Kirschbäume wurden gestutzt, aber ihre Stämme dienen nun als Rankhilfen für andere Pflanzen, und für

Höhe sorgen jetzt Gruppen von Sträuchern wie z.B. Silberginster (*Cytisus battandieri*), dessen hellgoldgelbe Blüten herrlich riechen und bei Bienen und anderen Bestäubern beliebt sind. Der Duft von Sommerjasmin (›Lemoinei‹, ›Avalanche‹ und ›Beauclerk‹) ist betörend, doch den Großteil des Jahres über hält er sich unauffällig im Hintergrund. Damit er auch in anderen Jahreszeiten die Blicke auf sich zieht, kann man Klematis darin ranken lassen. Hinter Gartenbänken kommt in diesem Garten die extravagante *Hydrangea* ›Annabelle‹ zuverlässig jeden Sommer wieder, und weitere duftende Hortensiensorten säumen den Weg zum Wood of Goodwill.

Ein witziger Zufall wollte es, dass hier *Der geheime Garten* mit Maggie Smith gedreht und sie ein paar Jahre später erneut hier gefilmt wurde, als der Garten in *Downton Abbey* als der ihres Hauses fungierte. Im letzteren Fall spielen die Hortensien um die Bank, auf der sie sitzt, eine Glanzrolle.

Die Hochzeit dieses Gartens aber ist und bleibt der Spätsommer mit seinen fließenden Formen, Strukturen und Farben, die noch immer den ursprünglichen Entwurf widerspiegeln. Aber natürlich gehen auch Gärten mit der Zeit, und so haben wir die Bepflanzung nach und nach zu längeren Farb- und Pflanzengattungsschwüngen im Stil der renommierten Gartengestalterin Gertrude Jekyll umgemodelt. Während sie jedoch genial und äußerst präzise einen jahreszeitlichen Farbwechsel hinbekam, zwingen uns das Wetter und andere Widrigkeiten zu der Einsicht, dass das Leben nun einmal nicht vollkommen ist. Geordie und ich bemühen uns um eine effektvolle und harmonische Bepflanzung, aber man muss Pflanzen auch da platzieren, wo sie voraussichtlich gut gedeihen.

Der Bartfaden der oberen Rabatte im Mönchsgarten und der Salbei des Pfirsichhausbeets tauchen hier in anderen Farben wieder auf. Rittersporn wird in Reihe gepflanzt, damit wir ihn besser hochbinden können, und davor stehen Lupinen, deren Blüte später von Taglilien und Fingerhut (*Digitalis*) abgelöst wird, die nicht gestützt werden müssen. Später im August bringen Goldrute, Sonnenhut und Anemonen neue Farben ins Spiel, und dann kümmert Geordie sich vermehrt um die Gruppen von Dahlien in einigen der Blumenrabatten, und ich nehme mich der Montbretien und Fuchsien an, die zum Wood of Goodwill hin wachsen.

Die Größe von Highcleres Gärten erfordert für Ideen und Entwürfe, Umgraben und Mulchen, Pflanzen und Beschneiden ganze Teams. Wir hatten das Glück, 42 Jahre lang Don Dowsett als Gärtner zu haben, der voller Geschichten und Wissen steckte. Ohne ernsthaft zu glauben, Gehör zu finden, bemühte er sich, Größe und Anlage des Gartens so zu erhalten, wie er ihn vorgefunden hatte. Doch sosehr wir ihn mochten, so wenig ließen wir uns von seinen Protesten beirren, und so vergrößerte sich der Garten in seinen späten Jahren um vielleicht 12 Hektar. Don war einzigartig, und unsere jährlichen Pflanzpläne basierten auf seinen Vorstellungen. Er lief gern mit mir bzw. Geordie umher, hörte sich unsere Ideen an – und pflanzte dann alles exakt nach seinen eigenen Vorstellungen, nicht ohne an unpassenden Orten ein paar grelle Orangetöne einzumogeln. Daraufhin stritten Geordie und ich uns jedesmal, denn natürlich hakte es oft in der Kommunikation, dem Knackpunkt jeder Ehe. Am Ende setzten wir immer am Wochenende heimlich Pflanzen um, was wiederum Don auf die Palme brachte.

Mit der Zeit haben wir die Standorte für bestimmte Farben und Strukturen verändert, eine Menge dazugelernt und zusammen mit dem aktuellen Gartenteam größere Stimmigkeit erreicht. Der Zauber jedes Gartens liegt aber auch darin, Neues auszuprobieren: neue Kombinationen, neue Orte und neue Blicke. Was bleibt, ist die Überzeugung von der Bedeutsamkeit der Natur.

Die englische Romantik, allen voran Coleridge, Keats, Shelley und Wordsworth, vertrat die Ansicht, dass die Gesellschaft die Natur als ihr wertvollstes Gut betrachten und sich den enormen Nutzen bewusst machen sollte, den sie daraus zog. Besonders Wordsworth fand, dass die Menschen zu viel Kraft auf Materielles verschwendeten, statt der Natur näher zu sein, die uns größeres Lebensglück schenke. Von der Wildflower Meadow zur stillen White Border, vom aufgeräumten Monks' Garden zum romantischen Secret Garden und durch die Haine und Lichtungen des Wood of Goodwill: Auf Highclere gibt es Wege, die die Sinne anregen und jene Harmonie vermitteln, die William Wordsworth als höchste Lebensfreude vorschwebte, könnten wir doch bloß im Einklang mit der Natur leben.

Man ist dem Herzen Gottes nirgendwo näher
als in einem Garten.
Dorothy Frances Gurney, 1913

DIE ROSEN

Von Highcleres altem Garten ist derart viel diversen Umgestaltungsprojekten, den Zwangslagen zweier Weltkriege und dem nachfolgenden Arbeitskräftemangel zum Opfer gefallen, dass große Teile der heutigen Anlagen erst zu Geordies und meiner Zeit entstanden sind. Einige, wie den mit den Azaleen auf dem Ostrasen, haben wir nur aus dem Winterschlaf geweckt, andere »Räume« sind entstanden, weil wir bestehende Wege miteinander verbunden haben.

All unsere Projekte stimmen wir auf die landschaftlichen Gegebenheiten, auf Gartenbautraditionen und auf emotionale Motive ab. Da es auf Highclere keinen formalen Rosengarten gibt und ich immer von einem geträumt habe, empfand ich eine Rosenlaube als guten Kompromiss – eine, in der man herumlaufen und sich in jeder Ecke an neuen Düften und Farben erfreuen kann. Die Idee verdanke ich meiner Mutter. Ihre Freundlichkeit, ihr Mut und ihr Sinn für Humor stärken mich, wann immer ich an sie denke, und haben mich bereits als Kind gestärkt. Ich bin eine von sechs Schwestern, und unsere Mutter Frances starb sehr früh. Wir vermissen sie Tag für Tag, auch wenn wir gelernt haben, ohne sie weiterzuleben.

Ich bin das Projekt mit einem Traum im Kopf und voller Leidenschaft angegangen, um die Liebe meiner Mutter sichtbar zu verewigen. Ich legte los, nachdem ich eine ebene, wenn auch nicht windgeschützte und daher nicht perfekte Stelle gefunden hatte. Optimistin, die ich bin, hatte ich die Fläche für planer gehalten, als sie war, musste sie also erst einmal einebnen. Zum Glück hatte ich mich auf kein Budget festgelegt – auf Highclere gibt es ständig Überraschungen.

Eingedenk meiner eingerosteten Kenntnisse der höheren Mathematik erschien es mir am einfachsten, die Größe der Metallbogen der Eibenwege im Monks' Garden zugrunde zu legen. Den Kreisumfang bestimmte ich, indem ich mich in die Mitte stellte und mit einem Stück Schnur den inneren Durchmesser ausmaß. Dann entschied ich mich für vier Lücken in den Bogengängen, und zwar an den Punkten im Kreis, die mit einem Weg verbunden werden konnten. Zwischen dessen Steinplatten sollten kleine Lücken für Kamille frei gelassen werden. Im Sommer würden sie unter den Schuhsohlen rascheln und zugleich bei jedem Schritt einen angenehmen Duft abgeben.

Einige der vielen Rosensorten auf Highclere – manche in formalen Arrangements, andere locker verstreut. Die neue Strauchrose ›Lady Carnarvon‹: MITTE UNTEN.

Rosen benötigen nicht unbedingt fruchtbare Erde, gedeihen aber wie jede andere Pflanze besser in gut vorbereiteter Erde. Spaß gemacht hat die Auswahl der Kletterrosen. Da Schloss und Garten den ganzen Sommer über geöffnet sind, sollten sie möglichst lange blühen, unbedingt duften und einem stimmigen Farbkonzept entsprechen. Eingedenk meiner Mutter konzentrierte ich mich auf Weiß-, Rosa- bis hin zu dunklen Rottönen. ›Paul's Himalayan Musk‹ z.B. duftet intensiv, ist hellrosa und einigermaßen robust und war daher die ideale Wahl für die weniger gut geschützte Seite der Laube. ›Zéphirine Drouhin‹ hat öfter blühende dunkelrosa Blüten, ›Étoile de Hollande‹ größere rote, ›Aloha‹ größere apricotfarbene, und ›Château de clos Vougeot‹ ist ausladender und stark duftend. Nicht alle gediehen gut, und so prüfen wir jedes Jahr, ob wir welche ersetzen sollten. Wir haben auch eine ganz neue dazugenommen: eine Lord-Carnarvon-Kletterrose, fuchsienrot mit einem Hauch Weiß und natürlich duftend.

Ich pflanze Rosen gern wurzelnackt, also zwischen November und März. Man befördert das Anwachsen, indem man die Wurzeln vorher für mindestens zwei Stunden in Wasser stellt. Unterdessen gräbt man die Erde um, und zwar tiefer, als die Wurzeln reichen, denn sie brauchen Platz, um sich auszubreiten – Rosen wurzeln tief. Füllen Sie unten ins Loch etwas Kompost, stellen Sie die Rose hinein und füllen Sie mit so viel Erde auf, dass die Stammbasis gerade so bedeckt ist. Treten Sie die Erde fest und gießen Sie. Setzen Sie Rosen nicht zu dicht, damit sie nicht mit anderen Pflanzen konkurrieren müssen. Das hilft auch gegen einen möglichen Krankheitsbefall.

Wachsen Kletterrosen an einer Wand, muss man sie mit Drähten stützen, wachsen sie an einer Pergola, einem Bogengang oder einer Laube, bindet man sie daran fest. Mit zunehmender Größe müssen nach und nach mehr Triebe befestigt werden. Horizontales Festbinden fördert das Austreiben von Blütenknospen im unteren Bereich. Die Bildung von Seitentrieben unterstützt man durch größtmögliches seitliches Auffächern der Triebe. Dann wird es überall Rosenblüten geben.

Halten Sie über einen längeren Zeitraum die Augen nach Unkraut offen, und entfernen Sie es lieber mit einer Handforke als mit einer Hacke, denn Rosen bilden nahe der Oberfläche ein paar Wurzeln, die man schnell verletzt. Der Trick besteht darin, die Erde einmal jährlich mit einer dicken Mulchschicht zu bedecken – mit Kompostdünger o.Ä. Rindenmulch als oberste Schicht hält Unkraut ab und erspart viel Arbeit.

Rosen sind langlebig. Die beste Beschneidungszeit ist Januar oder Februar, wobei man bei Kletterrosen starkes Wachstum von der Basis her anstrebt. In jedem Fall entfernt man tote, absterbende, verletzte und befallene Triebe. Um das Risiko eines Befalls mit Krankheitssporen vom Vorjahr zu minimieren, knipst man am besten auch alle alten Blätter ab. Zum Glück wachsen sie auch dann nach, wenn Sie dabei etwas zu forsch vorgehen.

Strauchrosen gibt es bei uns in allen Gärten und an allen Mauern. Unverzichtbar sind ›Compassion‹ mit ihren cremig-apricotfarbenen Blüten, die blassrosa ›Wildeve‹ und die fuchsia-weiße ›Princess Anne‹. Schottische Bodendeckerrosen wie ›Dunwich Rose‹ oder ›Stellata‹ blühen lange.

Inzwischen halten sich robuste Rosen wie ›Wild Edric‹ oder ›Roseraie de L'Hay‹ (eine alte, intensiv duftende Sorte) außerhalb der eingezäunten Bereiche, da Hasen und Rehe sie anscheinend in Ruhe lassen.

Wie auch andere Gärtnerinnen und Gärtner nie ganz zufrieden, habe ich die Gestaltung meiner Rosenlaube inzwischen ausgeweitet. Den Rasen in der Laube haben wir entfernt, den Kreis in vier durch schmale Wege getrennte Viertelkreise eingeteilt und in der Mitte einen kleinen Kreis belassen. Die Viertel haben wir mit wurzelnackten Rosen bepflanzt, und wieder gingen dem Vergnügen ihrer Wahl Recherchen voraus. Meine Mutter war ein sehr freundlicher und diplomatischer Mensch, weswegen ich ›Tranquillity‹ (»Gelassenheit«) wählte, eine ausgezeichnete große, weiße Rose mit glänzend dunkelgrünem Laub, sowie ›Emily Brontë‹ (hellrosa), ›Gabriel Oak‹ (fuchsienrot) und ›Eustacia Vye‹ (hell apricotrosa), die nach Figuren aus Lieblingsromanen von ihr benannt sind. Hinzu kamen ›Mme. Isaac Pereire‹, eine klassische Rose von 1841 mit großen, intensiv duftenden, tief purpurroten Blüten, ›Queen of Denmark‹ (von 1826), ebenfalls eine klassische Rose, aber mit hellen rosa Blüten, und schließlich eine neue Strauchrose, ›Lady Carnarvon‹, cremefarben mit einem Hauch Apricot und duftend.

Wir hoffen, dass unsere Arbeit im Winter sich den Sommer über mit Duft und Farbe auszahlt. Zwischen den Strauchrosen und um sie herum wachsen Rosmarin, Lavendel, der Storchschnabel ›Johnson's Blue‹ und duftige *Alchemilla mollis*, die je einen bestimmten Zweck erfüllen. Rosmarin z.B. ist dekorativ – er kann kuppelförmig beschnitten werden – und zugleich von kulinarischem und medizinischem Nutzen. Lavendel führten die Römer in England ein, die ihn als Badezusatz verwendeten: Er sollte Schnitte heilen, Flöhe und Nissen abwehren sowie schlaffördernd und entspannend wirken. Als Konzentrat ist er entzündungshemmend und wird oft als Anti-Mottenmittel verwendet. Lavendel säumt bis heute die alten Mauern im Mönchsgarten, wächst an zentraler Stelle im Heilkräutergarten und nun auch in der Rosenlaube. Er erinnert an sonnige Momente – bepflanzen Sie einen großen Topf damit und stellen Sie ihn in ein sonniges Fenster.

SOMMERFRÜCHTE UND -GEMÜSE

Ich habe mäßig gelebt, wenig Fleisch gegessen, und wenn, dann weniger als Hauptspeise denn als Beilage zu Gemüse, das meine wesentliche Nahrung darstellt.
Thomas Jefferson (1743–1826)

Nichts ist so sehr Inbegriff des Sommers wie ein üppiger Gemüsegarten voll erntereifer Pflanzen. Es spricht viel dafür, sein eigenes Gemüse anzubauen, und wenn man sich auf einige der – zahlreichen – unkomplizierten Sorten beschränkt, ist die Mühe überschaubar. Selbst gezogenes Gemüse schmeckt besser, ist voller Nährstoffe und oft preisgünstiger als gekauftes. Ein »gutes Leben« mit Obst und Gemüse nur aus dem eigenen Garten ist im Winter natürlich eine Herausforderung, aber im Sommer gilt keine Ausrede, und es gibt kaum etwas Gesünderes und Bereichernderes, als ein oder zwei Stunden pro Woche mit dem Anbau von ein bisschen eigenem Gemüse zuzubringen. Mit etwas Umherwerkeln im Garten an den länger werdenden Abenden können Sie das Unkraut im Zaum halten, nach Krankheitsbefall sehen und bei Bedarf ein wenig gießen. Der Duft der heranreifenden Früchte kann betörend sein, und was wäre ein Sommer ohne frische Tomaten direkt vom Strauch? Da man an der frischen Luft ist, sich bewegt und das Wirken der Natur aus erster Hand miterlebt, tut ein Gemüsegarten auch der Seele gut.

Wie immer beim Gärtnern kommt es auf die Vorbereitung der Beete an. Als Erstes entscheidet man über die passende Stelle und berücksichtigt dabei Größe, Form und Lage des Gartens. Gemüse benötigt eine tiefe Schicht fruchtbarer Erde, und am schnellsten erhält man sie mit Hochbeeten, in die man Kompost füllt. Vermeiden Sie eine Bepflanzung in eckigen Mustern oder Reihen; Dreiecke verschaffen den Pflanzen mehr Platz. So passen mehr ins Beet, aber setzen Sie sie nicht zu dicht, das würde ihr Wachstum behindern.

Eine sukzessive Bepflanzung ermöglicht den Anbau von mehr als einer Nutzpflanze pro Stelle im Beet, sodass es im Laufe der Anbausaison drei oder gar vier Ernten abwirft. Wenn Sie die Pflanzen schließlich mit Mulch, Glasglocken, Folie oder sogar Frühbeetkästen warm halten, lässt sich die Anbausaison nach vorn und hinten um je ein paar Wochen verlängern. So können Sie unter Umständen noch je eine weitere Feldfrucht ernten, etwa Frühsalate zu Beginn der Saison und Grünkohl an ihrem Ende.

Auf Highclere haben wir im letzten Winter hinter dem Mönchsgarten ein paar neue Gemüsebeete angelegt. Der Bereich war jahrelang von dunklen Lorbeerbüschen beschattet worden, die man seit

Jahrzehnten hatte wuchern lassen. Sie hatten sich ungeheuer breitgemacht, und als wir sie gründlich zurückschnitten, gewannen wir ein ziemlich großes freies Areal, ohne ihren Anblick von der anderen Seite zu beeinträchtigen. Hier haben wir eine ganze Reihe Hochbeete gebaut und sie mit der erstaunlich fruchtbaren Erde gefüllt, die auf den dortigen früheren Gemüseanbau mit einer Menge gut verrottetem Kompost zurückgeht.

Der Trick besteht dann darin, in die Vertikale zu gehen. Überraschend viele Gemüsesorten, nicht nur Bohnen, können mithilfe einer je nach Gusto mehr oder weniger dekorativen Abstützung in die Höhe wachsen. Bei wenig Platz hat dies zudem den Vorteil, dass ein vorrangig zum Arbeiten bestimmter Garten auch noch hübsch aussieht.

SOMMERGEMÜSESORTEN

Eine ausgezeichnete frühe Quelle der Inspiration sind im Winter erscheinende Samenkataloge, aber Gartencenter und Supermärkte verkaufen auch eine ordentliche Auswahl an Samen und jungen Pflanzen. Suchen Sie nach unkomplizierten, krankheitsresistenten Sorten, und arbeiten Sie dann eine Ihren Bedürfnissen entsprechende sukzessive Bepflanzung aus. Säen Sie die besonders produktiven Sorten im Zwei-Wochen-Rhythmus aus, damit nicht alles gleichzeitig reif ist und Sie die ganze Saison etwas zu ernten haben. In den Sommermonaten werden z.B. folgende Obst- und Gemüsesorten reif:

- Blumenkohl, Brokkoli, Chicorée, Chilis, Kartoffeln, Mangold, Rote Bete, Saubohnen, Sauerampfer, Sommerkürbis, Speisekürbis, Stangenbohnen, Zucchini
- Erbsen, Frühlingszwiebeln, Gurke, Paprika, Radieschen, Rucola, Salat
- Erdbeeren, Himbeeren, Rhabarber, rote Johannisbeeren, schwarze Johannisbeeren, Stachelbeeren

Und mit zunehmender Wärme können Sie genießen:

- Blaubeeren, Fenchel, Knoblauch, Meerfenchel, Schnittbohnen, Tomaten

Gemüsesorten haben bevorzugte Beetgenossen. Die wichtigsten Regeln lauten:

- Tomaten besser fernab von Kartoffeln pflanzen.
- Erdbeeren und Himbeeren besser nicht neben Kartoffeln und alle Kohlsorten (z.B. Weißkohl und Blumenkohl) setzen.
- Mit Roter Bete verträgt sich mit Ausnahme von Stangenbohnen fast alles.

Sommerküche

AM FRÜHEN MORGEN TASTEN SICH WARME SONNENSTRAHLEN DURCH DIE SPALTEN der Fensterläden. Wenn die Sonne lacht, scheint jeder Tag neue Abenteuer für uns bereitzuhalten. Es macht Spaß, schon vor dem Frühstück eine Runde mit den Hunden zu drehen. Das Frühstück ist keine große Sache für mich: eine Melone oder ein Saft aus Obst und Gemüse – z. B. Spinat, Apfel und frischem Ingwer –, dazu ein Joghurt mit Mango oder Blaubeeren und noch einige Chia- oder Leinsamen für die Verdauung. Genießen Sie Ihr Frühstück am besten im Freien. Lassen Sie sich dort beispielsweise Ihre Avocado auf Toast mit einem Spritzer ungepresstem grünen Olivenöl, etwas Fenchel oder einem pochierten Ei schmecken.

Gut-für-dich Granola

Granola ist die amerikanische Version des gesunden Müslis. Es enthält leckere Nüsse und Samen, doch die süßen Bestandteile wie Ahornsirup und Honig erfordern nach dem Frühstück zum Abtrainieren einen ordentlichen Spaziergang. Ich verfeinere das Knuspermüsli mit etwas Kefir oder Joghurt und einigen Blaubeeren.

Zutaten

2 EL Kokosöl
125 ml Ahornsirup
2 EL Honig
1 TL Vanilleextrakt
300 g kernige Haferflocken
50 g Sonnenblumenkerne
4 EL Chiasamen
50 g Kürbiskerne
100 g Mandelblättchen
100 g getrocknete Beeren (nach Wahl)
50 g Kokosraspel

Zubereitungszeit 10 Min. **Garzeit** 30 Min. **Ergibt** ca. 15 Portionen

Den Backofen auf 150 °C vorheizen.

Öl, Ahornsirup, Honig und Vanilleextrakt in einer großen Schüssel verrühren. Restliche Zutaten (außer getrockneten Beeren und Kokosnussraspeln) hinzugeben und gut vermengen.

Das Granola gleichmäßig auf zwei Backbleche verteilen und 15 Minuten backen. Dann Beeren und Kokosnuss hinzufügen und weitere 10–15 Minuten backen. Aus dem Backofen nehmen und zum Abkühlen auf ein kaltes Backblech geben.

Das Granola ist in einem luftdichten Behälter bis zu 1 Monat haltbar.

Gekühlte Gurken-Minze-Suppe

Die Fernsehserie Jeeves and Wooster (Herr und Meister, *nach den Büchern von P. G. Wodehouse) wurde vor fast 30 Jahren auf Highclere gedreht. Jeeves blieb angesichts der Kapriolen von Bertie Wooster und seinen Freunden »cool as a cucumber«. Vielleicht wären sie der Gurkensandwiches zur Teatime irgendwann überdrüssig geworden – diese schlichte Suppe hätte ihnen jedoch sicherlich geschmeckt. Ich verwende für dieses Rezept immer Biojoghurt, da er verdauungsfördernde Bakterien enthält.*

Zutaten

3 Gurken, plus etwas zum Garnieren
350 ml Naturjoghurt
2 Knoblauchzehen
2 EL frisch gehackte Minzeblätter, plus einige Stängel frische Minze
abgeriebene Schale und frisch gepresster Saft von 1 unbehandelten Zitrone
1 Handvoll Eiswürfel
natives Olivenöl extra zum Beträufeln
Salz und frisch gemahlener Pfeffer

Zubereitungszeit 5 Min., plus Kühlzeit **Für** 6 Personen

2 Gurken schälen. Die 3. Gurke nicht schälen, damit die Suppe schön grün wird. Dann alle Gurken grob würfeln.

Gurken, Joghurt, Knoblauch, Minzeblätter, Zitronenabrieb und Eis im Mixer zu einer glatten Suppe pürieren. Etwas mehr Eis hinzufügen, falls sie zu dickflüssig ist.

Mit Zitronensaft, Salz und Pfeffer abschmecken und kalt stellen.

Vor dem Servieren vorsichtig umrühren und in Schüsseln füllen. Mit etwas Olivenöl beträufeln und mit je 1 Stängel Minze garnieren. Nach Belieben mit fein gewürfelter Gurke bestreuen.

Tian mit Krebsfleisch, Gurke und Passionsfrucht

Tian ist ein Klassiker der französischen Küche – in diesem Fall verleihen wir dem Gericht mithilfe einer Ausstechform eine elegante Form. Doch es schmeckt genauso gut, wenn Sie es auf einfache Salatschälchen verteilt servieren.

Hier kommt es auf die Mise en Place an – ein Begriff, mit dem Profiköche die Vorbereitungen vor der Zubereitung des Gerichts beschreiben.

Zubereitungszeit 20 Min. **Für** 6 Personen

Zutaten

Für das Dressing

3 Passionsfrüchte
1 rote Chili, Samen entfernt und in feine Ringe geschnitten
1 TL feiner Zucker

Für den Salat

200 g Krebsfleisch (frisch oder aus der Dose)
abgeriebene Schale und frisch gepresster Saft von 1 unbehandelten Zitrone
3 EL Naturjoghurt
1 kleine Gurke
1 Grapefruit
4 Stängel frischer Meerfenchel
Salz und frisch gemahlener Pfeffer

Für das Dressing ...

Die Passionsfrüchte halbieren und die Kerne mit dem Saft vorsichtig in einen kleinen Topf geben. Chili, Zucker und 1–2 TL Wasser hinzufügen und langsam erhitzen.

Die Passionsfruchtschalen mit der Mischung füllen und das restliche Dressing beiseitestellen, um es später zum Garnieren zu verwenden.

Zur Mise en Place ...

Das Krebsfleisch mit Salz, Pfeffer, Zitronenabrieb und -saft würzen.

Den Joghurt zum Krebsfleisch geben. Die Mischung sollte nicht so weich werden, dass sie zerläuft.

½ Gurke in dünne Scheiben schneiden und beiseitestellen.

Die übrige Gurke schälen, entkernen und würfeln. Unter die Krebsfleisch-Joghurt-Mischung heben.

Schale und äußere Haut der Grapefruit mit einem scharfen Messer entfernen. Dann Spalten aus den Trennhäutchen herausschneiden.

Den Meerfenchel in etwas kochendem Wasser 1 Minute blanchieren und dann sofort unter fließendem kalten Wasser abschrecken, damit er seine leuchtend grüne Farbe behält.

Zum Anrichten ...

Für jeden Gast einen hohen Ausstecher oder Speisenring auf einen Teller stellen und mit der Krebsmischung füllen. Dann den Ausstecher entfernen.

Den Krebsfleischturm jeweils mit Grapefruitspalten und Gurkenscheiben garnieren.

Eine mit Dressing gefüllte Passionsfruchthälfte neben das Krebsfleisch legen.

Den Meerfenchel auf die Teller verteilen und mit etwas beiseitegestelltem Dressing beträufeln.

Holy Mackerel mit Zitronen aus Highcleres Gewächshäusern

»Holy Mackerel!« (»Heilige Makrele!«) ist ein Ausruf der Überraschung, der seit mindestens 200 Jahren in Großbritannien verwendet wird. Vielleicht war er ursprünglich eine Anspielung auf Katholiken, die freitags Fisch aßen. Der Nordostatlantik wurde leider in der Vergangenheit stark überfischt. Ich hoffe, dass der Fischfang nun nach endlosen Diskussionen unter Einhaltung strenger Regeln wieder erfolgen kann, sodass in Großbritannien nur noch nachhaltiger Fischfang betrieben wird.

Im Juni, Juli und August kann man im Watt an der englischen Küste Meerfenchel sammeln, der im Englischen nach dem Schutzheiligen der Fischer auch Petruskraut genannt wird. Meerfenchel sollte vor dem Verzehr gründlich gewaschen werden. Die ganz kleinen, zarten Stängel kann man zwar roh essen, aber Sie können sie auch einige Minuten kochen oder dämpfen und mit zerlassener Butter und etwas Zitronensaft beträufeln.

Zutaten

2 EL Meerrettich (aus dem Glas oder Rezept, siehe Seite 102)
150 g griechischer Joghurt
1 TL Englischer Senf (oder sehr scharfer Senf)
abgeriebene Schale und frisch gepresster Saft von 1 unbehandelten Zitrone
1 TL Rotweinessig
3 Stängel frische glatte Petersilie
300 g junger Spinat
3 Makrelen
1 Handvoll frischer Meerfenchel
2 EL fein gewürfelte Gurke
2 Zitronenspalten
Salz und frisch gemahlener Pfeffer

Zubereitungszeit 10 Min. **Garzeit** 15 Min. **Für** 3 Personen

Den Backofen auf 180 °C vorheizen.

Meerrettich und Joghurt vermengen und mit Salz und Pfeffer würzen.

Senf, Zitronensaft und Essig verquirlen und den Zitronenabrieb unterrühren. Die Mischung zum Joghurt geben und alles vermengen.

Petersilie und Spinat grob hacken und zur Joghurtmischung geben.

Gewaschene und geputzte Makrelen mit der Joghurt-Kräuter-Mischung füllen.

Auf ein mit Backpapier ausgelegtes Blech geben und 15 Minuten backen, bis sie gar sind. Am Kopf oder Rückgrat des Fischs ein Messer einstechen und prüfen, ob es heiß wird. Dann ist der Fisch gar.

Die Garnelen auf einer Servierplatte mit Meerfenchel, Gurke und Zitronenspalten anrichten.

Übrige Joghurt-Kräuter-Mischung dazu servieren.

Tipp aus der Küche

Sie können auch vier Fische als »Brot und Fische« in Kreuzform angerichtet servieren. Dazu passen ein grüner Salat und knuspriges Brot.

Jakobsmuscheln, Meerfenchel, Ingwer und Frühlingszwiebeln

Jakobsmuscheln sind eiweißreich und enthalten viele Nährstoffe wie Magnesium und Kalium, die Herz und Gehirn gesund erhalten. Wie bei anderen Meeresfrüchten gibt es auch für Jakobsmuscheln empfohlene Fangzeiten. Schleppnetzfang sollte meiner Meinung nach stark eingeschränkt werden. Am nachhaltigsten sind von Tauchern gefangene Jakobsmuscheln. Genießen Sie jeden Bissen dieser Köstlichkeit!

Zutaten

1 Zwiebel, in Juliennestreifen geschnitten
Mehl zum Wenden
1 TL natives Olivenöl extra
15 Jakobsmuscheln
2 EL Butter
1 rote Zwiebel, fein gewürfelt
4 Frühlingszwiebeln, in Ringe geschnitten
1 TL frisch geriebener Ingwer
2 Knoblauchzehen, zerdrückt
100 g frischer Meerfenchel
1 EL Sherry
3 EL Sojasauce
3 TL flüssiger Honig
2 TL Sesamöl
1 Tomate, Fruchtfleisch gewürfelt
Salz und frisch gemahlener Pfeffer

Zubereitungszeit 10 Min. **Garzeit** 10 Min. **Für** 3 Personen

Die Zwiebelstreifen in mit Salz und Pfeffer gewürztem Mehl wenden. In einem Topf mit Olivenöl bei mittlerer bis hoher Hitze knusprig braten. Herausnehmen und auf Küchenpapier abtropfen lassen. Nach Belieben noch etwas Salz zugeben.

Die Jakobsmuscheln mit Küchenpapier trocken tupfen. 1 EL Butter in einer beschichteten Pfanne erhitzen.

Die Muscheln in die Pfanne geben und kurz rundherum anbraten. 1 EL Butter, rote Zwiebel, Frühlingszwiebeln und Ingwer hinzufügen und ebenfalls anbraten. Nach 1 Minute die Muscheln wenden und 1 weitere Minute braten.

Knoblauch und Meerfenchel hinzugeben und alles 1 weitere Minute braten, bis die Muscheln gerade gar sind. Aus der Pfanne nehmen und beiseitestellen.

Sherry, Sojasauce und Honig in die Pfanne geben und auf die Hälfte einköcheln lassen. Sesamöl und Tomatenwürfel hinzufügen. Die Muscheln mit dem Dressing übergießen und sofort servieren.

Highcleres Orangen-Zitronen-Hähnchen mit Chili

Hähnchen ist eines unserer Lieblingsabendessen, egal zu welcher Jahreszeit. Mit Zitrusfrüchten und etwas Chili verfeinert schmeckt die Sauce erfrischend-pikant. Dazu passen neue Kartoffeln und grüne Bohnen.

Zutaten

Für das Hähnchen

1 EL Pflanzenöl
abgeriebene Schale von 1 unbehandelten Zitrone
abgeriebene Schale von 1 unbehandelten Orange
½ TL frischer oder getrockneter Estragon
½ TL frischer oder getrockneter Thymian
½ TL frische oder getrocknete Petersilie
400 g Hühnerkeulen ohne Knochen, mit Haut
Salz und frisch gemahlener Pfeffer

Für die Sauce

150 ml frisch gepresster Saft und abgeriebene Schale von unbehandelten Zitronen
250 ml frisch gepresster Saft und abgeriebene Schale von unbehandelten Orangen
2 TL frisch geriebener Ingwer
1 TL rote Chili, fein gehackt
1 TL feiner Zucker
1 EL Speisestärke
Salz und frisch gemahlener Pfeffer

Zubereitungszeit 20 Min. **Garzeit** 40 Min. **Für** 6 Personen

Den Backofen auf 180 °C vorheizen.

Öl, Zitronen- und Orangenabrieb, Kräuter, Salz und Pfeffer vermengen und die Hähnchenstücke kräftig damit einreiben.

Die Hühnerkeulen in einen mit Backpapier ausgelegten Bräter legen und 30–40 Minuten backen, bis die Haut goldbraun und knusprig ist und klarer Saft austritt.

Für die Sauce alle Zutaten außer der Speisestärke in einem Topf langsam zum Kochen bringen. Dann leicht abkühlen lassen.

Die Speisestärke mit etwas kaltem Wasser zu einer dicken Paste verrühren. In den Topf geben und die Sauce unter Rühren zum Kochen bringen, bis sie eindickt. Abkühlen lassen und mit Salz und Pfeffer abschmecken.

Die Hühnerkeulen auf einen Servierteller geben, mit ewas Salz bestreuen und die Sauce rundherum gießen (die knusprige Haut sollte nicht aufweichen). Guten Appetit!

Langsam gebratenes Lammfleisch mit Sardellen, Knoblauch und Kräutern

Beim langsamen Braten wird das Fleisch schön mürbe, sodass man es ohne Tranchieren servieren kann.

Zutaten

- 4 Zweige frischer Rosmarin, Nadeln fein gehackt
- 4 Knoblauchzehen, zerdrückt
- 1 EL Kapern, abgetropft und fein gehackt
- 3 Sardellenfilets, abgetropft und fein gehackt
- 2 EL natives Olivenöl extra
- 2 unbehandelte Zitronen
- 1,5 kg Lammschulter mit Knochen
- 2 rote Zwiebeln, in Spalten geschnitten
- 1 kleines Glas Weißwein

Zubereitungszeit 10 Min. **Garzeit** 4 Std. **Für** 6 Personen

Den Backofen auf 160 °C vorheizen.

Rosmarin, Knoblauch, Kapern, Sardellen und Olivenöl mit der abgeriebenen Schale und dem frisch gepressten Saft von 1 Zitrone vermengen. Die Zitronenhälften beiseitestellen.

Die Lammschulter 3–4-mal einschneiden und mit der Kräutermischung einreiben.

Die Zwiebeln in einem großen Bräter verteilen. Die zweite Zitrone halbieren, den Saft auspressen und in den Bräter geben. Alle 4 Zitronenhälften dazugeben. Die Lammschulter darauflegen und 1 Stunde braten.

Den Wein angießen und das Fleisch weitere 3 Stunden braten, bis es zart ist. Aus dem Backofen nehmen und 15 Minuten ruhen lassen. Dann in Stücke zerteilen (nicht aufschneiden) und mit dem Bratensaft servieren.

Risotto mit Zitrone und Aubergine

Die Aubergine ist sehr vielseitig: Man kann sie grillen, braten, füllen oder im Backofen zubereiten. Mit ihrer cremigen Konsistenz nimmt sie andere Aromen gut auf, weshalb sie gern in Currys zum Einsatz kommt. Ihr Name entwickelte sich aus dem arabischen Wort al-bādinjān *zum spanischen* alberenjena *– ein Hinweis auf die Herkunft der Aubergine, die aus dem warmen Klima des Südens stammt. Die Pflanzen benötigen bei uns im Norden daher auch einen Winterschutz. Auberginen passen perfekt zum Risotto. Das spritzige Zitronenaroma sorgt in diesem Rezept für Ausgleich.*

Zutaten

2 EL natives Olivenöl extra
2 große Auberginen
2 EL Butter
1 mittelgroße rote Zwiebel
2 große Knoblauchzehen
125 ml natives Olivenöl extra
200 g Risottoreis
120 ml Weißwein
750 ml heiße Brühe
abgeriebene Schale und frisch gepresster Saft von 1 unbehandelten Zitrone
50 g frisch geriebener Parmesan, plus etwas zum Servieren
1 Handvoll frisch gehackte Basilikumblätter zum Garnieren
Salz und frisch gemahlener Pfeffer

Zubereitungszeit 25 Min. **Garzeit** 30–40 Min. **Für** 4 Personen

2 EL Öl in einem Topf bei mittlerer Hitze heiß werden lassen. Die Auberginen dazugeben. 15 Minuten unter ständigem Wenden braten, bis die Haut schwarz wird und das Fruchtfleisch weich ist. Abkühlen lassen.

Das Fruchtfleisch aus der Schale löffeln und in mittelgroße Würfel schneiden. Unter ständigem Rühren in 1 EL Butter mehrere Minuten anbraten, bis die Auberginenwürfel knusprig und goldbraun sind. Abseihen und auf Küchenpapier abtropfen lassen.

125 ml Öl in einen Topf geben und Zwiebel und Knoblauch darin glasig braten. Den Reis hinzufügen, unterrühren und 2–3 Minuten braten. Den Wein hinzugießen und die Temperatur erhöhen, bis er verdunstet ist.

Die Temperatur reduzieren und die Brühe nach und nach hinzugeben. Einkochen lassen, dann mehr Brühe hinzufügen. Den Topf vom Herd nehmen, sobald die Brühe aufgebraucht ist.

Zitronenabrieb und -saft zum Risotto geben. Aubergine und restliche Butter hinzufügen und alles vermengen. Salzen, pfeffern und mit dem Parmesan bestreuen. Auf Schüsseln verteilen, mit zusätzlichem Parmesan und mit Basilikumblättern garnieren.

Lemon Syllabub

Zu den beliebtesten Vergnügungen der Aristokratie im 18. Jahrhundert zählten grandiose Festmahle aus kalten Speisen. Nach einer kleinen Landpartie genoss man ein Mahl im Freien. Dazu reichte der Gastgeber gern einen Syllabub, um zu zeigen, dass er definitiv à la mode war.

Zutaten

300 g Schlagsahne
60 g feiner Zucker
60 ml Weißwein
abgeriebene Schale und frisch gepresster Saft von ½–1 Zitrone (je nachdem, wie saftig sie ist)

Zubereitungszeit 10 Min. **Für** 4 Personen

Sahne mit Zucker steif schlagen.

Den Wein einrühren und mit Zitronensaft und -abrieb abschmecken.

Die Mischung mit einem Löffel auf Gläser verteilen.

Der Syllabub schmeckt bereits pur fantastisch. Aber Sie können ihn auch mit Beeren garnieren oder Mandelplätzchen dazu reichen ... oder beides!

Der allerbeste Lemon Curd

Lemon Curd ist im Nu zubereitet: Sie müssen nur Eier, Butter, Zucker und Zitronensaft eine Weile im Topf verrühren und erhalten ein köstliches Ergebnis. Geordie liebt Lemon Curd auf Toast, aber ich schätze diese Creme auch als säuerliche Zutat für sommerliche Nachspeisen.

Zutaten

abgeriebene Schale und frisch gepresster Saft von 3 großen unbehandelten Zitronen
225 g feiner Zucker
60 g Butter
2 Eier (Größe M)

Zubereitungszeit 30 Min. **Ergibt** 1 Glas

Zitronenabrieb und -saft, Zucker und Butter in einem Topf bei niedriger bis mittlerer Hitze verrühren. Weiter rühren, bis sich der Zucker aufgelöst hat.

Die Eier in einer Schüssel schaumig schlagen. Die Zitronenmischung in eine große Schüssel geben und die Eier unter ständigem Rühren nach und nach hinzugeben.

Die Mischung in einen Topf geben und bei mittlerer bis niedriger Hitze rühren, bis sie allmählich eindickt. Zum Kochen bringen und bei mittlerer Hitze 3–4 Minuten köcheln lassen, bis der Curd noch mehr eindickt.

Vom Herd nehmen und den Curd in ein sterilisiertes Schraubglas füllen. Vor dem Verschließen abkühlen lassen. Er ist im Kühlschrank bis zu 3 Monate haltbar.

Lemon Syllabub→

Zitronen-Baiser-Tarte

Dies ist eine der Lieblingsnachspeisen meines Mannes, die allerdings furchtbar leicht misslingen kann! Geordie sticht gern mit einem großen Löffel mitten in diese prachtvolle Tarte, die oben leicht karamellisiert ist. Sie wird am besten lauwarm serviert und lässt sich keinesfalls durch Mini-Tartes ersetzen. Dazu reicht man geschlagene Sahne. Ich bin beim Servieren immer in Sorge, dass der Boden vielleicht noch feucht oder die Oberseite zu verbrannt ist. Diese Tarte ist pure Magie in süßsäuerlicher Form.

Zutaten

120 g Butter
200 g Mehl
1 EL Eiswasser
2 Eier (Größe L)
1 Glas hausgemachter Lemon Curd (Rezept, siehe Seite 144)
Salz

Für den Baiserüberzug

4 Eiweiß (Größe L)
85 g feiner Zucker

Zubereitungszeit 20 Min. **Garzeit** 30–40 Min., plus Kühlzeit
Für 6–8 Personen

Den Backofen auf 190 °C vorheizen. Eine Tarteform einfetten.

Butter und Mehl mit den Fingerspitzen zu feinen Bröseln verreiben. 1 Prise Salz hinzugeben.

Wasser und Eier verquirlen und zur Mehlmischung geben. Alles mit den Händen verkneten und zu einer glatten Teigkugel formen. Abdecken und mindestens 1 Stunde kalt stellen.

Den Teig auf die Größe der Tarteform ausrollen und vorsichtig in die Form legen. Den Boden mit einer Gabel mehrfach einstechen, mit Backpapier belegen, mit Backbohnen füllen und 15–20 Minuten backen. Dann die Bohnen entfernen und den Boden etwas abkühlen lassen.

Den Tarteboden mit Lemon Curd bestreichen.

Für den Baiserüberzug …

Die Backofentemperatur auf 180 °C reduzieren.

Das Eiweiß zu luftigem Eischnee schlagen. Den Zucker nach und nach unter weiterem Rühren einrieseln lassen, bis er aufgebraucht und der Eischnee fest ist. Dann den Eischnee auf den Tarteboden geben.

10–15 Minuten backen, bis der Baiser leicht angebräunt ist. Vor dem Servieren abkühlen lassen.

Crème brûlée

Von Oscar Wilde stammt der Ausspruch »Ich kann allem widerstehen – außer der Versuchung«. Diese verführerische Nachspeise besteht aus einer cremigen Basis, die unter der knusprigen Zuckerschicht hervorquillt. Sie muss im Voraus zubereitet und gekühlt werden. Nur so erhält man beim »Anbrennen« der Oberfläche eine karamellisierte Zuckerschicht.

Zutaten

420 ml Crème double
100 ml Vollmilch
1 Vanilleschote
5 Eigelb (Größe L)
50 g feiner Rohrzucker, plus etwas zum Karamellisieren

Zubereitungszeit 50 Min. **Garzeit** 30–40 Min. **Für** 4 Personen

Den Backofen auf 180 °C vorheizen.

Vier Souffléförmchen (à 175 ml) in einen tiefen Bräter (mindestens 7,5 cm hoch) stellen. Der Bräter muss später mit einem Backblech abgedeckt werden, das die Förmchen nicht berühren darf.

Crème double und Milch in einen mittelgroßen Topf füllen.

Die Vanilleschote längs aufschneiden, das Mark herausschaben und zusammen mit der Schote in die Crememischung geben. Beiseitestellen.

Eigelb und Zucker in einer Schüssel schaumig schlagen.

Die Creme in einen Topf geben und fast bis zum Siedepunkt erhitzen. Den Topf vom Herd nehmen, sobald sich am Topfrand Bläschen bilden.

Die heiße Creme unter ständigem Rühren zur Eigelbmischung gießen.

Die Mischung abseihen, um Klümpchen zu entfernen. Den Schaum von der Oberfläche abschöpfen und entsorgen. Die Creme in die Souffléförmchen füllen.

Heißes Wasser in den Bräter mit den Souffléförmchen gießen, bis es 1,5 cm hoch steht. Den Bräter in den Backofen schieben und mit einem Backblech abdecken. Nur an einer Seite einen kleinen Spalt offen lassen, damit die Luft zirkulieren kann.

30–35 Minuten backen, bis die Mischung fest geworden ist, aber noch etwas wackelt. Aus dem Backofen nehmen, kurz abkühlen lassen und dann zum Festwerden in den Kühlschrank stellen.

Zum Servieren den Rand der Förmchen abwischen und die Creme jeweils mit 1½ TL Rohrzucker bestreuen. Mit etwas Wasser fein besprühen (z.B. mit einem Sprühfläschchen aus dem Bastelladen), um den Zucker anzufeuchten. Dann mit dem Handgasbrenner karamellisieren. Die Flamme in kurzem Abstand über den Zucker bewegen, bis er karamellisiert. 1 Stunde kalt stellen und dann servieren.

Pannacotta mit Stachelbeeren und Holunderkompott

Meine Mutter liebte Stachelbeeren – als fool (englisches Dessert) oder Kompott, im Crumble oder einfach so zum Frühstück.

Eine Pannacotta ist das ideale Sommerdessert, besonders, wenn man als Kontrast zur cremigen Basis ein nicht so süßes Stachelbeerkompott serviert.

Aus weißen, zarten Holunderblüten lässt sich ein köstlicher Sommersirup herstellen, der ebenfalls perfekt zu Nachspeisen passt.

Sie benötigen für dieses Rezept Soufflé- oder Darioleförmchen. Fetten Sie sie mit einem milden Pflanzenöl ein.

Zutaten

6 Blatt Gelatine
250 ml Crème double
200 g feiner Zucker
1 Vanilleschote, längs halbiert, Mark herausgeschabt
550 ml Vollmilch
2 EL flüssiger Honig, plus 1 EL für das Kompott
150 g Stachelbeeren
3 EL Holundersirup

Zubereitungszeit 50 Min., plus Kühlzeit über Nacht **Für** 8 Personen

Für die Pannacotta ...

Die Gelatine laut Packungsanweisung einweichen.

Crème double, Zucker, Vanilleschote und -mark in einem Topf bei niedriger Hitze erhitzen, bis sich der Zucker aufgelöst hat. Vom Herd nehmen.

Die Gelatine ausdrücken und in die Crememischung einrühren, bis sie sich vollständig aufgelöst hat.

Abkühlen lassen. Dann Milch und Honig hinzugeben. Die Mischung durch ein feines Sieb in eine Schüssel abseihen. Weitere 10 Minuten rühren, während die Mischung eindickt, damit sich keine Klümpchen bilden.

In Soufflé- oder Darioleförmchen füllen und über Nacht im Kühlschrank fest werden lassen.

Für das Kompott ...

Stachelbeeren, Holundersirup und übrigen Honig erhitzen, bis die Beeren weich werden und allmählich zerfallen. Bei Bedarf mehr Honig hinzufügen. Rühren, bis die Beeren vollständig zerfallen sind.

Zum Servieren die Pannacotte auf Servierteller stürzen und jeweils mit einer Portion Kompott krönen.

Tipp des Gärtners

Stachelbeeren lassen sich an einem sonnigen Platz leicht anbauen. Der Strauch kann entweder im Beet oder in einem Pflanzgefäß gepflanzt werden. Ich schaffe es meist nicht, die üppige Ernte direkt aufzuessen. Deshalb schneide ich die Stiele der Beeren ab, bevor ich sie einfriere. Legen Sie sie dazu für kurze Zeit auf ein Backblech in den Tiefkühler. Später füllen Sie die gefrorenen Beeren in einen Gefrierbeutel um.

Schokokuchen mit Erdbeeren und Creme

Wer freut sich nicht jeden Sommer auf die Erdbeerzeit? Ich liebe Erdbeeren mit Schlagsahne, die man zum Tennisturnier in Wimbledon genießt, oder süße, reife Erdbeeren als Füllung für einen unwiderstehlichen Kuchen.

Dies ist ein sehr üppiger, saftiger Kuchen für eine besondere Gelegenheit. Er sieht umwerfend aus, ist aber einfach in der Zubereitung. Die Teigmischung ist ziemlich dünnflüssig, weshalb Sie unbedingt altmodische Sandwich Tins statt Springformen verwenden sollten, die auslaufen können.

Zutaten

225 g Mehl
350 g feiner Zucker
85 g Kakaopulver
1½ TL Backpulver
1½ TL Backnatron
2 Eier (Größe M)
250 ml Vollmilch
125 ml Pflanzenöl, plus etwas zum Einfetten
2 TL Vanilleextrakt
250 ml heißes Wasser

Für die Füllung

200 ml Crème double
1 Körbchen Erdbeeren, plus einige zum Garnieren des Kuchens

Für den Überzug

200 g Zartbitterschokolade
200 ml Crème double

Tipp vom Gärtner

Erdbeeren lassen sich leicht anbauen. Es gibt frühe, mittlere/späte Sorten und immertragende Sorten. Letztere gedeihen gut in Pflanzgefäßen und setzen viele Erdbeeren an. Sie benötigen eine nährstoffreiche Erde und einen sonnigen Standort … und das Gießen sollte man auch nicht vergessen.

Wir stellen unsere Erdbeertöpfe auf Tische, da unsere Labradore sonst die reifen Beeren um die Wette futtern.

Zubereitungszeit 30 Min., plus 1–2 Std. Kühlzeit
Garzeit 45–60 Min. **Für** 6–8 Personen

Den Backofen auf 180 °C vorheizen.

2 runde Backformen (20 cm ø) einfetten und mit Backpapier auslegen.

Für den Kuchen …

Alle Zutaten außer dem heißen Wasser mit dem Rührgerät in einer großen Rührschüssel zu einem glatten Teig verarbeiten.

Das Wasser nach und nach hinzugießen und einarbeiten, bis der Teig glatt und dickflüssig ist.

Den Teig auf die Backformen verteilen und 25–35 Minuten backen, bis er sich fest anfühlt und an einem in die Mitte gesteckten Holzspieß kein Teig mehr haftet.

Die Kuchenböden aus dem Backofen nehmen und in den Formen abkühlen lassen.

Für die Füllung …

Die Crème double steif, aber nicht zu fest schlagen.

Die Erdbeeren vierteln (oder klein schneiden), zur Crème double geben und vorsichtig unterheben.

Die abgekühlten Kuchenböden aus den Formen lösen und einen Boden auf einen Servierteller legen. Vorsichtig mit der Erdbeercreme bestreichen. Den zweiten Kuchenboden obenauf legen.

Für den Überzug …

Die Schokolade zerkleinern und mit der Crème double in einem Topf bei niedriger Hitze heiß werden lassen, bis sie schmilzt. Den Topf vom Herd nehmen und die Mischung rühren, bis sie glatt, glänzend und dickflüssig ist. Zum Abkühlen 1–2 Stunden beiseitestellen, bis der Überzug fest genug zum Bestreichen des Kuchens ist.

Den Überzug auf Oberseite und Seiten des Kuchens auftragen und mit einigen Erdbeeren garnieren. Dafür die Erdbeeren dünn aufschneiden und in einem Muster auf dem Kuchen verteilen.

Sommersoupers

GÄSTE BEWIRTEN

Bei Dinnerpartys sollte man klug essen, aber nicht zu gut,
und gut reden, aber nicht zu klug.
W. Somerset Maugham (1874–1965)

GUTES ESSEN, GUTER WEIN UND GUTE GESPRÄCHE gehören wesentlich zum Leben dazu, sorgen für Highlights und Erinnerungen. Unser aktuelles Speisezimmer ist insofern eine Rarität, als es nicht nur eindrucksvoll, sondern auch von warmen Farben und warmem Licht geprägt ist. Und das, obwohl es auf der Nordseite des Schlosses liegt und nur einen einzigen kleinen Heizkörper hat, sodass sich abends warme, schwere Samtstolen oder -kleider für die Damen im Sommer ebenso empfehlen wie im Winter.

In früheren Jahrhunderten lag das Speisezimmer auf der Südseite. Für die Küche ist seine Lage in beiden Fällen nicht gerade günstig. Ursprünglich aßen auf Highclere wahrscheinlich alle gemeinsam an langen, aufgebockten Tischen in der großen mittelalterlichen Halle, wo im alten Kamin mächtige Holzscheite für Wärme sorgten. Angesichts der vielen Menschen dürfte es trubelig zugegangen sein. Die Küchen lagen in einiger Entfernung, und zwar zur Minimierung des Brandrisikos in einem extra Gebäude, denn gekocht wurde ja über offenen Feuern. Dort blieb die Küche jahrhundertelang, während das Speisezimmer auf die gegenüberliegende Seite wanderte, sodass das heiße Essen Gang für Gang weiterhin von Herd zu Teller eine ziemliche Distanz zurücklegen musste.

An die heutige Stelle, wo vorher Skulpturen ausgestellt gewesen waren, verlegte der 2. Earl of Carnarvon das Speisezimmer. 200 Jahre später stattete meine Schwiegermutter die Räume mit gelben Seidentapeten aus, auf der die Gemälde wunderbar zur Geltung kommen. Die Bilder, überwiegend Porträts, bezeugen typisch viktorianisch Bedeutung, Geschmack und Stil der Familie Carnarvon und bildeten so eine würdige Kulisse für den Empfang von Mitgliedern des Königshauses, Premierministern sowie Vertretern von Technik, Archäologie, Musik, Kunst und Diplomatie. Witzigerweise haben die Männer fast alle noch länger wallende Haare als die Frauen, aber jedes Bild erzählt eine Geschichte – ihres Lebens, aber auch der von Highclere Castle. Beherrscht wird das Zimmer von Anthonis van Dycks Reiterbildnis König Karls I. von etwa 1633.

Die Dramatik und Kultiviertheit dieses herrschaftlichen Raums wird bei festlichen Essen lebendig. Wenn man an dem edlen, blank polierten Tisch sitzt, zaubern Blumen, Silber und schimmernde Kerzenleuchter eine einzigartige Atmosphäre. Schön serviertes Essen, die passenden Weine in Goldrandgläsern, Plaudereien, Diskussionen und Gelächter: Die Bühne ist eröffnet! Das Ganze hat tatsächlich viel vom Theater: Geordie und ich überlegen, wen wir einladen und wo wer sitzt, Luís und sein Butlerteam decken den Tisch, die Speisefolge wird genau geplant, die Weinauswahl getroffen. Ein so hochkarätiges Schauspiel ist ein Tag im Kalender, auf den man hinlebt und der Erinnerungen schafft.

Lunches und Spaziergänge oder Cocktails und Dinner, Musik und Tanz – das pralle Leben.

DER LOHN EINES FRÜHEN HERBSTMORGENS IST DER FÜR DEN JAHRESZEITWECHSEL SO typische frische, reine Duft. Von schiefen Grashalmen hängen Tautropfen, und in den dunkelgrün belaubten Büschen um die Rasenflächen spinnen scheue Spinnen emsig silbrige Fäden. Die Herbstmonate sind eine Zeit der Gaben, der Fülle und tiefen Farben, der roten und goldenen Blätter in Highcleres Gärten und Wäldern. Das warme Gelb der Herbstsonne ist anders als das der anderen Jahreszeiten: Ihr Licht ist scheckig und mild, wird immer blasser und gibt uns schließlich dem nahenden Winter preis.

HERBST

EIN ZWEITER FRÜHLING

»DER HERBST IST EIN ZWEITER FRÜHLING, IN DEM JEDES BLATT EINE BLUME IST« (Albert Camus), doch jetzt funkeln Blumen, Pflanzen und Früchte anders als im Frühling in tiefen Farben. In diesen herrlichen Wochen wird das Obst reif, bis man die Pflaumen, Birnen und Äpfel nur sanft abdrehen muss, um sie dann in eine Obstschale zu legen, zu lagern oder einzukochen. Ein Obstgarten ist darüber hinaus aber auch ein Geschenk an die Natur, macht er doch aus monotonem Gras ein vielschichtiges, farbenreiches Ökosystem.

In diesen Wochen, wenn Blätter, Zapfen und Samen auf die Erde fallen oder in die Hecken wehen, verwandelt der Herbst die Welt um uns herum in flammende Rottöne, brandigen Ocker und durchsichtiges Gold. Schließlich wird das Gras zu einem raschelnden, verdorrenden Teppich, und die strahlende Jahreszeit verblasst zur bleichen Einfarbigkeit des Winters. Jahr und Licht vergehen, und doch schenkt uns diese Reifezeit in Garten und Wald einige der schönsten Wochen.

An späten Blüten tanken die Bienen noch einmal auf. Highcleres Imker Mike Withers muss nun gut abschätzen, wie viel länger er ihnen noch Honig wegnehmen kann, damit sie genug für die Wintermonate haben. Im Frühherbst kreisen Vögel um den Schlossturm, von Grasmücken über Fliegenschnäpper, von Ziegenmelkern bis zu Schwalben; an einem dunstigen Herbstabend werden sie Richtung Süden aufbrechen. Simon Andrews, Highcleres landwirtschaftlicher Leiter, und sein Team haben viele Stunden lang das Erntegut eingefahren, wann immer das Wetter es zuließ, lagern es nun ein und beladen die Lkws randvoll mit dem, was verkauft werden soll.

Mittlerweile hängt der riesige, rote Herbstmond am Himmel, und um die Herbst-Tagundnachtgleiche herum geht die Sonne noch früher unter. Er wirkt größer als der Sommermond und reflektiert die roten Erdfarben in Tausende Kilometer Entfernung. Auf den Erntemond im September folgen der Jägermond im Oktober und der Schneemond im November. Allen wissenschaftlichen Erklärungen der Neigung der Erde und der Luftpartikel zum Trotz ist sein Anblick einer der romantischsten und geheimnisvollsten überhaupt.

Ein Kältehauch in herbstlicher Nacht –
Ich ging ins Freie
Und sah den purpurnen Mond gebeugt über eine Hecke
Wie ein trunkengesichtiger Bauer.
T.E. Hulme: »Herbst«, 1609

ERNTE

Ein jegliches hat seine Zeit,
und alles Vorhaben unter dem Himmel hat seine Stunde:
geboren werden hat seine Zeit, sterben hat seine Zeit;
pflanzen hat seine Zeit, ausreißen, was gepflanzt ist, hat seine Zeit ...
Prediger Salomo 3, 1-2

Highclere war 800 Jahre lang im Besitz der Bischöfe von Winchester und erzeugte Rinder und Milchprodukte, Ziegen, Schafe und Wolle, Weizen, Hafer, Heu, Wild und Kaninchen, Tauben und Pfauen, Hühner und Eier, Fische, Herbstfrüchte, Honig, Gemüse, Kräuter, Apfelwein und Met, also eine weitaus größere Gütervielfalt als heute.

Hat das Land alle einst ganz direkt ernährt, sind heute viele von uns auf Lebensmittelhändler, Schlachtereien, Bäckereien, Supermärkte und lebensmittelverarbeitende Fabriken angewiesen. Wer aber, in Gedanken oder real, über braune Herbstfelder – »und Rosenschatten über Stoppeln ziehen« (John Keats) – läuft, im Wald die Blätter unter den Füßen rascheln oder in einem Obstgarten das Ächzen der Äste hört, begreift, wo diese Produkte tatsächlich herkommen. Im Herbst werden aber nicht nur die Felder und Obstgärten abgeerntet. Dann wird auch in Wiese und Wald gesammelt, wobei Keats' »Zeit der Feuchte und der Fruchtbarkeit« die Strenge der Fröste braucht, damit Schlehen und Hagebutten die nötige Süße für den Winter bekommen. Alles zusammen füllt die Vorräte auf, und immer stellte sich – und stellt sich bis heute – die Frage der Lagerung.

Über die Jahrhunderte ist Highclere eine lebendige Landschaft geblieben, in der man sich der täglichen Pflege des umgebenden Landes und dem Ernten seiner Früchte widmete, und in einer Umgebung mit einer so harmonischen und sinnstiftenden Atmosphäre zu leben ist eine einzigartige Erfahrung.

DIE MITTELALTERLICHE SCHEUNE

In die Aue eines Weilers fünf Kilometer östlich des Schlosses, wo der Boden tiefer und fruchtbarer ist als auf den hohen Kreidehügeln, schmiegen sich buckliger, grauer Asphalt und mehrere große Schuppen und Tennen. Wie bei vielen Höfen bilden die Maschinen und Scheunen ein krudes Sammelsurium aus Alt und Neu. Westlich davon grasen späte Lämmer auf Weiden, auf denen im Mittelalter Häuser standen, wovon nur noch diagonale Grate und Buckel und ein flacher Teich auf einem Eckfeld zeugen.

Was aus jener Zeit aber noch existiert, ist, eingezwängt zwischen allerlei Gegenständen und verdeckt von riesigen, bunten Maschinen, die Manor Farm Barn, die alte Eichenscheune. Neben Traktoren mit Rädern, die größer sind als ich, und klimatisierten Fahrerkabinen mit komplizierten Armaturenbrettern parkt der grün-gelbe Mähdrescher, der so breite Flügel hat, dass sie wie die eines metallenen Schmetterlings zusammengeklappt werden. Jede Maschine steckt voller GPS-Technik, die hinsichtlich Wirtschaftlichkeit und Naturschutz auf höchste Effizienz getrimmt ist, und zieht sorgsam ihre Bahnen über die Felder, um so wenig Schaden anzurichten wie möglich.

Über abgenutztes modernes Terrain gelangt man zu einem hohen, zwischen grauen Schuppen versteckten Tor. Die Öffnung ist mit trist grauschwarzen Holzlatten verkleidet, aber dahinter öffnet sich eine Welt einer anderen Raum-Zeit-Dimension. Die Architektur der ungewöhnlich breiten und langen Scheune, die dendrologischen Untersuchungen zufolge wahrscheinlich um 1438 erbaut wurde, erinnert an eine Kathedrale. Möglicherweise haben die Bischöfe sie von Zimmerleuten errichten lassen, die auch beim Bau der Kathedrale von Winchester und in Oxford tätig waren.

Gestaltung und Konstruktion der Scheune haben wirklich etwas von einer Kathedrale. Große, die Breite überspannende Eichenbalken teilen sie in acht Joche ein. Jeder Balken hat an beiden Enden eine Firstsäule und mit den gebogenen Balken verbundene Hängesäulen, sodass sich ein Bogen ergibt, dessen Druckspannung dem Gebäude maximale Stabilität und Stützkraft verleiht. Hoch oben ist jeder Balken wie für eine Dachpfette eingekerbt, aber Pfetten fehlen, vielleicht weil Bauführer und Zimmerleute beschlossen haben, die obersten Stützen nicht zu halbieren, sondern zu dritteln, um zwei Dachpfettenniveaus zu erhalten. Das Ergebnis ist eine kirchenähnliche Halle mit maximaler Raumnutzung. Das Holz stammte von auf Highclere gefällten Eichen, das vermutlich auch die meisten anderen Materialien bereitstellte.

Die Scheune ersetzte eine kleinere, die dort wahrscheinlich viele Jahrhunderte lang gestanden hatte, denn in nachrömischer Zeit lag hier Highcleres wichtigstes landwirtschaftliches Areal. 1348 und 1361 dezimierte jedoch die in ganz Europa grassierende Pest die englische Bevölkerung. Auch um Highclere wurden komplette Dörfer für immer ausradiert und infolgedessen einige Felder nicht mehr genutzt. In jener Zeit ging auch die Bautätigkeit stark zurück, und erst unter Bischof William von Wykeham wurde wieder in Land und Gebäude von Highclere investiert, wurden Felder neu abgesteckt und neue Pächter gefunden.

Nur 50 Jahre später, in den 1430er-Jahren, verursachten ein weiterer Pestausbruch und mehrere harte Winter in Folge eine erneute Krise. Weizen, Gerste und Hafer waren knapp, die Preise stiegen stetig an, und effiziente Lagerung wurde zu einer Frage von Leben oder Tod. Da Pächter weiterhin schwer zu finden waren, übernahm der damalige Bischof von Winchester, Henry Beaufort, die Verantwortung für die Gebäude und begann in Land und Bauten zu investieren. Sein Nachfolger Bischof Wayneflete führte sein Engagement für Highclere fort und vollendete den Wiederaufbau der Manor Farm Barn.

Fast 600 Jahre später restaurieren wir sie wieder, wobei wir die offene Konstruktion beibehalten: Wir verstärken die Stützen, verwenden das erforderliche Eichenholz (wenn auch leider nicht vom Anwesen) und staunen über Geschick und Fertigkeiten unserer Vorgänger. Sie ist ein Meisterwerk der Zimmermannskunst, das wir erst so richtig schätzen lernten, als wir sie zu einem Drittel restauriert hatten – nur mit Eiche und den ursprünglichen Techniken zum Zusammenfügen der großen Holzteile. In der Scheune werden noch immer landwirtschaftliche Artikel gelagert, während die umliegenden Schuppen heute das Erntegut aufnehmen, von Getreide bis Heu.

Obwohl die Grundbesitzer katholische Bischöfe waren, gab es auf dem Land nach wie vor viel Aberglaube und Hexerei. Oben auf einem Eichenbalken über dem Eingang zur quer verlaufenden Hauptdurchfahrt findet sich ein Hexenzeichen, ein »Hexafoil« (unten). Es sollte die Menschen und vor allem die dort lagernde Ernte vermutlich vor Hexen und bösen Geistern beschützen. Die Öffnung des mittleren Jochs war sicher groß genug, dass Pferde Wagen mit Erntegut in die Scheune ziehen und das Entladen abwarten konnten, um sie dann auf der anderen Seite zu verlassen, die daher die ideale Stelle für das Zeichen war.

Solche Schutzzeichen hat man in vielen historischen Gebäuden gefunden, von mittelalterlichen Kirchen bis zu Privathäusern, und eben auch in Scheunen. Es heißt, dass die Hexe, wenn sie mit den Augen gebannt dem sich endlos drehenden Rad folgt, nicht hexen kann. Interessanterweise ist das »Hexafoil« aber nicht nur ein Hexenzeichen: Als sogenannten Sechspass findet man es in vielen gotischen Gebäuden, in Kreuzgängen und auf den Buntglasfenstern von Kathedralen wie der von Salisbury sowie vielen französischen und deutschen Kirchen.

Nordöstlich der Scheune liegt eine Weide namens Horse Meadow, die einst mitten im früheren Dorf Old Burghclere gelegen haben muss. Ihre Funktion blieb über die Jahrhunderte dieselbe, und so grasen auch unsere Pferde und Schafe darauf. Nördlich von ihr befindet sich ein großer Bereich mit Erdwällen – Reste einer mittelalterlichen Siedlung aus fünf kleinen Bauernhöfen. Aus dem Flintschutt geborgene Keramikscherben zeugen von menschlichen Behausungen, Gräben, Schwellen und ebene Flächen von landwirtschaftlichen Aktivitäten. Archivdokumente zeigen, dass dieser Teil von Hampshire einst dicht besiedelt war und agrarisch intensiv genutzt wurde, was eine derart riesige Scheune erklärt.

Die Ernte erforderte Jahr für Jahr Kooperation, Verlässlichkeit und gute Organisation des gesamten Gemeinwesens. Geerntet wurden ähnliche Güter wie heute: Weizen, Gerste, Hafer und Waldmast für die

Schweine. Außerdem *beremancorn*, eine Kreuzung aus Gerste und Weizen, die im Mittelalter zum Backen und Brauen verwendet wurde. Äpfel wanderten in die Apfelweinpresse, in der Meierei reifte Käse, und Eier gab es das ganze Jahr über.

Zum üblichen damaligen Speiseplan trug Highclere etwas Besonderes bei: Fisch. Die Anlage von mehreren kleineren Fischteichen war bautechnisch und kostenmäßig aufwendig, aber ihr Vorteil gegenüber einem einzigen großen bestand darin, dass sie regelmäßig gesäubert und abgelassen werden konnten und es dennoch immer Fische gab. Ein Dokument aus dem 17. Jahrhundert betrifft das Eintreiben der Pacht für Highcleres Mühle in Milford, an die sich anscheinend eine Reihe von fünf Fischteichen anschloss; zwei weitere gab es laut alten Landkarten da, wo heute ein größerer See, Lake Dunsmere, liegt, und mindestens einen muss es noch in Redpools etwa in der Mitte des heutigen Parks von Highclere gegeben haben.

Damals wurde das Land in »Lahnen« vermessen. Anders als heute steckten praktische Erwägungen hinter den Maßeinheiten: Eine Hufe galt als ausreichend für die Ernährung einer Familie, ein *furlong* war die Furchenlänge, die ein Ochse ohne Pause, und ein Morgen die Fläche, die man an einem Morgen pflügen konnte. Mit der Zeit wurde das Land dann in längere Äcker aufgeteilt, damit man den Pflug weniger oft wenden musste, was immer schwierig war. Der Pachtzins wurde pro Hufe erhoben, anfangs in Form von Lebensmitteln, später von Geld. Laut dem Domesday Book verfügte Clere 1086 über 7,5 Hufen und der Priester Aluric über »eine Kirche des Bischofs mit einer Hufe«. Der Unterschied zwischen heute und damals liegt jedoch weniger in den Maßeinheiten als in den Besitzverhältnissen. Erhoben die Bischöfe von Winchester als Eigentümer einfach einen Pachtzins von ihren Pächtern, bewirtschaften und verwalten wir heute das Land selbst.

Aktuelles Foto und Archivbilder von Dunsmere Lake – ein wilder, atmosphärischer Ort.

Der Herbst ist noch immer eine der arbeitsreichsten Zeiten im Agrarkalender, auch wenn viel weniger Leute gebraucht werden als früher. Nach der Ernte geht es vor allem um die Verarbeitung und Lagerung, gefolgt von der Vorbereitung des Bodens für die nächste Nutzpflanze, also die

Wintersaat. Das englische Wort für Ernte, *harvest*, geht auf das altenglische *haerfest* zurück: Herbst. Während die eigentliche Ernte im Sommer stattfindet, wird im Herbst gelagert, verlesen, geplant und Dank gesagt.

HERBSTARBEITEN

Ein Grossteil der Menschheit glaubt, wir seien heute viel zuverlässiger mit Lebensmitteln versorgt als unsere Vorfahren, aber vielleicht sollten wir das nicht für zu selbstverständlich halten. General Eisenhower, der 34. US-Präsident, sagte einmal, wenn man meilenweit von einem Kornfeld entfernt am Schreibtisch sitze und keinen Pflug, sondern einen Stift führe, wirke die Landwirtschaft natürlich supersimpel.

Highclere bewirtschaftet sein gesamtes Land selbst, was ein ganzheitliches Vorgehen ermöglicht, d.h. die Erfordernisse der Nutzpflanzen mit einer Wertschätzung von Land, Natur und Wildtieren zu verbinden. Simon ist seit über zwölf Jahren hier, und man spürt deutlich, wie gut er diesen Teil Hampshires kennt und wie sehr er ihn liebt. Da er und sein Team viel geübter sind, verzichten Geordie und ich in der Regel darauf, Traktor oder Mähdrescher zu fahren. Doch eines Tages bin ich, ohne Geordie zu informieren, in die Fahrerkabine des Mähdreschers geklettert und eine Fahrspur entlanggeruckelt. Dabei fiel mir ein Lied von The Wurzels aus meiner Kindheit ein (damals ganz oben auf der Hitliste), dessen Refrain so beginnt: »I've got a brand new combine harvester [Mähdrescher] and I'll give you the key ...«

Die Luft riecht anders, wenn man beim ockergelben Herbstsonnenschein den Blick über die welligen, erdbraunen Felder schweifen lässt, die so nackt und rau daliegen und darauf warten, dass die letzten langen, gelben Strohhalme für die Rinder oder Pferde aufgesammelt werden. Das Heu ist schon seit Längerem verpackt und eingelagert. Das Heumachen ist eine Kunst für sich. Der Zuckergehalt muss in jedem Quaderballen genau richtig sein, und die Sorge um den exakten Witterungsverlauf, von dem das optimale Ergebnis abhängt, ist groß. Nach der Mahd lässt man das Gras teiltrocknen, bevor man es auf den Feldern bündelt, abtransportiert und luftdicht verschließt. Sind die Ballen sicher im Hof aufgeschichtet, seufzen alle Beteiligten erleichtert auf.

Im September werden Gerste, Weizen und Hafer in den Schuppen verstaut. Die Wintergerste wird meist kurz nach der Ernte eingebracht und auf Lkw geladen. Unterdessen trocknet der Weizen nach Bedarf und wird eingelagert, während wir auf die Ergebnisse der Fallzahltests, der Proteintests und des spezifischen Gewichts warten. All diese Faktoren bestimmen über die Backfähigkeit des Getreides und darüber, ob der Weizen fürs Brotbacken verkauft werden, also Spitzenpreise erzielen kann. Wenn nicht, wird er komplett zu Futter: für Rinder, Hühner und Schweine. Die Ernte hängt vom Wetter ab, von Simons und Geordies weitsichtigen, schnellen Entscheidungen – und auch von Gebeten und ein bisschen Daumenhalten.

Mit Hafer verfahren wir völlig anders. Ihn verkaufen wir großenteils als hochwertiges Sportpferdefutter. Die getrockneten Körner werden in groß bzw. durchschnittlich sortiert, maschinell von Staub gereinigt, von den Spelzen befreit und dann je nach Bedarf gewalzt oder gequetscht und schließlich in Tüten verpackt. Einen Teil der Energie dafür liefern die benachbarten Solarpaneele; die überschüssige Energie wird dem Überlandleitungsnetz zugeführt.

Im Herbst kultivieren Simon und sein Team auch das Land und bereiten es für die Reihenaussaat in der nächsten Saison vor. Die Römer befolgten einen Fruchtwechselplan von Lebensmittel – Futter – Brache. Wir wechseln komplizierter zwischen verschiedenen Ackerfrüchten, Feldgras, Weidevieh und

Bohnen ab. Solche Kombinationen befördern den Zuwachs an kleinen Säugetieren, Bestäubern und Ackervögeln. Als Winterfutter für die Schafe säen wir Rüben aus, die bis zu 35 Prozent der organischen Substanz des Bodens produzieren. Das wiederum bringt wichtige Nährstoffe für die Frühlingssaat und unterstützt Organismen, die für intakte Erde sorgen. Um den Boden möglichst wenig zu schädigen, verzichten wir auf tiefes Pflügen, wo es geht.

Früher haben wir Doppel-Null-Raps angebaut, der durch seinen Pollen- und Nektarreichtum Bienen anzieht. Inzwischen verzichten wir darauf, weil wir die Saat nicht vor einer recht üblen regelmäßigen Käferattacke schützen können. Der Schwarze Erdfloh befällt Kohlgewächse. Dieses Jahr haben wir Raps durch Winter-Leinsaat ersetzt, die wie unsere üblichen Wintergetreide Weizen, Gerste und Hafer als Futter oder für spezielle Öle verwendet werden kann. Im Sommer hat Lein wunderhübsche blaue Blüten. Ende Oktober werden die winzigen dunklen Leinsamen mit größter Sorgfalt auf den Feldern zwischen Beacon Hill und Manor Farm Barn geerntet. Sie sind sehr gesund: reich an Ballaststoffen, Vitaminen und Mineralien wie Magnesium, Zink und Eisen, somit stärkend u.a. fürs Nerven- und Herz-Kreislauf-System. Sie werden auch als Nahrungsergänzung an Tiere verfüttert, und auf Highclere mischen wir sie mit unserem Hafer zu einem nahrhaften Sportpferdefutter. Leinöl ist ein traditionelles Holzpflegemittel, mit dem wir in all unseren restaurierten Nebengebäuden die alten Balken konservieren, die, wo immer möglich, frei liegen und so wie einst ihre Funktion sichtbar erfüllen. Leinöl ist auch ein wichtiger Bestandteil umweltfreundlicher Farben (die auf hölzernen Fensterrahmen länger halten als konventionelle) und von Linoleum als Fußbodenbelag.

So wie landwirtschaftliche Praktiken in früheren Jahrhunderten auf Land, Wetter und Nachfrage abgestimmt wurden, halten wir es noch heute. Man kann es eine Wissenschaft nennen, aber es geht auch um Kultur im weitesten Sinn, um Wachsen und den Kreislauf der Jahreszeiten.

DIE OBSTGÄRTEN

VIELE SCHÖPFUNGSGESCHICHTEN beginnen im Paradies und in einem Garten und enden oft mit einem Apfel in einem Obsthain. In den Augen des römischen Schriftstellers Plutarch (100 n. Chr.) vereinte diese Frucht die Vorzüge sämtlicher anderer. Er schätzte ihre Schale, die an den Händen Duft statt Schmutz hinterlasse, ihren süßen Geschmack sowie ihren angenehmen Geruch und Anblick.

Die gutsherrlichen Berichte der Bischöfe von Winchester sind ein außergewöhnliches Zeugnis über 500 Jahre mittelalterliches Leben ab 1208. Auch das Leben auf Highclere wird detailliert dargestellt – seine Nutzpflanzen, das Wetter und die anscheinend endlosen Reparaturarbeiten, die unseren Alltag noch heute prägen. Dank dieser Quelle können wir die Geschichte von Highcleres ummauerten Gärten über einen Zeitraum von rund 800 Jahren zurückverfolgen. Seine ältesten umzäunten Gärten wurden vor 1200 angelegt und lagen östlich von mehreren Gebäuden etwa auf dem Gelände des heutigen Schlosses, und der älteste Beleg für einen Obstgarten – mit 61 jungen Bäumen – stammt von 1218. Später wurden bessere Zäune gebaut, weitere Bäume gepflanzt bzw. alte ersetzt und zusätzlich Kohl und Lauch gezogen. 1246/47, 1290/91 und dann wieder 1320/21 und 1325/26 wurden hier Mostäpfel angebaut, aber für 1300/01 und einen Großteil des 14. Jahrhunderts ist merkwürdigerweise kein Obstanbau überliefert.

In einer Welt ohne Supermärkte und Kühlschränke war Produktivität entscheidend, damit für die dunklen Monate des Jahres vorgesorgt war, und um 1400 galt Highclere als gutes Beispiel für einen mittelalterlichen Bischofspalast – mit Innen- und Außenhöfen, Kapelle und Halle, Zimmern und Nebengebäuden, Ställen, Heuspeicher, Obstgärten, Gärten, Eschenpark, Wildpark, Bauernhöfen und Scheunen. Die Höfe, Obst- und anderen Gärten befanden sich im Bereich des heutigen östlichen Rasens, während Farm und Scheune nördlich lagen. Die Mauern bestanden vermutlich aus Kieseln, Steinen und einer Mischung aus Kreide und Ton, aber auch einfache Reisighaufen konnten Begrenzungen markieren.

Alte Dokumente lassen vermuten, dass im späten 14. Jahrhundert ein überdachter Säulengang vom »mittelalterlichen Palast« zu den Obst- und anderen Gärten führte. Deren Symmetrie und die Kolonnaden wurden vielleicht in unbewusster Anlehnung an traditionelle römische Gärten (*Hortus conclusus*) geschaffen:

schöne, umschlossene Anlagen mit allerdings niedrigeren Mauern als denen späterer ummauerter Gärten. Die Obstgärten hatten Kreuzform und außer Obstbäumen auch eine geschützte Stelle für Kräuter.

Im Laufe der folgenden Jahrhunderte war Highcleres Schicksal wechselhaft, weil es immer mehr Land verpachtete und mit der Auflösung der Klöster schließlich in weltliche Hand überging. Zeugnisse aus jener Zeit sind rar, aber 1679 erwarb der erfolgreiche Anwalt Sir Robert Sawyer das Anwesen inklusive Bauernhöfen, Obstgärten und Haus für sich und seine Nachkommen, die es noch heute besitzen und verwalten. Das Dokument unten listet die Höfe, Felder (samt Pachtgeldern) auf, die zusammen wohl eine gute Ernte nicht nur von den Äckern, sondern auch aus Obstgärten und Küchengärten erbracht haben dürften.

Sir Robert Sawyer wurde als »anständiger, wohlgestalteter Herr mit Neigung zum Schuldenmachen; von guter Allgemeinbildung … mit Neigung zur Pedanterie« beschrieben. Isaac Milles, Pfarrer auf Highclere, schätzte »seine Prinzipien und sein fröhliches Gemüt«, und Samuel Pepys notierte, er mache sich sehr gut in der Welt, sei verheiratet und habe ein Kind. 1692 wurde er in der Kirche bestattet, die er auf einer früheren hatte errichten lassen, und seinem Nachlass zufolge hat er an Park und Gärten wohl spürbare Veränderungen vorgenommen. So begann sich der mittelalterliche kirchliche Erholungsort zu einem traditionelleren Herrensitz zu wandeln. Die Mauern aus Stein und Kieseln um den viereckigen Innenhof existieren noch immer, sind heute aber höher. Ihr unterer Teil ist alt und unregelmäßig; damit sie eindrucksvoller wirkten, ließ der 2. Earl of Carnarvon sie mit neuen Lagen Ziegeln und neuer Mauerkrone aufstocken. Alte Eingänge wurden zugemauert und eher symmetrische neu geschaffen.

Robert Sawyer entfernte auch die praktischeren Elemente aus den Gärten und schuf die Alleen und prächtigen Bestandteile, die sein Enkel Robert Sawyer Herbert so stark ausbaute. Die großen ummauerten Höfe für Obstbäume, Gemüse und Kräuter, die unter den Verkaufsgegenständen östlich des Schlosses aufgeführt sind, wurden dezimiert und schließlich abgerissen, weil spätere Generationen sich mehr und mehr auf ästhetische als auf Nutzaspekte konzentrierten. Die heutigen östlichen Rasenflächen haben eine irgendwie künstliche Planheit, auch wenn kleine Dellen und Unregelmäßigkeiten noch von der Vergangenheit zeugen.

DER MÖNCHSGARTEN

Durch den natürlichen Anstieg des Geländes und zusätzlich hinter Sträuchern und Bäumen versteckt liegt der nach Süden ausgerichtete, von einer Kiesel-Ziegelstein-Mauer umschlossene Garten von 1218, der heute Monks' Garden genannt wird. Die so lange von Mönchen versorgten Gemüse- und Obstgärten verlegte

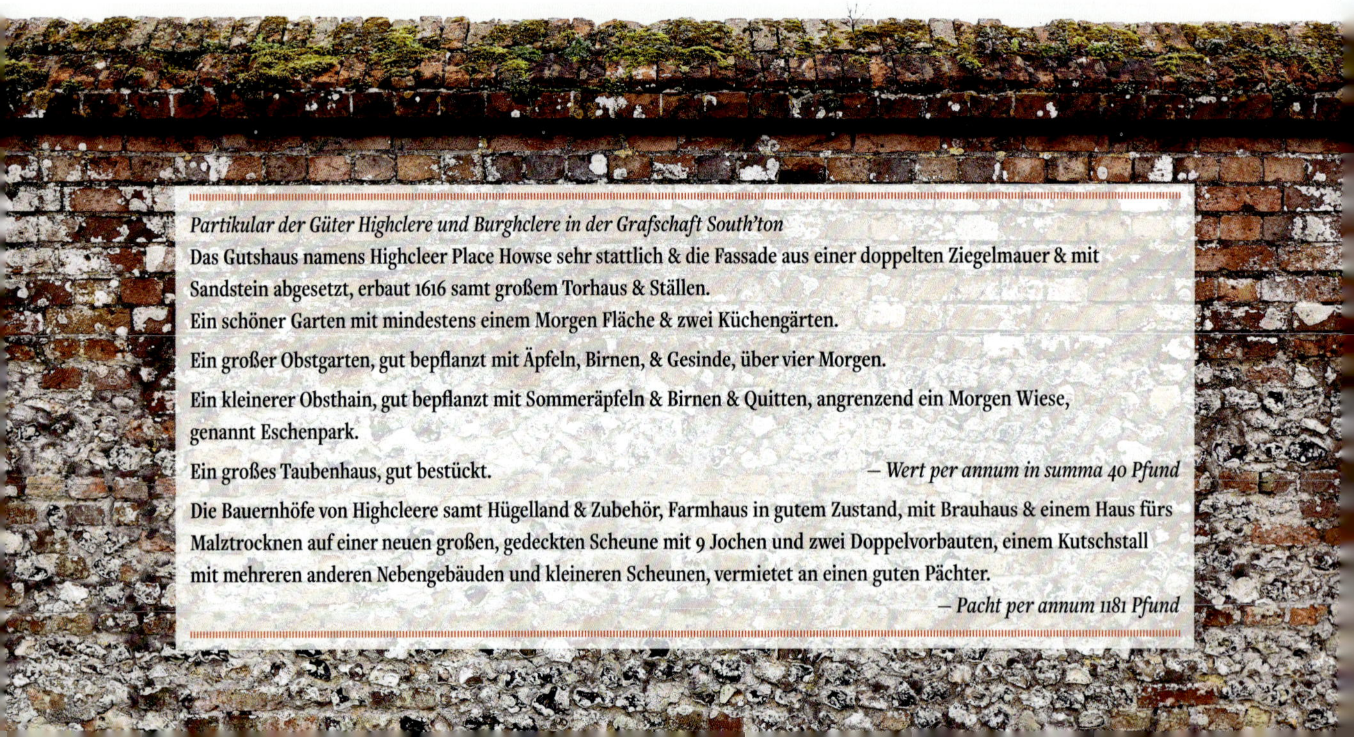

Partikular der Güter Highclere und Burghclere in der Grafschaft South'ton

Das Gutshaus namens Highcleer Place Howse sehr stattlich & die Fassade aus einer doppelten Ziegelmauer & mit Sandstein abgesetzt, erbaut 1616 samt großem Torhaus & Ställen.

Ein schöner Garten mit mindestens einem Morgen Fläche & zwei Küchengärten.

Ein großer Obstgarten, gut bepflanzt mit Äpfeln, Birnen, & Gesinde, über vier Morgen.

Ein kleinerer Obsthain, gut bepflanzt mit Sommeräpfeln & Birnen & Quitten, angrenzend ein Morgen Wiese, genannt Eschenpark.

Ein großes Taubenhaus, gut bestückt. *– Wert per annum in summa 40 Pfund*

Die Bauernhöfe von Highcleere samt Hügelland & Zubehör, Farmhaus in gutem Zustand, mit Brauhaus & einem Haus fürs Malztrocknen auf einer neuen großen, gedeckten Scheune mit 9 Jochen und zwei Doppelvorbauten, einem Kutschstall mit mehreren anderen Nebengebäuden und kleineren Scheunen, vermietet an einen guten Pächter.

– Pacht per annum 1181 Pfund

der Vater des 2. Earl jedoch in die 1771 von Capability Brown geschaffenen riesigen, neuen ummauerten Garten, die nordwestlich und recht weit vom Schloss entfernt liegen.

1831 schrieb Harriet, Tochter des 2. Earl: »Mein Vater sieht sehr wohl und gut gelaunt aus ... und wird bald den italienischen Garten in Angriff nehmen, der Emily [ihre jüngere Schwester] im letzten Sommer so beunruhigt hat.« Beim italienischen Gartenstil geht es unter Einbeziehung der umgebenden Landschaft zwecks maximaler visueller Wirkung um Ordnung und Gleichgewicht, aber auch um Grenzlinien. Eine der Umgestaltungsmaßnahmen durch den 2. Earl waren neun in die Westmauer gebrochene Bogen, die den Garten nach außen öffneten. Er stellte vermutlich auch einige (leider nicht mehr existierende) Statuen auf, baute in der Mitte einen (ebenfalls längst verschwundenen) Brunnen und pflanzte als Mittellinie Eibentunnel.

Jeder neue Schlossherr nahm Veränderungen vor, und so wurde der ummauerte Garten nach und nach zu dem dekorativen Garten von heute, an dessen fruchtbare Vergangenheit nur noch die Holzapfelbäume an den Mauern, die Feigen in den warmen Ecken, ein Maulbeer- und ein Quittenbaum in der Mitte und die Lavendelbüsche entlang den Wänden erinnern. Er ist jedoch noch immer ein abgeschlossener, schöner Bereich, gerahmt von Kiesel-Stein-Ziegel-Mauern mit defekter Krone und rissigen Mörtelfugen: dank seinen vielen Fundament- und Mauerschichten ein »Epochengarten«.

FEIGEN UND ANDERE FRÜCHTE

Feigenbäume (*Ficus*) gibt es in einer riesigen Vielfalt von über 750 Sorten, von denen im britischen Klima aufgrund ihres Sonnenhungers nur einige gedeihen. Bei uns tragen zwei uralte Bäume am zuverlässigsten, die geschützt in beiden Ecken der Südmauern zur Orangerie hin stehen, wo sich an Sommernachmittagen die Wärme fängt. Ihre Früchte sind so lecker, dass man sie am liebsten alle gleich aufessen möchte. Als

Siddhartha Gautama im 6. Jahrhundert v. Chr. »erwachte«, soll er meditierend unter einem Feigenbaum gesessen haben; seitdem wird er Buddha genannt.

Der heimische Holzapfel, *Malus sylvestris* (»Waldapfel«), wiederum ist der Vorfahr aller Kulturäpfel. Die langlebigen, duftenden Blüten zeigen sich im Frühjahr vor denen des Weißdorns, und man weiß von bis zu 90 Insektenarten, die sich um ihre Zweige tummeln. Besonders Bienen mögen den in den gelben Staubgefäßen der weißen Blütenblätter enthaltenen Nektar, denn sie erzeugen bis zu zehnmal so viel Pollen wie übliche Apfelbäume. Mit dem Alter werden Holzapfelbäume zunehmend knorrig, und wenn sich die ovalen Blätter im Herbst gelb färben, zeigen sich deutlich die von Flechten überzogenen Zweige mit verdornenden Kurztrieben. Die Früchte sind farbenfroh, oft bis in den Winter hinein haltbar, und auch wenn es etwas fummelig ist, lohnt es sich, Gelee daraus zu kochen. Drosseln und andere Vögel fressen sie, aber erst ganz spät. Kippt ein Baum um, kann er sich erholen und wieder ausschlagen. Seine ganzjährige Ansehnlichkeit und kompakte Größe machen den Holzapfel zu einem guten Gartenbaum (z. B. *Malus* ›Jelly King‹).

An der Ostmauer stehen Mispelbäume, die gegen Krankheiten und Schädlinge resistent sind und noch Früchte tragen, wenn andere Obstbäume längst abgeerntet sind. Die Früchte riechen und schmecken erst nach zwei Frösten gut, aber dann ergeben sie ein leckeres Gelee. Ein Birnenspalier hinter den Schuppen und Hütten an der Südmauer belebt diese und wirft saftige, herrlich schmeckende Früchte ab, mit denen gekaufte Birnen nicht mithalten können.

Nicht weit von diesem ursprünglichen mittelalterlichen Garten, am Walnut Walk im Wood of Goodwill, haben wir weitere Obstbäume gepflanzt, u. a. je einen Apfel-, Birn- und Quittenbaum. Kleine Obsthaine gedeihen am besten mit fünf unterschiedlichen Arten sowie Wildblumen und Kräutern für Bestäuber. Jeder Baum sollte genug Platz haben und rund um den Stamm gemulcht werden, auch mit Holzspänen, damit konkurrierende Pflanzen keine Chance haben. Einen Apfelbaum kann jeder pflanzen, er ist nicht so groß, und die Blüte im Frühjahr und die Früchte im Herbst schmücken jeden Garten. In der Mitte unseres Rasens stehen in gleichen Abständen Maulbeerbäume, deren Früchte zu leckerer Marmelade verarbeitet werden können (siehe Seite 233).

Wer Monks' Garden heute besucht, spürt seine Altehrwürdigkeit und Harmonie, aber die Düfte und Farben in den Blumenbeeten wecken auch Wohlgefühl: »Glück, das ist in beiden Händen Blumen halten«, lautet ein altes Sprichwort. Im Frühling blüht als Erstes an der Mauer links vom Haupteingang hell und üppig *Clematis armandii*. Und wo einst Gemüse gedieh, gibt es jetzt duftende Kletter- und Strauchrosen: ›Albéric Barbier‹, ›Gertrude Jekyll‹, ›Blairii No.2‹, außerdem Apfel-Rosen und *Rosa* ›Red Coat‹. Drumherum rosa und weißer Bartfaden, der fast den ganzen Sommer über blüht, während blauer *Agapanthus* später für Höhe sorgt. Sein Blau wird mit einer Kombination aus *Geranium* ›Johnson's Blue‹ und duftiger *Alchemilla mollis* am Boden aufgegriffen. Weitere Klematis und die apricotfarbene Rose ›Compassion‹ haben wir auf der Seite der Bogen Richtung Schloss gepflanzt.

Der 4. Earl of Carnarvon baute im Mönchsgarten ein Pfirsichhaus mit einer Reihe Häuschen dahinter, und das lange, schmale Beet davor bepflanzten wir zugunsten von noch mehr Struktur und Farbe neu. An seiner Längsseite wachsen *Euphorbia palustris* mit ihren lindgrünen Blütenköpfen und Bunte Wolfsmilch, ebenfalls lindgrün, aber mit ausgeprägterem Kelchblatt. An beiden Enden stehen Yuccas und verteilt im Beet Gruppen von Blauraute, *Cirsium rivulare* ›Atropurpureum‹ (Purpur-Kratzdistel) und Bronze-Fenchel. Später sorgen hoher, blauer Rittersporn, tiefrote Lobelien und späte Dahlien wie ›Bishop of Llandaff‹ mit ihren schokoladenbraunen Blättern und erdbeerroten Blüten für wahre Farbexplosionen. Tiefblauer Salbei (›Amistad‹) ist immer gut, und vorn im Beet setzen Sterndolden (z.B. ›Claret‹ und ›Bess Rose‹) Farbtupfer.

Der Brunnen ist vor langer Zeit zugeschüttet und seine Grundfläche mit *Rosa* ›Bonica‹ bepflanzt worden. Vor die West- und Ostmauer wurde Lavendel gesetzt, was für Symmetrie sorgt und an die Bedeutung der Kräuter in der mittelalterlichen Heilkunde erinnert.

Nach dem Ersten Weltkrieg verebbte das Interesse an ummauerten Gärten, doch inzwischen erleben sie ein Comeback, wenn auch in ganz unterschiedlichem Gewand. Obst und Gemüse anbauen und ernten macht immer Freude, aber Obstgärten sind beliebter als Gemüsegärten, wohl auch, weil ein ausgewachsener Obstbaum jahrzehntelang Frucht trägt und außer dem Schneiden (einmal jährlich) wenig Mühe macht.

Vor der Anlage eines Obstgartens ist die wichtigste Frage, welche Arten Sie pflanzen wollen. Wählen Sie solche mit Früchten, die Sie mögen und die es nicht so leicht zu kaufen gibt. Die Maulbeere hat köstliche Früchte und eine erstaunliche Blütenpracht, die Viktoriapflaume ist robust und hat viel leckerere Früchte als die, die man kaufen kann. Aufgrund ihrer oben erwähnten Vorzüge sollten auf jeden Fall zwei (in puncto Bestäubung zueinander passende) Apfelbäume dabei sein und vielleicht eine Mispel. Legen Sie ihre Platzierung fest und kennzeichnen Sie die Stellen mit Stöcken, um zu prüfen, wie das Ganze aussehen wird. Schaffen Sie vorm Einsetzen der Bäume freien Raum um jeden, damit er ohne Konkurrenz anwachsen kann. Pflanzen Sie später um die Stämme herum Blumen, die Bestäuber anlocken und Ihren Obstgarten noch hübscher machen.

EIN NEUER UMMAUERTER GARTEN

GEHT MAN VOM SCHLOSS etwa 800 Meter hügelabwärts Richtung Highclere Village, vorbei an ein paar traditionellen Cottages aus Ziegeln, und biegt hinter dem mit hohen Mauern abgeschirmten einstigen Lagerplatz für Heu ab, gelangt man zu einem teilweise ummauerten Vorhof. Stoßen Sie die unauffällige, von Licht und Regen ausgeblichene blaue Holztür auf, und Sie betreten eine weitere verwunschene Welt.

Seit ich auf Highclere lebe, war dieses Richtung Südwesten abfallende Areal die meiste Zeit ein überwucherter, vernachlässigter und dennoch magischer Ort, der Abenteuer, versteckte Pfade und Schätze verhieß. Einst wurde hier sicher harte Saisonarbeit geleistet, zwischen Entstehung und Ende des Zweiten Weltkriegs unermüdlich geplant und geschafft. Der Bereich ist so groß, dass er vor langer Zeit angelegt worden sein muss, in einer Ära der Zuversicht, der Macht und des persönlichen Ehrgeizes. Dieser über 1,6 Hektar große ummauerte Garten, der laut Inschrift auf einem Türsturz und laut Capability Browns Plänen 1771 entstand, ist relativ jung. Er war Highcleres »Supermarkt«, der das große Haus, die Familie und das Personal ganzjährig mit im wahrsten Sinne des Wortes regionalen Produkten versorgte.

Ende des 18. Jahrhunderts beauftragte der 1. Earl of Carnarvon Capability Brown mit der Anlage eines herausragenden Parks, der Freunden und Nachbarn imponieren und ihn selbst durch die Hervorhebung der Topografie des Anwesens erfreuen sollte. Rasch wurden die wesentlichen Elemente ausgeführt – beeindruckende Sichtachsen, eine sorgfältige Bepflanzung, ein See, ein Küchengarten, all das in Browns elegantem, souveränem Stil.

Auch ein neuer, eindrucksvollerer ummauerter Garten wurde gewünscht, und so wurde fernab vom Haus ein Bereich für einen Nutzgarten geschaffen, der zudem das Auge erfreuen sollte: eine *ferme ornée*. Seine Mauern waren höher und länger als die des ursprünglichen ummauerten Gartens, daneben wurde der Hof für die Milchkühe angelegt, in der Nähe wurden Schweine gehalten und das Ganze so gestaltet, dass die emsige Arbeit der Gärtner Familie und Gäste nicht störte. Durch die Hanglage waren von Anfang an ein Wasserzufluss und -ablauf gewährleistet. Seine Größe zeugte vom Reichtum der Familie, und seine Besichtigung war für jeden Gast ein Muss.

Die Mauern bestanden aus Ziegelsteinen, die die Wärme speicherten, und in den Kalkmörtel gehämmerte Nägel trugen ein stabiles Metallgitter für die Spalierbäume. Ziegel waren damals teuer, denn sie wurden besteuert und handgefertigt (ihre Massenproduktion setzte erst rund 50 Jahre später, unter Königin Viktoria, ein), und so waren sie auch ein Statussymbol.

Dank Glashäusern an den Südmauern konnten besondere Früchte serviert werden, und in einer Reihe von Gewächshäusern hinter dem Garten wurden Ananas und Melonen gezogen. Im unteren Teil des Gartens, wo eine natürliche Quelle liegt, entstand der Obstgarten, auf der Nordseite wurden Kartoffeln angebaut. Seine Hanglage sorgt für natürliche Abschirmung gegen die Nord- und Ostwinde, zusätzlich wurden Richtung Süden und Osten, den vorherrschenden Windrichtungen auf Highclere, Windschutzstreifen gepflanzt.

In seiner Hochzeit war im ummauerten Garten ein veritables Heer von Gärtnern beschäftigt, denen im späten 19. Jahrhundert der bärtige Chefgärtner Mr Pope und ab 1908 Mr Blake vorstand. Auf den akkuraten Beeten standen haufenweise Erntekörbe, und in Reihe gepflanzte Bäume wachten über Salat- und Kohlköpfe. Man befolgte strikt die für den Gemüseanbau so wichtigen Fruchtwechselpläne und pflanzte sukzessive, um eine lange Ertragszeit zu garantieren. Täglich frühmorgens fand sich einer der Gärtner draußen vor der Küche ein, um der Köchin mitzuteilen, was vielversprechend aussah, und die Liste der für Lunch oder Dinner benötigten Gemüse- und Obstsorten abzuholen. Mit der Mütze in der Hand hoffte er auf einen ofenwarmen Keks, bevor er schnell wieder aufbrach, um die Liste abzuliefern.

Highclere war damals zwar ein Privathaus und kein Betrieb, doch ohne präzise Abstimmung und Organisation ging es auch da nicht. Wie heute hatten die Gärtner mit diversen Pflanzenkrankheiten und Getier zu kämpfen, darunter Krähen und anderen Vögeln, und so wurden aus alten Kleidern und Säcken gebastelte Vogelscheuchen auf den Beeten verteilt. Krähen sind Allesfresser und werden zu den intelligentesten Vögeln gezählt. Sie leben in großen Gruppen und sollen einer beliebten Anekdote nach bis vier oder fünf zählen können, einfache Werkzeuge verwenden und Futter verstecken und lagern. Im Mittelalter glaubte man, sie lebten unnatürlich lang. Man hielt sie auch für monogam und für fähig, die Zukunft, Regen und Überfälle vorherzusagen, was unsere heutigen Gärtner wohl kaum unterschreiben würden.

Gleich hinter dem ummauerten Garten liegt ein weiterer kleinerer ummauerter Garten mit einer langen Reihe niedriger Ziegelgebäude an der Westwand eines eingestürzten Glashauses. Es war einst ein Melonenhaus, und in den Ziegelbauten lagen Wurzeln und Früchte auf Lattenborden. Die späten Apfelsorten sind die haltbarsten, und bevor man die Äpfel kühl lagerte, wickelte man sie einzeln in Zeitungspapier ein.

In Viktorianischer Zeit gab es in Großbritannien einige der besten ummauerten Gärten der Welt, und dank wissenschaftlicher und technischer Fortschritte konnten die Briten seltene Blumen- und Pflanzenarten aus aller Welt einführen und anbauen. Entsprechend wichtig war die Stellung des Chefgärtners. Auf Highclere hatte diese Position 26 Jahre lang (1882–1908) William Pope inne, für den am Ende 100 Leute arbeiteten. Er wohnte mit seiner Frau Maria und den zehn Kindern, die das Erwachsenenalter erreichten, in einem rosenumrankten Cottage mitten im Park. Er war hoch angesehen und Mitglied der Royal Horticultural Society sowie von deren Obst- und Gemüsekomitee. Er stellte seine Gartenprodukte landesweit aus, wofür der ebenso ehrgeizige Lord Carnarvon einen ganzen Zug mietete, um dann mit zahlreichen Trophäen heimzukehren. Pope war ein exzellenter Obstgärtner, der allein mit 30 Apfelsorten aufwarten konnte und im Ruhestand den Jurys etlicher Ausstellungen angehörte.

Bei Ausbruch des Ersten Weltkriegs sorgte Lord Carnarvon dafür, dass seine Gärtner vom Kriegsdienst befreit wurden, damit der ummauerte Garten weiter bebaut werden konnte: Aus ihm bezog das von Almina, der Frau des Lords, im Schloss eingerichtete Highclere Hospital die Lebensmittel für die verwundeten Soldaten. Zusätzlich hatte der Lord für alle auf dem Anwesen nicht nur große Mengen Tee beschafft, damit ihnen ihr geliebtes Getränk nicht ausging, sondern in der Annahme, er würde sich halten, auch Käse. Leider zogen einige von Highcleres Gärtnern trotzdem in den Krieg. 1916 starb Cecil Pope, Williams sechstes Kind, und die Ehrentafel beweist, dass viel zu viele Familien auf Highclere ihre geliebten Söhne bei den Kämpfen im sonnenverbrannten Irak und anderswo verloren.

Als in den 1920er-Jahren mehr Lebensmittel importiert und Arbeitskräfte rarer wurden, ging die Zahl von Highcleres Gärtnern zurück. Der ummauerte Garten wurde quasi zum Luxus, und ein so großer Bereich war nun weder nötig noch finanzierbar. Bei Ausbruch des Zweiten Weltkriegs wurden rund 90 Prozent der Grundnahrungsmittel in Großbritannien eingeführt, und die Zahl der Gemüse- und Obstgärten ging zurück. Zwischen 1939 und 1945 kam es im Zuge der Regierungskampagne »Dig for Victory« (»Grabe für den Sieg«) dann zu einer Wiederbelebung. Sogenannte »Landmädchen« halfen in Highcleres Gärten und Farm mit, aber als der Krieg und die Rationierung schließlich überstanden waren, setzte sich der Rückgang fort.

In Highcleres ummauertem Garten gewann nach und nach die Natur die Oberhand. Weil Buddleja sich selbst aussäte und andere Pflanzen, sogar Bäume, durch die Wände wuchsen, wurden die Gebäude immer baufälliger. Die einst so ordentlichen Beete wurden von Schösslingen und Gestrüpp überwuchert, und da man sich aus finanziellen Gründen keine Milchkühe und Schweine

Akribische Gartennotizen von William Pope, Chefgärtner auf Highclere um 1900.

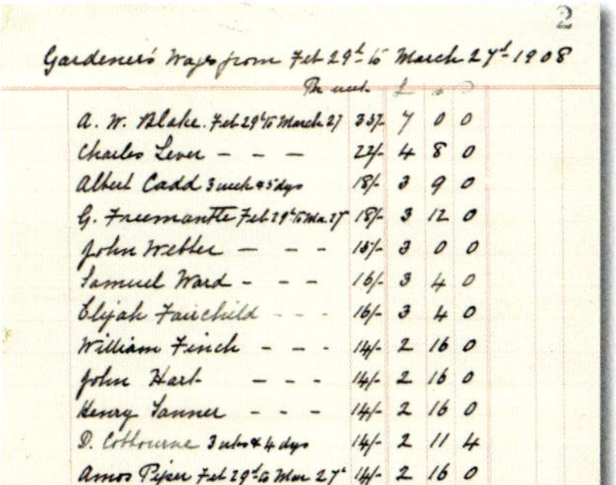

Gardeners Wages from Feb 29th to March 27th 1908

Name	Per week	£	s	d
A. W. Blake. Feb 29th to March 27	35/-	7	0	0
Charles Lever	24/-	4	8	0
Albert Cadd 3 weeks + 5 days	18/-	3	9	0
G. Freemantle Feb 29th to Mar 27	18/-	3	12	0
John Webber	18/-	3	0	0
Samuel Ward	16/-	3	4	0
Elijah Fairchild	16/-	3	4	0
William Finch	14/-	2	16	0
John Hart	14/-	2	16	0
Henry Tanner	14/-	2	16	0
D. Colbourne 3 weeks + 4 days	14/-	2	11	4
Amos Piper Feb 29th to Mar 27th	14/-	2	16	0
Arthur Rosier	14/-	2	16	0
Fred Cram	13/-	2	12	0
Leonard Keeling	10/-	2	0	0
Lewis G Strull	7/-	1	8	0
George Marshall	6/-	1	4	0
Mrs Alder	5/-	1	0	0
		£52	12	4
Garden Sundries &c from Feb 13th to March 25th		1	18	5½
		£54	10	9½

Paid ... A. W. Blake

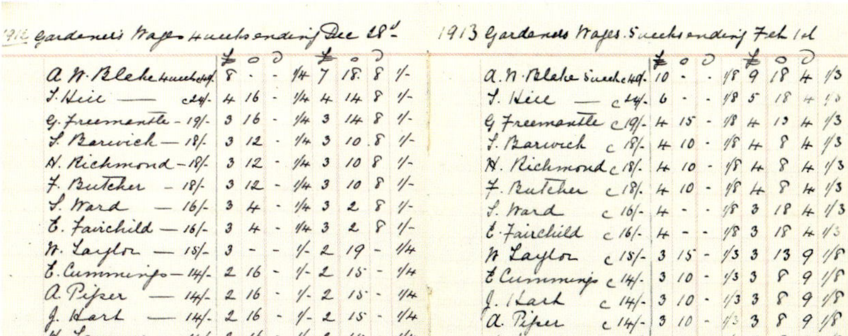

Gardeners Wages 4 weeks ending Dec 28th — 1913 Gardeners Wages 5 weeks ending Feb 1st

A. W. Blake, J. Hill, G. Freemantle, J. Barwick, H. Richmond, F. Butcher, S. Ward, E. Fairchild, W. Taylor, E. Cummings, A. Piper, J. Hart, H. Tanner, F. Cram, H. Ireland, L. Cram, G. Dipseed, G. Herrington, J. Palmer, Mrs Choules, D. Colbourne

Employers Insurance, G. W. R. account, Soap & Candles, Garden Sundries — £69.17.10

Employers Insurance, S. Licence, G. W. Rail account, Garden Sundries — £90.16.3

mehr leisten konnte, verfielen auch deren Höfe allmählich. Der ganze Bereich lag brach, und wie schon in früheren Jahrhunderten begann man erneut alte Mauern und Gebäude abzureißen und verwertete die Materialien anschließend anderweitig.

Der ursprüngliche mittelalterliche ummauerte Garten nah beim Schloss wurde unterdessen samt Glashäusern, Lagerschuppen und Pilzgewächshaus weiter bewirtschaftet, entwickelte sich peu à peu aber zum Schnittblumengarten und Erholungsbereich. In der Orangerie werden zwar immer noch ein paar Orangen und Zitronen fürs Schloss gezogen, aber in den meisten Glashäusern wachsen inzwischen Blumen und Zimmerpflanzen für die Dekoration der Innenräume.

Im großen ummauerten Garten ist in den letzten rund zehn Jahren aber nach und nach wieder Leben eingekehrt. Als Erstes haben wir dort Hühner angesiedelt, die fröhlich zwischen den Überresten der Gewächshäuser umherpicken. Bei täglichen Einsätzen wurden dann mitten zwischen den Hühnern erst die Türen und Tore und danach Teile der Mauerkrone und der Kalkmörtel in den Mauern ausgebessert. Nesseln wurden gestutzt, Glasscherben beseitigt und umgestürzte Bäume zersägt und weggeschafft.

In die Mitte der Mauer am Fuß des Hangs wurde wieder ein schmiedeeisernes Tor mit unseren Initialen eingelassen, das in Mr Popes einstigen ausgezeichneten Obstgarten führt. Der Anblick der alten Obstbäume mit ihren kräftig gefärbten Früchten ist wunderschön und dieses verborgene Juwel im Herbst eine unwiderstehliche Attraktion. Schon Gäste wie Benjamin Disraeli priesen die »reifen Birnen und berühmten Cox-Orange-Äpfel ... und Pflaumen in allen Formen und Farben«. Wir lassen hier nun auch die British-Lop-Schweine, die zwischendurch gern eng aneinanderliegen, an geschützten Stellen im Boden wühlen und Essbares erschnüffeln.

Vor 100 Jahren gediehen in einem einzigen Obstgarten unter Umständen über 200 Sorten, und jedes Dorf hatte seine eigenen Pflaumen-, Zwetschgen-, Kirsch- und Apfelsorten. Doch seit 1970 sind die Hälfte der Birnen- und zwei Drittel der Apfelgärten Großbritanniens verschwunden. In den britischen Obstgärten dominieren von den existierenden 2300 Apfelsorten nun Cox und Bramley.

Inzwischen sind wir im großen ummauerten Garten ein gutes Stück vorangekommen. Simon und das Farmteam haben den Boden mit einem kleinen Traktor geeggt, Müll und Schutt beseitigt und die alten Wege und Viertelkreise von 1771 nach und nach freigelegt samt dem Wasserrohr, das mitten hindurch führt. Unsere heutige Welt hat aber nicht mehr viel gemeinsam mit den Prestigeprojekten und Produktionserfordernissen der Vergangenheit, und es brauchte seine Zeit, bis uns, während wir friedlich die Mauern freilegten und die Erde umgruben, die zündende Idee für die Nutzung dieses Bereichs kam.

FÜR DIE ZUKUNFT PFLANZEN

HIGHCLERE BEGREIFEN HEISST, nicht nur historische, sondern auch geologische Schichten zu berücksichtigen. Als wir einmal mit unseren Freunden und Produzenten eines speziellen Perrier-Qualitätschampagners, der Familie Joseph Perrier, bei einem Glas Champagner zusammensaßen, fragten wir uns, ob auf den Gesteinschichten, die sich von der Champagne unter dem Ärmelkanal bis zu unseren Kreideböden mit Lehmdeckschicht und harten Kieselsteinen ziehen, Wein gedeihen könnte, wenn die gespeicherte Sonnenwärme eines großen ummauerten Gartens die Reifung der Trauben befördern würde.

Die letzten vier Jahre haben wir dann dafür genutzt, den Boden zu untersuchen, die Temperaturen zu prüfen und einen Experten zu konsultieren. Nun pflanzen wir in den oberen beiden Viertelkreisen Chardonnay- und in den unteren beiden Pinot-noir-Reben. In ein paar Jahren werden wir hoffentlich ernten und eine kleine Menge unseres ganz besonderen eigenen Sekts mit einer ausgewogenen Mischung aus Mineralien, Frische und Süße keltern können. Statt Sekt würde Joseph Perrier dazu vielleicht Champagner sagen. Aber so dürfen wir ihn nicht nennen, denn wir sind von der französischen Region Champagne ja ganz schön weit weg. Wie immer in der Landwirtschaft gilt unsere stete Sorge dem Wetter, späten Frösten (wir haben eine Maschine angeschafft, die bei Temperaturabfall heiße Luft abgeben soll), dem Zurückschneiden und dem Unkrautjäten.

Hühner, Schweine, der Weinberg und ein wiederbelebter Obstgarten sind die ersten Maßnahmen, mit denen wir neues Leben in diesen ummauerten Bereich bringen wollen. Capability Browns Motto war, aus einem bewirtschafteten Bauernhof und Gemüsegarten etwas Schönes zu machen. Bei genügend Ausdauer wird umgekehrt dieses schöne Areal bald wieder eine Funktion haben. Ich habe immer Frances Hodgson Burnetts Buch *Der geheime Garten* und den versteckten, zauberhaften Ort darin geliebt, und ich hoffe, dass auch wir hier eine andere, magische Welt erschaffen.

www.highclerecastlehorsefeeds.co.uk

Ein Herbstpicknick

Quiche mit Wiesenchampignons, gebackenem Gemüse und Gruyère

Geordie geht morgens gern joggen und kommt im Frühherbst dann oft mit unterwegs gesammelten Wiesenchampignons zurück, die buchstäblich über Nacht aus dem Boden zu schießen scheinen. Sie sind nicht nur ideal zum Frühstück, sondern machen sich natürlich auch wunderbar in einer Quiche mit Käse.

Zutaten

Für den Teig

175 g kalte Butter, gewürfelt, plus etwas zum Einfetten
225 g Mehl, plus etwas zum Bestäuben
1 Ei (Größe M), verquirlt

Für die Füllung

2 Zwiebeln, in Achtel geschnitten
200 g kleine Zucchini, längs halbiert
1 Aubergine, in kleine Stücke geschnitten
1–2 EL natives Olivenöl extra
125 g frische Wiesenchampignons, in Scheiben geschnitten
300 ml Crème double
4 Eier (Größe M)
180 g Gruyère, grob gerieben
Salz und frisch gemahlener Pfeffer

Zubereitungszeit 30 Min., plus 20 Min. Kühlzeit
Garzeit 1½ Std. **Für** 8 Personen

Für den Teig ...

Eine Quicheform (27 cm ø) einfetten.

Butter und Mehl mit den Fingerspitzen zu Bröseln verreiben. Das Ei und 1 EL kaltes Wasser hinzugeben und alles zu einem glatten Teig vermengen.

Den Teig auf einer leicht bemehlten Arbeitsfläche kreisförmig ausrollen (er sollte in die Quicheform passen und noch etwas überstehen). Den ausgerollten Teig vorsichtig in die Form legen. Den Teigboden mehrfach einstechen und 20 Minuten kalt stellen.

Den Backofen auf 180 °C vorheizen.

Den Teigboden mit Backpapier belegen und Backbohnen daraufgeben. 10 Minuten backen. Bohnen und Backpapier entfernen und den Teig weitere 10–15 Minuten backen. Zum Abkühlen beiseitestellen.

Inzwischen das Gemüse backen ...

Die Backofentemperatur auf 200 °C erhöhen.

Zwiebeln, Zucchini und Aubergine auf ein mit Backpapier ausgelegtes Backblech legen, mit Olivenöl beträufeln, salzen, pfeffern und dann unter gelegentlichem Wenden 30–40 Minuten backen, bis sie weich und goldbraun sind.

Aus dem Backofen nehmen und die Temperatur auf 180 °C senken.

Die Pilze in eine Pfanne geben, etwas Öl hinzufügen, mit Salz und Pfeffer würzen und 3–4 Minuten sanft braten. Aus der Pfanne nehmen und überschüssiges Öl auf Küchenpapier abtropfen lassen.

Crème double, Eier und die Hälfte des Käses verquirlen und mit Salz und Pfeffer abschmecken.

Den restlichen Käse auf den abgekühlten Teigboden streuen, das Gemüse und die Pilze gleichmäßig darauf verteilen und die Crèmemischung darübergießen.

Die Quiche 25–35 Minuten backen, bis die Füllung fest und oben goldbraun ist. Etwas abkühlen lassen und dann aus der Form lösen. Noch warm servieren.

WÄLDER UND GÄRTEN

Während wir in den Herbstmonaten ernten und sammeln, streuen die Bäume, Sträucher und Blumen ihre Samen in den Wind – mit spektakulären Ergebnissen. In seinen *Rural Rides* (um 1830) schrieb der englische Schriftsteller William Cobbett: »An einem frühen Novembermorgen kam ich von Burghclere aus durch Lord Carnarvons Park. Die Eichen sind noch belaubt, die Buchen in ihrem schönsten Kleid, die Ulmen noch recht grün, und die schönen Eschen beginnen sich gerade zu färben. Für meinen Geschmack ist es der hübscheste Park, den ich je sah: mit einer Vielfalt von Hügeln und Senken. Eine Menge Wasser ... Er gefällt mir besser als Fonthill, Blenheim, Stone oder irgendeine andere herrschaftliche Anlage. Die Bäume sind sehr ansehnlich.« Speziell die Buchen begeisterten ihn: »Die Hügel sind teilweise bewaldet, vornehmlich mit Buchen, deren Farbe sich in dieser Jahreszeit sehr schön von den glatten, grünen Hügeln abhebt.«

Aufgrund der schlimmen Baumkrankheiten, die die englischen Landschaften in den letzten 30 Jahren periodisch heimgesucht haben, hat Highclere leider sämtliche Ulmen und die meisten Eschen, die vor 200 Jahren so bewundert wurden, verloren. Geblieben sind zum Glück die Buchen, die regelmäßig nachgepflanzt werden, um sicherzustellen, dass es sie auch in ferner Zukunft noch gibt.

Eine Buchenallee durchschneidet den Wood of Goodwill. Dessen Westteil ist der Herbstfärbung gewidmet, die Herbstnachmittage und -abende verschönt, wenn das Licht das silbrige Gras umspielt und den reichhaltigen Malkasten der Natur belebt. Die gebogenen freiliegenden Wurzeln der älteren Bäume laden zum Sitzen ein, und Hunde trinken gern aus den Pfützen, die sich zwischen ihnen bilden. Buchen sind nicht so langlebig wie andere Arten, aber wenn sie im Frühling ihre Kronen aufspannen und streifiges Licht durch die Blätter fällt oder wenn sie wie jetzt zur Pracht der herbstlichen Landschaft beitragen, sind sie einfach atemberaubend. Es sind gesellige Bäume, die am besten in Gruppen gedeihen und in Symbiose mit Mykorrhizapilzen leben, mit deren Hilfe sie natürliche Veränderungen antizipieren.

Im Herbst machen vielerlei Buchen auf dem Anwesen dramatische Farbwechsel durch.

In mancherlei Hinsicht ist dies die Jahreszeit, in der die Natur letztmalig zum Spazierengehen und Bewundern einlädt. Die Bepflanzung hier ist relativ jung so wie die Wiederherstellung dieses gesamten Teils von Highcleres Gärten, und manchmal überwältigen uns Ausmaß und Fülle der Formen, Strukturen und Farben schier. Anfangs konnten Geordie und ich nur stehen und staunen, aber dann rissen wir uns vom Anblick, der uns so gebannt hatte, los und machten uns an die Arbeit.

Vor Jahren ging ich einmal im Herbst mit meinem Schwiegervater am Milford Lake spazieren und erfreute mich an der Schönheit von *Parrotia persica* auf einer Lichtung. Als ich mich ein paar Jahre nach seinem Tod daran erinnerte, pflanzte ich eine Gruppe von fünf ›Horizontalis‹-Parrotien, und obwohl der dortige Boden nicht für sie geeignet ist, gedeihen sie und erinnern mich aufs Schönste an den Spaziergang. Sie wachsen neben einer Buche, wo sie genügend Luft und Platz haben, um sich auszubreiten.

Drumherum stehen eine *Liquidambar styraciflua*, eine Eberesche, je ein *Acer cappadocicum* ›Rubrum‹ und ›Aureum‹ und ein *A. davidii*, flankiert von Gruppen von Perückensträuchern (*Cotinus*). An den Rändern eines Wegs wachsen *Euonymus europaeus* ›Red Cascade‹, Cotoneaster, *Rhus typhina* (mit schönen glatten, grauen Stämmen und lebhaften Farben), Herbst-Schneeball (wegen des dunkelgrünen Kontrasts), *Nyssa sinensis*, helle Gräser, *Cornus kousa* und ein Flügel-Spindelstrauch (*Euonymus alatus*). Und auf Beeten drumherum mischen sich rosa und rote Hortensien verschiedener Sorten, von ›Wims Red‹ über ›Eugen Hahn‹ bis zu ›Julisa‹, mit Montbretien und meiner Lieblings-Storchschnabelsorte ›Johnson's Blue‹ am Boden.

Beim Blick hinauf zum Schloss zeigt sich die Wildflower Meadow unterdessen in müden Rost- und Brauntönen, und in wenigen Wochen wird Simon die Samen mit einer ganz besonderen Maschine ernten und verkaufsfertig verpacken. Bis dahin sammeln alle möglichen Insekten emsig alle Nahrung ein, die sie noch ergattern können.

> … Unseres Erachtens gibt es in England nicht einen zweiten Ort dieser Größe, der im Vergleich zur natürlichen Schönheit des Grundes und zur verständigen Anordnung der Wälder, Haine und einzelnen Bäume durchweg einen so würdigen Charakter, solch elegante Vielfalt und kultivierte Schönheit hat. Nirgendwo sonst sieht man eine so gute Verteilung der Bäume auf einer Fläche dieses Ausmaßes … Wir bemerkten *Diospyros virginiana*, *Nyssa aquatica*, *Negundo fraxinifolia*; *Liquidambar*, beide Arten; *Dirca palustris*, 90 Zentimeter hoch mit einem 15 Zentimeter dicken Stamm; *Rubus nutkanus*, der wie die Zimt-Himbeere essbare, Multbeeren-ähnliche Früchte hat.
>
> John Claudius Loudon

Im Wood of Goodwill wachsen Blickfangpflanzen, die auch die späten Rabatten des Secret Garden zieren. Zwischen den Beeten und den bewaldeten Bereichen breiten sich Astern, Bergastern, Fuchsien, Montbretien und Spaltgriffel aus. Die Orangetöne steuern Leuchtkraft, Energie und Wärme bei, auf Blau fliegen späte Bienen. Die schönste Zeit für Spaziergänge ist hier der späte Nachmittag, wenn die nun merklich kürzeren Tage mit tief hängendem, ockergelbem Dunst zur Neige gehen. Die Luft atmet Vergänglichkeit, und schon jetzt, am Anfang seiner Erschaffung, verströmt dieses Eckchen Stimmung, Duft und Farbe.

Spazierwege und Arboreten sind keine neuen Erfindungen. Diese viktorianische Mode der oberen Schichten wurde vom schottischen Autor und Landschaftsarchitekten John Claudius Loudon ausgelöst. Er schrieb anregend über Gartengestaltung und verbreitete viele seiner Ideen über sein *The Gardener's Magazine* (ab 1826). Ihm gefiel das Konzept öffentlicher Baumsammlungen. Über Highclere äußerte sich der meinungsstarke, kritische Loudon lobend (siehe oben).

Den Herbst in einer entspannenden, beschaulichen Umgebung zur Schau zu stellen ist aber nur eine Facette dieser Jahreszeit. Sie wartet auch mit zunehmend extremen Wetterlagen und kalten Winden auf. Außerhalb Großbritanniens heißt der *autumn* (Herbst) auch *fall*: »fallen«. Im 16. Jahrhundert sollen manche Engländer die beiden Jahreszeiten zwischen Winter und Sommer *spring* bzw. *fall of the leaf* (»Sprießen« bzw. »Fallen des Blattes«, kurz *spring* bzw. *fall*) genannt haben – ein Wortgebrauch, der wohl mit den Siedlern in die Neue Welt gelangte. In England blieb der Frühling *spring*, aber als Standardwort für den Herbst setzte sich *autumn* (von lateinisch:

autumnus) durch. Einer anderen Theorie zufolge verweisen die fallenden (*falling*) Blätter und das schlechter werdende Wetter darauf, dass der Mensch im Garten Eden in Ungnade fiel, was an die Endlichkeit und Fragilität des Lebens gemahnt.

In diesen paar Herbstwochen nehmen die Laubbäume möglichst viel Sonnenlicht auf, bevor sie ihre Zweigspitzen gegen die Blätter versiegeln. Dies ist u.a. eine Überlebensstrategie zur Verkleinerung der Krone als Angriffsfläche für Winterstürme, die die Bäume sonst zu Fall bringen könnten. Manche bilden in dieser Jahreszeit auch winzige Knospen, wofür nach den harten Wintermonaten zu viel Energie benötigt würde. Kleine Säugetiere horten in dieser Zeit vorm Winterschlaf emsig Nüsse und andere Vorräte, Vögel mästen sich mit Samen und Beeren, und auch wir sammeln dies und das ...

SAMMELN

Elfen der Hügel, Bäche, Seen und Wälder,
Und ihr, die ihr am Strand spurlosen Fußes
Den ebbenden Neptunus jagt, entweichend,
Wann er zurückkommt; ihr Zwerggeister, die
Bei Mondschein grüne Kreise ziehn im Gras,
Wovon das Schaf nicht frisst; die ihr zur Kurzweil
Nächtliche Pilze macht ...
William Shakespeare: *Der Sturm*

Wenn man Ausschau hält nach etwas, das man in der üppigen Natur »umsonst« sammeln kann, schaut man viel genauer hin und erlebt jeden Spaziergang ein bisschen anders. In dieser Jahreszeit beschenkt uns die Natur mit der Ernte der Felder, aber auch der Wälder, Bäume und Hecken.

Auf den Rasenflächen ums Schloss versinken einige dicke, alte Baumstümpfe langsam im Boden. Im Laufe ihres jahrzehntelangen Verfalls bieten sie einer für uns unsichtbaren unterirdischen Welt reiche Nahrung. Laut den fantasievollen Geschichten, die uns in meiner Kindheit bei Spaziergängen erzählt wurden, hausen in derlei Haufen und Wurzeln Feen. Englische Feen sind winzige, wunderliche Wesen, die recht boshaft sein können und anscheinend sehr langlebig sind, denn von ihrem Tod hört man nie. Sie leben in einem Zauberland in unserer Nähe, und man sollte ihnen nicht in die Quere kommen, sonst spielen sie einem Streiche.

Im Herbst erscheinen auf Wiesen magische Feenringe, die man an dunklerem Gras oder Pilzen erkennt. Man glaubte, dass Feen dort tanzen und durch sie in ihre Welt gelangen, die nur zu bestimmten Zeiten sichtbar ist. Man darf deshalb nicht in Feenringe treten und sie nur im Uhrzeigersinn umrunden. Tiere dürfen zudem nicht darin grasen.

Speise- und Schmarotzerpilze nutzen für ihr Wachstum und Überleben den Boden und alles darunter Liegende, gehören also quasi einer anderen Welt an. Sie benötigen weder Sonnenlicht noch Chlorophyll und sind ein wichtiges Ökosystem für Tiere, Bäume und andere Pflanzen sowie den Boden.

Wir kaufen und verarbeiten im Herbst nach Wald schmeckende Zuchtchampignons, große, erdige Wiesenchampignons, Steinpilze sowie Austernpilze mit ihren feinen, fächerartigen Lamellen. Übrigens sind bei deren Zubereitung die einfachsten Rezepte oft die besten: Schwenken Sie die Pilze mit Kräutern und etwas zerdrücktem Knoblauch in einer großen Pfanne in Butter und lassen Sie sie im eigenen Saft garen.

Die ersten Pilzgewächshäuser wurden im frühen 19. Jahrhundert gebaut. Französische Gärtner nutzten erfolgreich große, unterirdische

Steinbrüche und Höhlen; in England führte ein Gärtner namens Oldacre sie nach deutschem Vorbild ein. Schon bald waren sie für jeden Küchengarten ein Muss, denn wenn es gut lief, konnte man fast ganzjährig ernten. Die Pilze wurden gegrillt, gebacken, mit Gratins serviert, zu Suppe verarbeitet, in Eintöpfe gegeben, zum Frühstück oder Abendessen gereicht und vieles mehr. Erstaunlicherweise sind sie, obwohl sie selbst ohne Sonnenschein auskommen, eine gute Quelle für Vitamin D, das wir bei zu wenig Sonne unbedingt brauchen.

Der 4. Earl of Carnarvon hielt in seinem Tagebuch eine Restaurierung des Pilzgewächshauses direkt vor dem Besuch der britischen Staatsmänner Lord Salisbury und Benjamin Disreaeli im Jahr 1866 fest. Es musste regelmäßig renoviert werden, weil der beheizte Dung, auf dem die Pilze wuchsen, die Holzlatten darunter zersetzte.

GARTENARBEITEN IM HERBST

Zwischen September und November werfen Gemüsegärten oft übermäßig viel ab, sodass Sie entweder Freunde zum Essen einladen oder ihnen Teile der Ernte überlassen müssen. Völlig außer Rand und Band geraten Zucchinipflanzen, aber auch Kohl, Blumenkohl, Kartoffeln, Mangold, Spinat, Stangenbohnen, Kürbis, Pastinaken, Karotten, Lauch, Sellerie und Rosenkohl gibt es nun reichlich. Entschied die Herbsternte für frühere Generationen noch häufig über Leben und Tod, ist sie für uns heute weit weniger wichtig.

OKTOBERARBEITEN

- Pflanzen Sie jetzt Narzissenzwiebeln.
- Setzen Sie alle Beete instand, auf denen Sie etwas verändern wollen.
- Verteilen Sie auf den entsprechenden Gemüsebeeten Mist.

NOVEMBERARBEITEN

In diesem Monat geht es vor allem um Schutzmaßnahmen gegen Kälte und Wind. Auf Leitern klettern und umpflanzen sollte man nur an regen- und windfreien Tagen.

- Pflanzen Sie Tulpenzwiebeln in Töpfe und Beete und bedecken Sie sie mit Erde oder Kompost in mindestens der doppelten Höhe ihrer Länge. Haben Sie Probleme mit Eichhörnchen, breiten Sie Maschendraht darüber und befestigen ihn, sodass die Tiere die Zwiebeln nicht ausgraben können.
- Holen Sie die Dahlienknollen nach dem ersten Frost aus der Erde, säubern Sie sie und lagern Sie sie an einem kühlen, frostsicheren Ort in trockenem Kompost.

- Entfernen Sie welke Wicken, Prunkwinden, Himmelsblumen und andere einjährige Kletterpflanzen von den Rankgittern.
- Schneiden Sie schäbig aussehende alte Stauden zurück und bedecken Sie den Boden drumherum mit Gartenkompost.
- Versorgen Sie Wildtiere vor Wintereinbruch mit zusätzlichem Futter und Schutz.
- Schneiden Sie nach dem kompletten Laubabfall die Apfel- und Birnbäume.
- Kappen Sie zum Schutz vor Wind das obere Drittel der Buddlejas.

KOMPOSTIERUNG

Früher kam kaum etwas in den Abfall. Pferdemist und Stroh landeten im Pilzgewächshaus, und im Komposthaufen verwandelten sich sämtliche Küchen- und Gartenabfälle in dunklen, krümeligen Kompost, mit dem im Garten gedüngt wurde. Komposthaufen sind auch heute sehr nützlich und leicht herzustellen. Befreien Sie einen warmen, geschützten Bereich von Unkraut und Gestrüpp. Begrenzen Sie ihn mit Holzlatten. Das Geheimnis liegt darin, unterschiedliche Materialien aufeinanderzuschichten, wie z.B. Schalen, Unkraut, verbrauchten Kompost, Brennnesseln, Gras, Teeblätter und Pappe. Gekochtes und Nichtpflanzliches gehören nicht darauf. Wässern Sie den Haufen bei Trockenheit, wenden Sie ihn ab und zu und legen Sie Pappe oder einen alten Teppich darauf; das hält ihn warm und ist gut für die Mikroben, die alles zersetzen.

NOSTALGIE

Im Herbst nimmt die Dunkelheit immer größere Teile des Tages ein. Vom Tierefüttern bis zur Gartenarbeit wird nun jede Außentätigkeit gestrafft. Zum Lieblingsduft wird der Rauch eines Herbstfeuers, sei es ein Feuer hinter den Gärten oder ein Kaminfeuer im Salon. Er steht für Wärme und Kochen.

Der Herbst ist eine nostalgische, kontemplative Jahreszeit. Traditionell fahren wir nun die Ernte der vielschichtigen Landschaft um uns herum ein, sagen Dank – ob bei Erntefeiern oder Thanksgiving – und bestaunen die unzähligen winzigen Details der Pflanzen- und Tierwelt.

Erwachsne Lämmer blöken laut am Bach,
Und Grillen zirpen; nun entzückt das Ohr,
Rotbrüstchens Flötensang vom Laubendach,
Und Schwalben sammeln zwitschernd sich im Himmel.
John Keats: »An die Herbstzeit«

Am Ende des Herbstes sind alle schimmernden, wirbelnden Blätter davongetanzt, haben die kleinen Säugetiere sich versteckt und freuen wir uns auf Eintöpfe und gehaltvolle Desserts und darauf, mit einer Tasse Tee am Feuer zu sitzen und einander zu erzählen, was passiert, wenn das altehrwürdige Haus nachts geräuschvoll zum Leben erwacht.

Herbstküche

VERÄNDERUNG LIEGT IN DER HERBSTLUFT: GEORDIE UND ICH SUCHEN DIE HECKEN nach Brombeeren und die Felder nach Wiesenchampignons ab. Danach inspizieren wir die Apfel- und Kriechen-Pflaumen-Bäume. Es gibt noch reichlich Früchte, und dennoch spüren wir, dass wir ihren Reifegrad gut im Auge behalten müssen, damit wir nicht den richtigen Erntezeitpunkt verpassen. Jetzt dreht sich alles ums Einkochen und Lagern. Diese Jahreszeit ist ein Fest der Farben und Aromen, und all diese frischen Nahrungsmittel stecken voller Vitamine und Mineralien, die uns auf dem Weg in den Winter stärken werden. Beginnen Sie den Tag doch einmal mit einem selbst gemachten, gesunden Birchermüsli.

Birchermüsli

Maximilian Bircher-Benner wurde 1867 in der Schweiz geboren und studierte dort Medizin. Aufgrund eigener Gesundheitsprobleme experimentierte er mit den gesundheitlichen Auswirkungen von Rohkost auf den Körper. So entstand sein Müsli aus rohen Haferflocken, Früchten und Nüssen. Später folgten die Patientinnen und Patienten seines Züricher Sanatoriums einem asketischen Tagesplan mit Leibesübungen und Gartenarbeiten, aßen Müsli, überwiegend rohes Gemüse, duschten kalt und sonnten sich regelmäßig.

Bircher-Benners Müslirezept umfasst rohen Apfel und eine kleine Menge Haferflocken, Zitronensaft, Nüsse, Sahne und Honig. Dies servierte er seinen Patienten als gesunde Vorspeise.

Zutaten

- 2 Äpfel, grob gerieben, plus etwas zum Garnieren
- 100 g kernige Haferflocken
- 50 g Körnermischung (z. B. Sonnenblumen-, Kürbiskerne, Sesam- und Leinsamen)
- 50 g Nussmischung (z. B. Mandeln, Hasel-, Pekan- und Walnüsse), grob gehackt, plus etwas zum Garnieren
- ½ TL gemahlener Zimt
- 200 g probiotischer Joghurt
- 1 EL frisch gepresster Zitronensaft
- 50 g Sultaninen oder Rosinen
- Beeren zum Garnieren (nach Belieben)

Zubereitungszeit 5 Min., plus Kühlzeit über Nacht **Für** 4 Personen

Die geriebenen Äpfel in einer Schüssel mit Haferflocken, Körnern, Nüssen und Zimt vermengen.

Den Joghurt und 100 ml kaltes Wasser einrühren und über Nacht kalt stellen.

Vor dem Servieren Zitronensaft und Sultaninen oder Rosinen hinzufügen. Nach Belieben mit geraspeltem Apfel, Nüssen oder Beeren garnieren.

HIGHCLERE CASTLE

Salat mit Selleriestangen, Trauben und Walnüssen

Die Basis dieses Salats ist ein klassischer Waldorfsalat. Die Trauben passen jedoch perfekt dazu, und so lassen sich auch die kleinen grünen Trauben verwerten, die wir in Highclere anbauen. Als Obst allein sind sie leider zu säuerlich.

Zutaten

2 Selleriestangen, diagonal in Stücke geschnitten
2 Äpfel, Kerngehäuse entfernt, in Spalten geschnitten
200 g Trauben, halbiert
100 g Walnüsse
100 g Blauschimmelkäse (nach Wahl)
175 g Rucola
275 g Endiviensalat, grob zerpflückt

Für das Dressing

150 g Naturjoghurt
3 EL frisch gepresster Zitronensaft
1½ EL Dijonsenf
Salz und frisch gemahlener Pfeffer

Zubereitungszeit 15 Min. **Für** 6–8 Personen

Alle Zutaten für das Dressing vermengen und mit Salz und Pfeffer abschmecken.

Die Salatzutaten in einer Schüssel vermengen, mit der Hälfte des Dressings beträufeln und das restliche Dressing in einen Krug füllen und dazu servieren.

Sauerampfersuppe

Sauerampferblätter sind groß, leuchtend grün und pfeilförmig. Die glatten, knackigen Blätter schmecken leicht bitter und haben ein zartes Zitronenaroma. Man sollte sie besser nicht in großen Mengen verzehren, da sie reichlich Oxalsäure enthalten. Als Suppenzutat schmeckt Sauerampfer aber einfach köstlich.

Zutaten

4 EL Butter
75 g Schalotten, fein gehackt
900 g Sauerampfer, gehackt
3 EL Mehl
1 l heiße Brühe
2 Eigelb (Größe M)
75 g Crème double
Salz und frisch gemahlener Pfeffer

Zubereitungszeit 10 Min. **Garzeit** 30 Min. **Für** 4 Personen

3 EL Butter in einem Topf zerlassen. Die Schalotten darin 2–3 Minuten glasig braten.

Die Sauerampferblätter hinzugeben und vermengen. Einen Deckel auflegen und unter gelegentlichem Rühren bei niedriger Hitze 10 Minuten garen. Das Mehl einrühren und weitere 3 Minuten garen.

Die heiße Brühe unter ständigem Rühren hinzugießen. Alles 2–3 Minuten köcheln lassen, dann vom Herd nehmen.

Eigelb und Crème double in einer feuerfesten Schüssel verquirlen. 1 EL heiße Suppe zur Crèmemischung geben und verquirlen. Dreimal wiederholen (dies verhindert, dass die Eimischung stockt, wenn man sie in die heiße Suppe einrührt).

Die heiße Ei-Crème-Suppen-Mischung unter ständigem Rühren zur Suppe hinzufügen. Restliche Butter hinzugeben und alles bei niedriger Hitze weitere 5 Minuten garen. Nicht aufkochen! Sofort servieren.

Austern

Traditionell isst man Austern und andere Meeresfrüchte aus britischen Gewässern nur in Monaten mit R, damit sich die Bestände im Sommer erholen können.

Wie bei Miesmuscheln sollten Sie auch bei der Zubereitung von Austern darauf achten, dass sie nicht offen sind oder stark riechen. Zum Öffnen benötigen Sie ein spezielles Austernmesser und ein dickes Geschirrtuch. Die Oberseite der Auster ist flach, das Scharnier befindet sich am dicken Ende der Schale. Legen Sie eine Hand auf das Geschirrtuch, und schieben Sie mit der anderen Hand das Messer hinein, um das Scharnier zu öffnen. Dann gleiten Sie mit dem Messer bis zu der Stelle, wo die Schalenhälften miteinander verbunden sind.

Ich esse sie am liebsten roh mit etwas Tabasco und Zitronensaft. Doch auch mit Thymian-Knoblauch-Butter schmecken sie hervorragend.

Hähnchen mit Estragon

Meine Mutter und ich hatten eine gute Freundin, eine ganz besondere Dame namens Mary Crowdy. Wie wir verbrachte sie möglichst viel Zeit in Cornwall am Meer. Sie reiste und sang gern und kannte die besten Geschichten und Limericks. Ähnlich wie meine Mutter hatte sie einige Lieblingsgerichte, darunter Hähnchen mit Estragon. Ich hoffe, dass es sich Mary und meine Mutter im Himmel gemütlich machen und dort mit einem Glas (Highclere Castle) Gin and Tonic zusammen EastEnders *im Fernsehen anschauen.*

Estragon ist eines der vier fines herbes *der französischen Küche (neben Petersilie, Kerbel und Schnittlauch). Sein herausstechendes Aroma passt besonders gut zu Hähnchen- und Fischgerichten.*

Zutaten

- 2 EL Pflanzenöl, plus etwas zum Einfetten
- 6 Hähnchenbrust, ohne Haut
- 2 Zwiebeln, gehackt
- 2 Knoblauchzehen, zerdrückt
- 500 ml Hühnerbrühe
- 1 kleines Bund frischer Estragon
- Speisestärke (nach Belieben)
- 250 g Spargel, geschält und Enden abgeschnitten
- gekaufter Blätterteig (oder Rezept, siehe Seite 214)
- Salz und frisch gemahlener Pfeffer

Zubereitungszeit 10 Min. **Garzeit** 20 Min. **Für** 6 Personen

Den Backofen auf 180 °C vorheizen.

Das Öl in einer großen beschichteten Pfanne erhitzen. Die Hähnchenstücke salzen und pfeffern und portionsweise anbraten. Zwiebeln und Knoblauch hinzufügen und braten, bis das Hähnchen leicht angebräunt ist und die Zwiebeln weich sind.

Mit der Brühe übergießen, einige Stängel Estragon hinzufügen und alles zum Köcheln bringen. 10 Minuten köcheln lassen.

Die Sauce bei Bedarf mit etwas Speisestärke andicken (vorher in etwas Wasser auflösen).

Den restlichen Estragon hacken und mit dem Spargel zum Hähnchen geben. Dann die Mischung in eine feuerfeste, eingefettete Schale füllen.

Den Blätterteig aufrollen und auf die Größe der Schale zuschneiden. Mit einem Gitterroller fest darüberrollen. Das Gitter auf die Hähnchenfüllung legen und am Rand fest andrücken.

20 Minuten backen, bis der Teig goldbraun ist.

Passt gut zu neuen Kartoffeln und grünem Salat sowie einem Schälchen Crème fraîche.

Lamm-Quitten-Tajine

Zutaten

3 EL natives Olivenöl extra
1 kg Lammschulter, gewürfelt
2 Zwiebeln, in Scheiben geschnitten
1 Stück frischer Ingwer (5 cm), fein gerieben
3 Knoblauchzehen, fein gehackt
1 Zimtstange
2 TL gemahlener Kreuzkümmel
1 TL gemahlener Ingwer
2 TL gemahlener Koriander
2 TL Paprikapulver
200 g stückige Tomaten (frisch oder aus der Dose)
2 EL Harissapaste
1 kleine Prise Safran
2 EL Honig
1 eingelegte Zitrone, fein gewürfelt
abgeriebene Schale und frisch gepresster Saft von 1 unbehandelten Zitrone
750 ml Lammbrühe
1 Dose Kichererbsen (400 g), gewaschen und abgetropft
Meersalz und frisch gemahlener Pfeffer

Für die Quitten

1 kg Quitten, geschält, Kerngehäuse entfernt und geviertelt
40 g Butter
abgeriebene Schale und frisch gepresster Saft von 1 unbehandelten Zitrone
2 EL Honig
2 EL feiner Zucker
1 Prise gemahlener Zimt

Zum Servieren

50 g Mandelblättchen, geröstet
je 1 Handvoll Koriandergrün und Minzeblätter, gehackt

Tajine ist die nordafrikanische Bezeichnung eines Keramikgefäßes und des darin zubereiteten Eintopfs. Die flache Schale, in der das gewürzte Fleisch mit Gemüse langsam gegart wird, hat einen hohen konischen Deckel. Tajine wird oft mit Hähnchen, Oliven, Zwiebeln, eingelegten Zitronen und der typischen Gewürzmischung zubereitet. Bei diesem Rezept haben wir uns für eine Variante mit Lamm und Quitten entschieden.

Geordie hat fast am gleichen Tag Geburtstag wie eine meiner Schwestern. Deshalb verbrachten wir einmal gemeinsam eine herrliche Geburtstagswoche in Marokko – dieses Gericht erinnert mich an Wanderungen am Fuße des Atlasgebirges und an den berühmten Basar von Marrakesch.

Zubereitungszeit 1 Std. **Garzeit** 1 Std. 30 Min. **Für** 6 Personen

1 EL Öl in einem großen Schmortopf erhitzen, das Lammfleisch darin portionsweise anbraten und dann herausnehmen.

Das restliche Öl hinzugeben und die Zwiebeln darin glasig braten.

Ingwer und Knoblauch hinzufügen und 1 Minute braten. Die restlichen Gewürze (außer der Zimtstange) hinzugeben und 1 weitere Minute braten.

Tomaten, Harissapaste, Honig und Zimtstange hinzufügen und alles 2–3 Minuten köcheln lassen.

Das Lammfleisch wieder in den Schmortopf geben und eingelegte Zitrone, Zitronenabrieb, -saft und Brühe hinzufügen. Alles mit Salz und Pfeffer abschmecken, den Deckel auflegen und unter gelegentlichem Rühren 1 Stunde köcheln lassen.

Die Kichererbsen hinzugeben und weitere 30 Minuten ohne Deckel köcheln lassen, bis die Sauce leicht eingekocht und das Lammfleisch zart ist.

Die Quitten inzwischen in einem Topf mit kochendem Wasser 15 Minuten fast weich garen. Gut abtropfen lassen und mit Butter, Zitronenabrieb und -saft, Honig, Zucker, Zimt und etwas Kochflüssigkeit aus dem Schmortopf in eine Pfanne geben. Unter gelegentlichem Wenden sanft köcheln lassen, bis die Quitten ganz weich sind.

Die Quitten auf das Lammfleisch im Schmortopf legen. Mit Mandelblättchen, Koriandergrün und Minze bestreuen. Heiß mit Couscous servieren.

Wildentenconfit

Wacholderbeeren und wärmende Gewürze passen gut zum festen, gehaltvollen Fleisch der Wildenten.

Zutaten

- 6 Entenkeulen
- 4 EL grobes Salz (ca. 15 g Salz pro kg Entenkeulen)
- 1 Zimtstange
- 3 Sternanis
- 1 Stück Ingwer (2 cm), geschält und gehackt
- 8 Wacholderbeeren
- 6 schwarze Pfefferkörner
- 1 Schalotte, gehackt
- 3 Knoblauchzehen, zerdrückt
- 2 Lorbeerblätter
- Entenschmalz zum Bestreichen und Anbraten
- Salz und frisch gemahlener Pfeffer

Zubereitungszeit 20 Min. **Garzeit** 3 Std. **Für** 6 Personen

Für das Entenconfit …

Die Keulen in einen tiefen Bräter legen und mit Salz und Pfeffer würzen. Zimt, Sternanis, Ingwer, Wacholderbeeren, Pfefferkörner, Schalotte, Knoblauch und Lorbeerblätter hinzugeben.

Den Backofen auf 140 °C vorheizen.

Die Keulen mit Entenschmalz bestreichen, in Backpapier oder Alufolie wickeln. 2–3 Stunden braten, bis das Fleisch sehr zart ist und der Knochen sich durch Drehen aus dem Fleisch lösen lässt.

Die gegarten Entenkeulen vorsichtig aus dem Fett nehmen. Das Fett beiseitestellen. Die Keulen zum Abkühlen auf ein Backofengitter legen und überschüssiges Fett abtropfen lassen.

Das Entenconfit ist im Kühlschrank mindestens 4 Tage haltbar, wenn es vollständig von Öl oder von dem beim Braten ausgelassenen Fett bedeckt ist (siehe auch Tipp aus der Küche).

Zum Servieren …

Etwas Bratfett in einer Pfanne erhitzen. Die konfierten Keulen mit der Haut nach unten hineinlegen und 2–3 Minuten braten, bis die Haut knusprig und das Fleisch durcherhitzt ist.

Die Entenkeulen mit Herbstgemüse (nach Wahl) servieren. Wir servieren Entenkeulen häufig mit Karotten, Kürbis und Speiserüben.

Tipp aus der Küche

Entenkeulenconfit kann gut im Voraus zubereitet und vielseitig verwendet werden. Dazu das Fleisch direkt nach dem Braten in ein sterilisiertes Schraubglas oder einen luftdichten Plastikbehälter geben und mit dem heißen Fett bedecken. Abkühlen lassen und dann verschließen.

Theoretisch hält sich das Fleisch im Glas mehrere Monate bzw. mehrere Wochen im Plastikgefäß, wenn man es im Kühlschrank aufbewahrt. Doch es schmeckt so köstlich und ist für ein luxuriöses Mittag- oder Abendessen perfekt geeignet, sodass Sie es gar nicht lange aufheben werden!

Beef Pie mit Biersauce

Pies sind immer beliebt. Diese Version enthält wie jeder ordentliche Pie etwas Gemüse, kann aber wunderbar mit Wirsing als Beilage serviert werden. Er schmeckt so köstlich, dass Sie sich beim Essen an das Motto »Alles in Maßen« halten sollten.

Zutaten

- 6 EL natives Olivenöl extra, plus etwas zum Einfetten
- 2 große Zwiebeln, in dünne Ringe geschnitten
- 4 Karotten, in Scheiben geschnitten
- 3 Selleriestangen, in Scheiben geschnitten
- ½ Knoblauchknolle, zerdrückt
- 3 EL Mehl zum Bestäuben
- 1 kg Rinderhesse (Vorderbein), gewürfelt
- 570 ml Ale oder anderes Bier
- 300 ml Rinderbrühe
- 3–4 Zweige frischer Rosmarin
- Blitzblätterteig (siehe Rezept unten oder gekaufter Blätterteig)
- 1 Ei (Größe M), verquirlt
- Salz und frisch gemahlener Pfeffer

Zubereitungszeit 25 Min. **Garzeit** 2 Std. **Für** 6 Personen

Für die Füllung ...

Den Backofen auf 160 °C vorheizen.

2 EL Öl in einer großen Pfanne bei mittlerer Hitze heiß werden lassen. Zwiebeln, Karotten, Sellerie und Knoblauch hinzugeben und leicht anbräunen. In einen großen Bräter mit Deckel umfüllen.

Das Mehl in eine flache Schüssel geben und Salz und Pfeffer hinzufügen. Jedes Fleischstück im Mehl wenden. Überschüssiges Mehl abschütteln.

Die Pfanne, in dem das Gemüse gebraten wurde, wieder erhitzen. Restliches Öl hinzugießen und das Rindfleisch darin portionsweise anbräunen. Dann das Rindfleisch zum Gemüse geben.

2–3 EL Bier in die Pfanne geben, am Boden anhaftende Röstaromen ablösen und alles in den Bräter gießen.

Restliches Ale und die Brühe ebenfalls in den Bräter gießen und die Rosmarinzweige zwischen die Fleischstücke stecken. Den Deckel auflegen.

Im Backofen 2 Stunden schmoren, bis das Fleisch ganz zart und die Sauce eingedickt ist.

Für den Pie ...

Den Teig aus dem Kühlschrank nehmen und etwa ½ cm dick auf die Größe einer Pie-Form ausrollen.

Die Füllung in die eingefette Pie-Form geben und mit dem Teig abdecken. Den Teigdeckel mit Ei bestreichen und mit Salz und Pfeffer würzen. 20 Minuten backen, bis der Teigdeckel goldbraun ist. Sofort servieren.

Blitzblätterteig

Zutaten

- 90 g kalte Butter, gewürfelt
- 175 g Mehl
- 1 Prise Salz

Zubereitungszeit 10 Min., plus mind. 1 Std. Kühlzeit

Die Butter mit Mehl und Salz mischen und mit den Fingern zu Bröseln zerreiben.

Etwas kaltes Wasser hinzufügen und alles zu einem glatten Teig verarbeiten (nicht zu stark kneten).

In Frischhaltefolie wickeln und vor der Verwendung 1 Stunde kalt stellen.

BUTLER'S BREW

Lasagne mit Wildpilzen

Feste Pilze sind ein hervorragender Fleischersatz, müssen sich aber auch als eigenständige Zutat nicht verstecken. Mein Mann liebt Gerichte mit viel Sahne über alles – genau wie seine Mutter und seine Urgroßeltern früher. Bevor Sie dieses Gericht genießen, empfehle ich Ihnen einen langen Herbstspaziergang.

Zubereitungszeit 30 Min., plus Kühlzeit
Garzeit 30 Min. **Für** 6–8 Personen

Zutaten

100 g Butter, plus etwas für die Pilze und zum Einfetten
60 g Mehl
1,2 l Vollmilch
1 Prise frisch geriebene Muskatnuss
300 ml Crème double
3 EL frisch gehackte glatte Petersilie
75 g Parmesan, frisch gerieben
1 EL natives Olivenöl extra
600 g gemischte Waldpilze, in dicke Scheiben geschnitten
1 Knoblauchzehe, zerdrückt
50 ml trockener Weißwein
25 g getrocknete Steinpilze, in 100 ml Gemüsebrühe eingeweicht
300 g frische Lasagneblätter
Salz und frisch gemahlener Pfeffer

Den Backofen auf 200 °C vorheizen.

100 g Butter in einem Topf bei niedriger Hitze zerlassen, das Mehl hinzugeben und 1 Minute unter Rühren anschwitzen. Dann unter ständigem Rühren nach und nach die Milch hinzugießen, bis die Mischung glatt und eingedickt ist.

Mit Salz, Pfeffer und Muskatnuss würzen. Crème double, Petersilie und 30 g Parmesan unterrühren. Den Topf vom Herd nehmen und die Sauce auf Zimmertemperatur abkühlen lassen.

1 EL Butter und das Olivenöl in einer großen Pfanne erhitzen und die Pilze 2 Minuten sautieren.

Den Knoblauch unterrühren und 1 weitere Minute braten. Mit Salz und Pfeffer würzen, dann Wein und Steinpilze mit der Einweichflüssigkeit hinzufügen und unter ständigem Rühren braten, bis die Flüssigkeit vollständig verdampft ist.

Die Pilzmischung in die Sauce rühren.

Für die Lasagne eine ofenfeste Form (25 x 15 cm) mit Butter einfetten und den Boden mit einer Schicht leicht überlappender Lasagneblätter bedecken. Ein Viertel der Pilzsauce darauf verteilen und dann abwechselnd Lasagneblätter und Sauce einschichten. Mit einer Schicht Sauce abschließen. Mit dem restlichen Parmesan bestreuen, mit Frischhaltefolie abdecken und 30 Minuten kalt stellen.

Die Frischhaltefolie entfernen und die Lasagne 30 Minuten backen.

Gefüllter Kürbis für alle

Dieses Gericht macht einfach Spaß: Stellen Sie den gefüllten Kürbis in die Mitte des Tischs, sodass sich jeder selbst bedienen kann. Wenn Sie gern vegetarisch essen, ist dieses Rezept perfekt. Sie können den Kürbis auch mit Reis und Pilzen, mit Makkaroni und Käse oder mit Suppe füllen.

Zutaten

abgeriebene Schale und frisch gepresster Saft von 1 unbehandelten Zitrone
1 große Fenchelknolle, in dünne Scheiben geschnitten
1 Apfel, geschält, Kerngehäuse entfernt, in dünne Scheiben geschnitten
1 mittelgroßer Kürbis (ca. 1 kg)
4 EL natives Olivenöl extra
100 g Wildreis, abgespült
1 EL Fenchelsamen
½ TL Chiliflocken
2 Knoblauchzehen, zerdrückt
30 g Pekannüsse, geröstet und grob gehackt
50 g frisch gehackte Petersilie
3 EL Tahini
Granatapfelkerne zum Servieren
Meersalz und frisch gemahlener Pfeffer

Zubereitungszeit 15 Min. **Garzeit** 1 Std. **Für** 4 Personen

Den Backofen auf 200 °C vorheizen.

Die Hälfte des Zitronensafts über Fenchel und Apfel gießen, damit sie sich nicht verfärben.

Die Oberseite des Kürbisses abschneiden und die Kerne entfernen. Den Kürbis auf ein Backblech stellen, mit 2 EL Öl innen und außen bestreichen und mit Salz und Pfeffer würzen. Den Deckel danebenlegen. 45 Minuten backen, bis er weich ist.

Inzwischen den Wildreis gemäß Packungsanweisung garen und anschließend abtropfen lassen.

Die restlichen 2 EL Öl in einer Pfanne erhitzen. Fenchelsamen und Chiliflocken anbraten. Sobald die Samen zu springen beginnen, die Hälfte des Knoblauchs und den Fenchel hinzufügen. 5 Minuten braten, bis der Fenchel weich ist. Apfel, Pekannüsse und Zitronenabrieb einrühren. Vom Herd nehmen und zum Reis geben.

Die Petersilie unterrühren. Mit Salz und Pfeffer abschmecken.

Die Mischung in den Kürbis füllen, den Kürbis wieder in den Backofen schieben und 10–15 Minuten garen.

Für das Dressing restlichen Zitronensaft, Tahini, restlichen Knoblauch und etwas Wasser verquirlen. Den Kürbis damit übergießen und mit Granatapfelkernen bestreuen.

Kürbissuppe

In der Kürbissaison schnitzen Kinder und jung gebliebene Erwachsene eifrig Kürbisgesichter. Werfen Sie das Fruchtfleisch nicht weg! Sie können daraus eine exzellente Suppe für die fleißigen Schnitzer zubereiten.

Zutaten

2 EL natives Olivenöl extra
2 Zwiebeln, fein gehackt
1 kg Kürbis, Kerne entfernt, Fruchtfleisch gehackt
700 ml Gemüse- oder Hühnerbrühe
150 ml Crème double oder Kokosmilch

Für die Croûtons

4 Scheiben Vollkornbrot, Kruste entfernt
2 EL natives Olivenöl extra
1 Handvoll Kürbiskerne

Zubereitungszeit 20 Min. **Garzeit** 30 Min. **Für** 6 Personen

Das Öl in einem großen Topf langsam erhitzen und die Zwiebeln 5 Minuten weich braten.

Das Kürbisfruchtfleisch hinzugeben und unter gelegentlichem Rühren 8–10 Minuten braten, bis es weich und goldbraun wird.

Die Brühe hinzugießen und mit Salz und Pfeffer würzen. Zum Kochen bringen und 10 Minuten köcheln lassen, bis der Kürbis sehr weich ist.

Vom Herd nehmen, die Crème double oder Kokosmilch hinzufügen und alles mit dem Pürierstab pürieren. Wer die Suppe besonders sämig haben möchte, kann sie nach dem Pürieren durch ein feines Sieb streichen.

Für die Croûtons das Brot in kleine Würfel schneiden. Das Öl in einer Pfanne erhitzen und das Brot darin knusprig rösten.

1 Handvoll Kürbiskerne in die Pfanne geben und alles 1–2 Minuten rösten.

Die Suppe mit Croûtons und Kürbiskernen bestreuen und servieren.

Tarte Tatin mit Feigen

Bei diesem Rezept liegen Feigenhälften in einem buttriges Teignest. Darin werden sie gebacken, bis sie karamellisiert sind und köstlich dekadent schmecken.

Die Haselnüsse können Sie auch weglassen, falls Ihre Gäste dagegen allergisch sind. Diese Nüsse enthalten jedoch herzstärkende Inhaltsstoffe und Vitamine.

Zutaten

50 g Butter
50 g feiner Zucker
1 Vanilleschote, längs halbiert, Mark herausgeschabt
6–7 frische Feigen
320 g gekaufter Blätterteig
1 Ei (Größe M), verquirlt
25 g Haselnüsse, gehackt und geröstet

Zubereitungszeit 15 Min. **Garzeit** 25 Min. **Für** 4 Personen

Den Backofen auf 200 °C vorheizen.

Butter und Zucker in einer feuerfesten Pfanne bei mittlerer Hitze zerlassen. Vanilleschote und Mark hinzugeben. Sobald der Zucker karamellfarben wird, die Pfanne vom Herd nehmen und die Vanilleschote entfernen.

Die Feigen halbieren und mit der Schnittseite nach unten in der Pfanne verteilen und anbraten. 2 Minuten abkühlen und den Zucker fest werden lassen.

Den Blätterteig ausrollen und einen Kreis ausschneiden, der 2 cm über den Rand der Pfanne hinausragt. Über die Feigen legen und an den Pfannenrand drücken. Den Teigdeckel mit einer Gabel einstechen, mit verquirltem Ei bestreichen und alles 20–25 Minuten im Backofen backen.

Herausnehmen und 5–10 Minuten in der Pfanne abkühlen lassen. Dann die Tarte Tatin auf einen Teller stürzen. Mit den Haselnüssen bestreuen und warm servieren.

Crumble mit Pfirsich und Haferflocken

Zutaten

30 g kalte Butter, gewürfelt, plus etwas zum Einfetten
150 g Mehl
100 g brauner Zucker, plus etwas nach Belieben
50 g Haferflocken
8 Pfirsiche, mit Haut, entkernt
1 Vanilleschote
abgeriebene Schale und frisch gepresster Saft von 1 unbehandelten Zitrone

Zubereitungszeit 20 Min. **Garzeit** 25 Min. **Für** 6 Personen

Den Backofen auf 200 °C vorheizen. Eine feuerfeste Form einfetten.

Butter, Mehl und die Hälfte des Zuckers mit den Fingerspitzen zu feinen Bröseln zerreiben. Die Butter sollte möglichst kalt bleiben.

Die Haferflocken hinzugeben und alles vermengen.

Die Pfirsiche vierteln und in einem Topf mit etwas Butter einige Minuten garen (nicht bräunen). Restlichen Zucker, Vanilleschote, Zitronenabrieb und -saft hinzufügen. Nach Belieben noch etwas Zucker hinzufügen.

Die Pfirsiche in die feuerfeste Form geben und mit der Crumble-Mischung bedecken. 20 Minuten backen, bis der Crumble goldbraun ist.

Auf Schälchen verteilen und heiß servieren. Nach Belieben Sahne, Vanillesauce oder Eis dazu servieren!

Gebackene Pfirsiche

Die weißen Pfirsiche (und Aprikosen, siehe Bild oben) wachsen im Mönchsgarten an der hinteren Mauer unseres Pfirsichhauses. Das Pflücken (und Essen) zählt zu den schönsten Momenten im Jahr. Dieses Rezept ist perfekt für Pfirsiche, die noch nicht reif genug oder aber überreif sind. Sie benötigen dafür nur etwas Honig. Thymian oder Zimt mit braunem Zucker passt aber auch gut.

Zutaten

12 reife Pfirsiche
Butter zum Einfetten
8 TL flüssiger Honig
1 TL Vanilleextrakt

Zubereitungszeit 10 Min. **Garzeit** 15 Min. **Für** 6 Personen

Den Backofen auf 180 °C vorheizen.

Die Pfirsiche halbieren und entkernen. Mit der Schnittseite nach oben in eine eingefettete feuerfeste Form legen. Mit Honig und Vanilleextrakt beträufeln.

10–15 Minuten backen, bis sie weich sind, aber nicht zerfallen.

Mit Sahne oder Crème fraîche servieren.

Bananenbrot

Die ideale Verwertungsmethode für leicht überreife Bananen. Aber bitte werfen Sie die Schalen gleich weg, damit Sie nicht darauf ausrutschen.

Zutaten

140 g Butter, plus etwas zum Einfetten der Kastenform
140 g feiner Zucker
2 Eier (Größe L), verquirlt
140 g Mehl
2 TL Backpulver
2 sehr reife Bananen, zerdrückt

Zubereitungszeit 15 Min. **Garzeit** 50–55 Min. **Ergibt** 1 Brot

Den Backofen auf 180 °C vorheizen.

Eine Kastenform einfetten und mit Backpapier auslegen.

Butter und Zucker in einer Schüssel schaumig schlagen.

Die Eier nacheinander hinzufügen. Dabei jeweils 1 EL Mehl hinzugeben.

Restliches Mehl, Backpulver und Bananen hinzugeben und alles vermengen.

Den Teig in die Kastenform füllen und 50 Minuten backen, bis der Kuchen gar ist. Gegen Ende der Backzeit alle 5 Minuten die Stäbchenprobe machen (es sollte beim Herausziehen kein Teig mehr daran haften).

10 Minuten in der Form abkühlen lassen und dann auf ein Gitter stürzen.

Brombeeren

Brombeersträucher wachsen entlang von Hecken und Waldrändern. Ende August sind sie schließlich reif. Meist sind sie etwas kleiner als die Exemplare aus dem Supermarkt, dafür aber wesentlich süßer. Pflücken Sie nur die Beeren ab Kniehöhe. Nicht aufgegessene Beeren lassen sich gut einfrieren. Waschen Sie sie erst vor dem Verzehr.

Brombeerkuchen Upside-Down

Zutaten

Für den Kuchen

350 g Brombeeren
150 g Butter
200 g feiner Zucker
3 Eier (Größe L)
150 g Mehl
1½ TL Backpulver
30 g gemahlene Mandeln

Für die Obstschicht

50 g Butter, plus etwas zum Einfetten
115 g feiner Zucker

Zubereitungszeit 15 Min. **Garzeit** 50 Min. **Für** 4–6 Personen

Den Backofen auf 180 °C vorheizen. Eine runde Springform (ø 25 cm) einfetten.

Für die Obstschicht Butter in einem Topf bei niedriger Hitze zerlassen. Zucker hinzufügen und 3–4 Minuten unter Rühren sanft erhitzen. In die Form füllen und die Mischung glatt streichen. Die Beeren darauf verteilen.

Für den Kuchen Butter und Zucker schaumig rühren. Die Eier nach und nach unterrühren.

Mehl und Backpulver dazusieben und einarbeiten. Dann die Mandeln unterheben.

Den Teig auf den Brombeeren verteilen und 50 Minuten backen. Den Kuchen mit Alufolie abdecken, falls er zu braun wird. Vor dem Stürzen 10 Minuten in der Form abkühlen lassen. Vor dem Servieren noch einmal 10 Minuten abkühlen lassen. Sonst sind die Beeren zu heiß.

Brombeer-Clafoutis

Zutaten

1 EL Zucker
25 g Butter, plus etwas zum Einfetten
2 Eier (Größe M), leicht verquirlt
275 ml Vollmilch
50 g Mehl, gesiebt
70 g feiner Zucker
1 Prise Salz
300 g Brombeeren (oder Blaubeeren bzw. Dörrpflaumen)
abgeriebene Schale und frisch gepresster Saft von ½ unbehandelten Zitrone

Zubereitungszeit 20 Min. **Garzeit** 30 Min., plus Ruhezeit **Für** 6–8 Personen

Den Backofen auf 200 °C vorheizen. Eine runde Springform (24 cm ø) einfetten und mit 1 EL Zucker ausstreuen.

Die Butter bei niedriger Hitze in einem Topf zerlassen. Vom Herd nehmen und vorsichtig Eier und Milch einrühren.

Mehl, feinen Zucker und Salz in einer Schüssel vermengen. Unter Rühren langsam die Eimischung zugießen, bis ein glatter Teig entsteht.

Beeren, Zitronenabrieb und -saft in eine Schüssel geben und die Beeren vorsichtig mit der Rückseite eines Löffels zerdrücken (nicht vollständig zerquetschen). Alles vorsichtig vermengen. Die Beeren in der Kuchenform verteilen und mit dem Teig bedecken. Die Form leicht schütteln, damit keine Luftblasen verbleiben. Den Kuchen 30 Minuten backen, bis er fest und schön gebräunt ist.

Danach 10 Minuten ruhen lassen. Es ist nicht schlimm, wenn er etwas zusammenfällt.

Am besten schmeckt dieser Clafoutis mit reichlich Crème double. Servieren Sie ihn im Freien oder drinnen bei offenen Türen und Fenstern.

Brombeerkuchen Upside-Down →

Heckenbüfett

Nicht nur für Vögel sind Hecken das reinste Festmahl. Pflanzen Sie eine essbare Hecke und pflücken Sie im Herbst die dicken vitaminreichen Hagebutten der Hundsrose (Rosa canina). *Auch die Früchte der Kartoffelrose* (Rosa rugosa) *lassen sich zu Sirup verarbeiten. Holunder* (Sambucus) *setzt am Ende einer Hecke mehr Blüten an und trägt im Spätsommer folglich mehr Früchte. Schlehen wachsen an dornigen Zweigen, die Vögeln guten Unterschlupf bieten … und was gibt es an einem kalten Tag Besseres als selbst angesetzten Schlehengin?*

Gin mit Kriechen-Pflaumen oder Schlehen

Zutaten

500 g Kriechen-Pflaumen oder Schlehen
250 g feiner Zucker oder bei Verwendung von Schlehen bis zu 50% mehr
1 Flasche Gin (1 l)

Zubereitungszeit 30 Min., plus Tiefkühl- und Ziehzeit
Ergibt 1½ l

Die Früchte waschen, trocken tupfen und in einem Gefrierbeutel über Nacht tiefkühlen. Am nächsten Tag die Früchte (in der Tüte) mit dem Nudelholz einige Male schlagen, damit die äußere Haut aufplatzt. Die Früchte zu gleichen Teilen auf 2 sterilisierte 1-l-Einmachgläser verteilen.

Zucker und Gin auf die beiden Einmachgläser verteilen, die Gläser verschließen und gut schütteln. Schlehen sind sehr bitter, deshalb nach Bedarf mehr Zucker verwenden.

Eine Woche lang täglich gut schütteln, bis sich der Zucker ganz aufgelöst hat. Dann an einem kühlen, dunklen Ort 2–3 Monate durchziehen lassen.

Den Gin durch ein Sieb abseihen und in sterilisierte Flaschen abfüllen.

Hagebuttensirup

Wenn ich an Hagebuttensirup nur denke, werde ich schon von Kindheitserinnerungen überwältigt. Er hatte immer so eine schöne rosa-orange Farbe und schmeckte unwiderstehlich. Wir tranken ihn mit Wasser verdünnt oder träufelten ihn auf Milchreis und Grießbrei.

Hagebutten enthalten 20-mal so viel Vitamin C wie Orangen. Ihre antientzündlichen Wirkstoffe können Arthritisbeschwerden lindern. Während des Zweiten Weltkriegs führte das Landwirtschaftsministerium eine nationale Hagebuttensammelwoche Ende September ein. Pfadfinder, Naturführer und andere Gruppen schwärmten aus, um die Hecken des Landes leer zu pflücken. Die Rekordsammelaktion von 1941 erbrachte 200 Tonnen Hagebutten, die zu 600 000 Flaschen Hagebuttensirup verarbeitet wurden.

Zutaten

1 kg Hagebutten
1 l Wasser
feiner Zucker

Zubereitungszeit 30 Min. **Garzeit** 15 Min.

Die Hagebutten gründlich waschen und im Mixer grob zerkleinern. In einen großen Topf geben und mit 1 l Wasser aufgießen. Zum Kochen bringen, die Temperatur reduzieren und 15 Minuten köcheln lassen.

Ein Mulltuch doppellagig über einer großen Schüssel befestigen. Die Hagebuttenmischung durch das Tuch abseihen und die Flüssigkeit abtropfen lassen. Zum Schluss sanft ausdrücken. Das Mulltuch auswaschen und die Flüssigkeit erneut abseihen.

Den Hagebuttensaft abmessen. Pro 500 ml Saft 400 g Zucker hinzufügen.

Die Zucker-Saft-Mischung in einem Topf sanft erhitzen. Umrühren, bis sich der Zucker auflöst. Aufkochen und 2–3 Minuten köcheln lassen. Aufsteigenden Schaum abschöpfen und den Sirup sofort in sterilisierte Flaschen abfüllen.

Der Sirup ist 3 Monate haltbar. Nach dem Öffnen im Kühlschrank aufbewahren.

Marmeladen und Eingemachtes

Zur Herstellung von Marmeladen nimmt man Obst und Zucker zu gleichen Teilen. Bei besonders säuerlichem Obst wie z.B. Kriechen-Pflaumen brauchen Sie eventuell etwas mehr Zucker. Verwenden Sie Gelierzucker, der Pektin enthält und das Obst leichter gelieren lässt. Sehr saftiges Obst benötigt eine geringere Wasserzugabe. Falls Sie kein Küchenthermometer haben, mit dem Sie den Gelierpunkt bestimmen können, stellen Sie einen Unterteller in den Tiefkühler. Dann tropfen Sie etwas heiße Marmelade auf den kalten Teller. Wenn die Marmelade geliert, hat sie die richtige Temperatur erreicht und ist fertig.

Maulbeer- oder Schwarze Johannisbeermarmelade

Maulbeerbäume waren im 17. Jahrhundert sehr in Mode. Sie wachsen nur langsam und tragen köstliche Früchte, deren Saft Finger und alles, was damit in Berührung kommt, verfärbt. Man sollte sie sofort verzehren, da sie schnell verderben. Oder Sie machen eine Marmelade aus den Maulbeeren, die ähnlich wie schwarze Johannisbeeren eingekocht werden können.

Zutaten

2 kg Maulbeeren oder schwarze Johannisbeeren
600 ml Wasser
2,3 kg Zucker

Zubereitungszeit 15 Min. **Garzeit** 20 Min

Die gewaschenen Beeren in einem Topf mit 100 ml Wasser zum Kochen bringen und 5 Minuten köcheln lassen, bis sie zerfallen. Abkühlen lassen.

Falls Sie keine Kerne in der Marmelade haben möchten, seihen Sie die Masse ab und geben sie wieder in den Topf. Ansonsten die Masse einfach im Topf belassen.

Restliches Wasser und Zucker hinzufügen. Die Mischung umrühren, bis sich der Zucker auflöst.

Dann die Temperatur erhöhen und 10 Minuten sprudelnd kochen, bis das Kochthermometer 105 °C (Gelierpunkt) anzeigt. Falls Sie kein Thermometer besitzen, können Sie den Gelierpunkt bestimmen, indem Sie etwas Marmelade auf einen kalten Unterteller tropfen, der einige Minuten im Tiefkühler stand. Stupsen Sie die Marmelade nach einigen Minuten an – wenn die Oberfläche faltig wird, ist sie fertig.

Vom Herd nehmen. Schaum abschöpfen und 10–15 Minuten abkühlen lassen. Vorsichtig umrühren, sodass sich die Beeren gleichmäßig verteilen (falls Sie sie nicht abgeseiht haben). In sterilisierte Schraubgläser füllen. Die Marmelade ist 6 Monate haltbar.

Cranberry-Sauce

Die eigentlich säuerlich schmeckende Sauce wird in Amerika für Thanksgiving häufig gesüßt. Die Beeren wachsen dort wild, werden in Großbritannien aber nur in Gärten und auf landwirtschaftlich genutzten Flächen angebaut.

Zutaten

1 kg feiner Zucker
frisch gepresster Saft und abgeriebene Schale von 2 unbehandelten Orangen
100 ml Wasser
1 kg Cranberrys
je 1 Prise gemahlener Zimt und Fünf-Gewürze-Pulver

Zubereitungszeit 5 Min. **Garzeit** 10 Min.

Zucker, Orangensaft und Wasser in einem Topf zum Kochen bringen.

Cranberrys, Orangenabrieb und Gewürze hinzugeben und alles vermengen. 5–10 Minuten köcheln lassen, bis die Früchte weich sind, aber noch nicht zerfallen. Die Sauce vom Herd nehmen.

Die Sauce dickt beim Abkühlen ein. In einem luftdichten Behälter im Kühlschrank aufbewahren.

Mispelgelee

Mispeln sehen sehr eigenartig aus. Doch das hübsche, rosa Mispelgelee duftet fein und schmeckt zugleich süß und würzig. Es passt hervorragend zu kaltem Braten, zu Eintöpfen und kräftigen Saucen.

Zutaten

1 kg Mispeln, gehackt
600 ml Wasser
Zucker
2 EL frisch gepresster Zitronensaft

Zubereitungszeit 20 Min., plus Ruhezeit über Nacht **Garzeit** 30 Min.

Die Mispeln mit dem Wasser in einem Topf köcheln lassen, bis sie weich sind. Durch ein Mulltuch abseihen und den Saft auffangen.

Die Saftmenge abmessen und wieder in den Topf gießen. Pro 600 ml Saft 500 g Zucker hinzufügen.

Die Mischung umrühren, bis der Zucker sich auflöst. Den Zitronensaft hinzugießen. Köcheln lassen, bis der Gelierpunkt erreicht ist. Durch ein Mulltuch über Nacht in eine Schüssel abseihen.

In sterilisierte Schraubgläser abfüllen und verschließen.

WINTER

DER WINTER IST EINE MACHT, AUF DIE MAN GEFASST SEIN MUSS, EINE ZEIT, DIE GEIST, Herz und Körper herausfordert. Er ist kalt und stürmisch und mit vielen kulturellen wie landwirtschaftlichen Traditionen verknüpft – in dem, was wir essen, worauf wir verzichten, mit Festen und Danksagungen. Unsichtbare Fäden führen uns zusammen, eine faszinierende Mixtur aus Vernunft und Gefühl, Anlage und Umwelt, die trotz fortschreitender Urbanisierung noch immer nicht komplett vom Kreislauf des jahreszeitlichen Lebens abgetrennt ist.

WINTER, RAUER MANN

Die segensreichen fruchtbaren Felder und freundlichen Himmel. Zu ihren Gaben, an denen wir uns so beständig erfreuen, dass wir darüber leicht vergessen, welcher Quelle sie entstammen, sind andere, so ungewöhnliche hinzugekommen, dass sie uns unfehlbar ... wieder den vollen Genuss des Friedens, der Eintracht, der Ruhe und der Einheit bringen werden.

Abraham Lincoln (1809–1865)

Das erste Anzeichen im Kalender, dass der Herbst geht und dunklere Zeiten kommen, ist Halloween, wenn die Welten der Lebenden und der Toten sich vermischen. An Halloween, einst Teil der kirchlichen Allerseelen-Feiern, wandeln womöglich Geister auf Erden. Um ihnen zu entgehen, kleiden wir uns ähnlich wie sie, sodass sie uns für ihresgleichen halten und in Ruhe lassen.

Hinter dem Schloss, an der Stelle einer viel früheren angelsächsischen Andachtsstätte, finden sich die Überreste einer Kirche aus dem 17. Jahrhundert. Dahinter steht eine angeblich 1000-jährige Eibe, und wenn ich langsam über den grasbewachsenen Boden des ehemaligen Kirchenschiffs zwischen Säulenresten hindurch auf die Ruine zugehe, spüre ich, dass ich mich einem heiligen Ort nähere. Unter meinen Füßen nehme ich die dünnen Decken alter Grüfte wahr, und im schwindenden grauen Winterlicht erscheint mir der Spalt zwischen den Welten kaum ein paar Zentimeter tief.

Wird Schwarz mit Tod assoziiert und das Dunkelgrün der Eibe mit Grabstätten, erinnern uns die Orangetöne von Halloween an die Ernte und

das Sommerende. Heute stehen geschnitzte Kürbisse vor den Häusern für Halloween. Weniger bekannt ist, dass auch über der Tür aufgehängtes Fenchelkraut den Teufel fernhalten kann.

An Allerseelen am 2. November gedenken wir der Toten und backen für die Armen der Gemeinde Früchtebrot mit Zimt. Der Martinstag (11. November) war nach alter Tradition der letzte Tag, an dem man ungesalzenes Fleisch aß, das zum Glück schon lange nicht mehr auf unserem Speisezettel steht. Dann kommen der »Stir-up Sunday«, an dem Weihnachtskuchen gebacken werden, und Thanksgiving, ein überwiegend amerikanisches Fest, das sich auch bei uns in Großbritannien ausbreitet. 1863 erklärte Präsident Abraham Lincoln es zum staatlichen Feiertag.

Dann ist endgültig der Winter da, mit kurzen Tagen und langen Nächten, und das Land schläft. Wintersonnenwende, Weihnachten und die Tage bis zum Dreikönigstag bringen Licht und Struktur in unseren Alltag, bevor der »Plough Sunday« kommt, traditionell der Beginn des Landwirtschaftsjahrs, obwohl er im tiefsten Winter liegt. Der Tag des heiligen Hilarius (von lateinisch *hilaris*: heiter) am 13. Januar soll der kälteste und vielleicht auch trostloseste des Jahres sein: Weihnachten ist längst vorbei, aber der nicht enden wollende Januar noch nicht einmal halb herum. An diese Tradition erinnert das sogenannte Hilary-Trimester der Gerichte sowie mancher Universitäten und Schulen.

In dieser Zeit der in unseren Breitengraden tiefen Dunkelheit begleiten uns die Ghule und Geister aus Mythos und Literatur, ob schwermütig, Aufmerksamkeit heischend oder sogar boshaft. Wir haben aber auch hilfreichere Wesen an unserer Seite, wie beispielsweise Elfen, deren Name auf das altenglische Wort *ælf* (Geist) zurückgeht.

Die Burns-Nacht Ende Januar wird mit Haggis und Whisky begangen, bevor dann der vom angelsächsischen Geschichtsschreiber Beda Venerabilis »Sol-Monath« genannte Februar beginnt. Er beschrieb ihn als den »month of cakes«, weil an verschiedenen Tagen im Februar Göttern Kuchen dargebracht wurde. Heute ist der Valentinstag ein willkommener Farb- und Lichtpunkt vor den Entbehrungen der Fastenzeit und dem Ende des Winters.

Seit Jahrhunderten fast unverändert: die uralte, karge Landschaft um Beacon Hill.

Auf Highclere wird noch immer überwiegend saisonal, regional und traditionell gekocht. Natürlich ist unser heutiges Leben stärker von Maschinen und Technik geprägt, aber auf denselben Feldern werden die gleichen Nutzpflanzen gezogen, in denselben Obstgärten gedeihen viele der gleichen Sorten, Gemüse und Kräuter entsprechen denen vor 1000 Jahren. Und das Gleiche trifft auf die Nutztiere auf den Weiden zu.

DIE BRITISH-LOP-SCHWEINE

Wenn Sie sich bergab vom Schloss entfernen, stoßen Sie gleich hinter dem ummauerten Garten auf mehrere Cottages mit bewaldeten, überwucherten Bereichen dahinter. Der Weg fällt weiter zu einem Feld mit grasenden Schafen ab; davor liegt eine Brownsche Gruppe Zedern und Eichen. In früheren Jahrhunderten Teil der *ferme ornée*, hatte dieser Bereich sich zu einem Areal entwickelt, in dem Schafe sich oft gefährlich verhedderten, wie sie es gern tun, und schwer zu finden und zu retten waren. Als unser landwirtschaftlicher Leiter Simon und ich, auf ein verbogenes, altes Metalltor gestützt, einmal den Hang betrachteten, überlegten wir, ob die Lösung im Kauf von ein paar Schweinen liegen könnte. Aufgeregt gingen wir auseinander, um uns über passende Rassen zu informieren.

Ich war ganz vertieft in die Lektüre über die Schweinezuchtanstrengungen früherer Carnarvons, da rief Simon an und meinte, wir sollten ein paar British Lops kaufen. Er kennt sich gut mit Schweinen aus und ist offen für Innovationen. Eine Woche später trafen zwei Jungsäue von der Trevaskis Farm in Cornwall ein. Ich hatte mir niedliche kleine Ferkel wie in dem Film *Ein Schweinchen namens Babe* vorgestellt, aber die beiden waren schon ziemlich groß. Sie gewöhnten sich schnell ein, schienen aber zunächst wenig gegen das verfilzte Gestrüpp auszurichten. Doch schon ein paar Wochen später war der Anblick ein völlig anderer: Der Boden sah wie professionell gefräst aus.

Wir tauften die beiden Jungsäue Thelma und Louise. British-Lop- oder British-Lop-Eared-Schweine sind verträglich und können gut im Freien leben. Sie sind eine gefährdete alte Rasse; einmal existierten weltweit nur noch 100 Zuchtsäue. Auf Highclere gab es natürlich auch früher schon Schweine. Der 5. Earl besaß einen preisgekrönten Bestand alter Berkshires, sein Vater züchtete auch Schweine, ebenso seine Großmutter Henrietta, die 3. Countess of Carnarvon. Mein Schwiegervater war nach Ende des Zweiten Weltkriegs aktiver Landwirt und siedelte um ein paar Hofgebäude auf den Hügeln oberhalb von Highclere ebenfalls eine Schweineherde an.

Daher war uns Eber Ernie, den wir bei Trevaskis für einen Monat ausliehen, um uns auf ein paar Frühlingsferkel freuen zu können, sehr willkommen. Säue haben eine sehr kurze Tragezeit: Die Ferkel kamen drei Monate, drei Wochen und drei Tage, nachdem Ernie die Säue gedeckt hatte. Inzwischen haben wir selbst einen Eber, Arthur, benannt nach König Arthur. Zu Thelma und Louise gesellten sich drei weitere Jungsäue: Lady Mary, Lady Edith und Lady Sybil, wobei Letztere inzwischen beim Farmer Adam Henson lebt und im BBC-TV-Programm *Countryfile* auftritt. Mit Lady Violet und Lady Cora haben wir die Zahl der Zuchtsäue bis an die Grenze des Machbaren erhöht.

Den Unterschieden in Figur und Lebensstil zum Trotz haben Menschen und Schweine einiges gemeinsam. Wenn ich auf unsere Schweine zugehe, begrüße ich sie und plaudere mit ihnen. British Lops lassen sich gern kraulen und erkennen einzelne Menschen. Sie merken sich Dinge und unterscheiden Gerüche, riechen selbst übrigens verblüffend sauber. Sie suhlen sich und pflügen die Felder und sind nicht immer leicht zu lenken: Als Thelma und Louise das letzte Mal paarungsbereit waren und zwei Felder sie vom Eber trennten, mähten sie einfach sämtliche Hindernisse nieder, um zu ihm zu kommen, und hinterließen eine Spur kaputter Zäune. Sie sind neugierig und unerschrocken und fügen sich ausgezeichnet in unsere Kreislaufwirtschaft auf Highclere ein.

Die alte Siedlung Beacon Hill liegt inmitten der Ländereien von Highclere, und Stonehenge, eines der großen Wunder der Welt, nur etwa 50 Kilometer westlich von uns. Stonehenge ist gründlich erforscht und vielfach neu gedeutet worden und gibt durch kleine Indizien, die wir dank moderner Technologie noch besser interpretieren können, mehr und mehr seiner Geheimnisse preis. Gut drei Kilometer nordöstlich von Stonehenge Richtung Highclere liegt Durrington, die größte bisher bekannte neolithische Siedlung mit rund 1000 Häusern. Hier fand man Tausende Tierknochen, davon zu 90 Prozent von Schweinen und zu 10 Prozent von Rindern. Die Schweine wurden wahrscheinlich für Wintervorräte geschlachtet, darunter vermutlich wie heute auch für winterliche Feste.

Unsere Vorfahren lebten auf Beacon Hill, in Stonehenge und anderen derartigen Siedlungen viel länger, als wir hier in dem in Sprache und Kunst überlieferten Zeitraum leben.

EIN ZIMMER MIT AUSSICHT

Mit dem Bau des heutigen, allseits bekannten, inspirierenden neugotischen Schlosses (oder, wie es anfangs hieß: Palastes) im italienischen Stil beauftragte 1842 der 3. Earl of Carnarvon Sir Charles Barry. Bevor er einziehen konnte, starb er 1849 sehr jung. Seine Witwe Henrietta führte das große Projekt weiter, überließ aber einige Details der Innengestaltung ihrem Sohn, dem 4. Earl.

Dieser war wie sein Vater ein emsiger Historiker, den nicht nur das klassische Erbe Griechenlands und Roms faszinierte, sondern auch das der angelsächsischen Welt und noch früherer Zeiten. Später wurde er Präsident der Antiquities Society, aber schon seine sorgfältige Wahl der Namen für sieben der 35 Familien- und Gästeschlafzimmer verrät seine Interessen: Er benannte sie nach den angelsächsischen Königreichen Wessex, Mercia, Northumbria, Sussex, Kent, Essex und East Anglia.

East Anglia ist ein großes, sonniges, nach Osten und Süden gelegenes Eckzimmer. Dazu gehören ein Bad, das vor über 100 Jahren aus einem kleinen Wohnzimmer entstand, und ein angrenzendes Ankleidezimmer. Die Aussicht ist großartig: Das Auge wird gleichzeitig auf den bewaldeten Sidown Hill und den Steilhang von Beacon Hill gelenkt. Der 5. Earl (der an der Entdeckung von Tutenchamuns Grab beteiligt war) hielt hier anscheinend Séancen ab, und passenderweise kann man von hier fast sein Grab auf dem Gipfel von Beacon Hill sehen, wo er 1923 bestattet wurde.

> **Der Gipfel von Beacon Hill ist mit sehr schönen britischen Schanzen gekrönt. An seinem Fuß hat man vor ein paar Jahren mehrere Hügelgräber geöffnet und darin verbrannte Knochen, Speer- und Pfeilspitzen aus Bronze und einige kleine Zierelemente aus dünnem Gold gefunden ... Die hohen Hügelgräber enthielten Knochen von Kriegern, die kleineren, nur wenig erhöhten kleinere Knochen (wohl von Frauen oder jungen Menschen) und kein Kriegsgerät.**

Beacon Hill hieß ursprünglich *Weald Setl*, wörtlich: Siedlung des Häuptlings, des Reichen. Die heute sichtbaren Überreste jener Gemeinschaft, ihrer Landwirtschaft und Fortmauern lassen auf ein für die damalige Zeit großes Bauprojekt schließen, das mit System und Planung und der Koordination und Kooperation eines Großteils der Gemeinschaft angegangen wurde. Wälle und Gräben zeigen, wo Erde entfernt wurde, um rund sechs Meter hohe Befestigungen zu errichten, die die natürlichen Konturen des Hügels verstärkten. Die Erde wurde vermutlich mit einer Holzverkleidung stabilisiert, deren senkrechte Vorderseite vor potenziellen Angreifern schützen sollte. Der Graben hinter dem Wall ist jünger. Wahrscheinlich hat sich die Anlage unter mehreren Generationen weiterentwickelt. Der Abstand zwischen Grabengrund und Walloberkante betrug unter Umständen neun bis zwölf Meter. Während andere Forts aus jener Zeit mehrere Wälle haben, gibt es hier nur einen. Vielleicht lagen Erstere topografisch weniger vorteilhaft oder an belebteren Handelsstraßen und waren daher gefährdeter. Der Zweck dieser Anlagen war Verteidigung: Mit Steinpfeilspitzen und Bogen aus abgelagerter Esche bewaffnete Eindringlinge waren um 2500 v. Chr. ebenso todbringend wie die Engländer in der Schlacht von Azincourt 1415 mit ihren berühmten Langbogen (der älteste in England gefundene Bogen stammt von etwa 2690 v. Chr.).

Die Anlage selbst ist rund 3,6 Hektar groß, und man erkennt noch immer die kreisrunden Überreste von einzelnen bzw. Gruppen von Steinhütten. Übers Gelände verteilt, allerdings nicht auf den höchsten, den Winterwinden sehr stark ausgesetzten Stellen finden sich auch längliche Gebäudeüberreste, vielleicht von Gemeinschaftsessbereichen. Die runden Hütten stammen aus der Bronzezeit und sollte die Zuwanderung in der Eisenzeit die Zahl der Siedler erhöht haben, hatte dies keinen Einfluss auf ihre Traditionen. Bestimmte Zeiten im Jahr und die Jahreszeiten wurden mit Versammlungen begangen, mit Fasten bzw. Schlemmen und Totengedenken. Schwache symbolische Steinlinien am Hang verbanden die Lebenden mit den Toten. Fürs Überleben und Leben drehte sich alles um Landbebauung und Nahrung – darum, was essbar war, wie man es anbauen bzw. jagen und lagern konnte, und um die entsprechenden Rituale. Weil immer viel zu tun war, ging es in der Gemeinschaft sicher lebhaft zu.

All das änderte sich mit der Ankunft der Römer, nicht nur aufgrund von deren stärkerer militärischer Macht und besserer Bewaffnung, sondern auch wegen ihrer raffinierteren landwirtschaftlichen Geräte, etwa der schwereren Pflüge, mit denen die Erde gewendet werden und größere Felder beackert werden konnten. Für die Zeit seit Niedergang des Römerreichs um 350 n.Chr. gibt es erste Hinweise, dass die Gegend »Land von ›clere‹« genannt wurde – die früheste Verbindung mit Highclere. Es folgten weitere von Angelsachsen angeführte Überfälle, neue, kleinere Königreiche und Lehnsgüter entstanden, und um 740 n.Chr. setzte König Cuthred von Wessex die Unabhängigkeit seines Königreichs durch und stellte mehrere Chartas aus.

Fünf angelsächsische Chartas beziehen sich auf die Ländereien von »clere«, und in einer sind – unseres Wissens erstmals in Worten – Highcleres Grenzen definiert, in Form von Wegen, Bäumen und natürlichen Wegmarken. Die Karte folgt dem »Hunig-weg« (wahrscheinlich ein alter Weg mit reichlich Wildhonigbienen oder mit Bienenkörben) über große Steine entlang einem Bach zu einem »coferan tree« (vielleicht eine Vogelbeere), einer mächtigen Eiche usw.

East Anglia ist ein Zimmer mit Aussicht – nicht nur räumlich, sondern auch zeitlich gesehen.

WINTERFANTASIEN

In fast jedem Land mit ausgeprägten Jahreszeiten hat sich der Winter tief in Köpfe, Legenden und Literatur eingebrannt. »Winter is coming«, der unheilvolle Soundtrack aus der erfolgreichen Fernsehserie *Game of Thrones*, könnte auch aus einem Shakespeare-Stück oder einem Fantasyroman von J.R.R. Tolkien stammen. Die »Weiße Hexe« versetzt C.S. Lewis' Narnia in einen 100-jährigen Winter ohne Weihnachten und andere Feste: die schlimmste Strafe überhaupt. Bei Kälte und Finsternis spielt unsere Fantasie verrückt, kommen leicht Ängste auf, zieht der Tod durchs Land und lauern überall Trübsinn und Einsamkeit.

Auf Highclere leben seit Jahrtausenden Familien und Gemeinschaften, wobei aus der Frühzeit kaum Primärquellen erhalten sind. Während die Einteilung der Zeit in der Rückschau vorgenommen wird, ist die Einteilung in Tag und Nacht, Wärme und Kälte eine Konstante, und so können wir uns die ganz normale Tragödie der kleinen Familie vorstellen, die um 1500 v.Chr. hier auf Highclere gelebt hat …

Der Umriss der kleinen Gruppe Menschen, die auf ein paar langen Baumstämmen hockten, war zeitlos. Um sie herum, am Fuß des hohen Hügels des Häuptlings, lagen acht oder neun rundliche Hügelgräber aus Erde und Holz. Als sie in der frostigen Abenddämmerung still derer gedachten, die sie in dem gewölbten Totenhaus direkt vor ihnen zur letzten Ruhe gebettet hatten, boten ihnen die Baumstämme wenigstens etwas Schutz vor der Kälte. Die kleine Holztür des Hügelgrabs, die die andere Welt von der ihren trennte, stand noch offen. Der unermessliche Himmel über ihnen war gesprenkelt mit stecknadelkopfgroßen, hellen Lichtern. Noch war die Sonnenwende nicht da, und die kürzer werdenden Tage bestimmten den täglichen Rhythmus ihres Lebens.

Die ältere Frau erhob sich und bedeutete den beiden halbwüchsigen Jungen, ihr zu folgen. Vor den allerdunkelsten Nachtstunden sollten sie besser in die Sicherheit ihres umzäunten Dorfes zurückkehren. Sie nahm die Jungen bei der Hand und klopfte ihnen sanft den Rücken, als sie aufbrachen, die Köpfe gebeugt, weil sie Mutter und Bruder verloren hatten. Sie überquerten die freie Fläche und schlugen den Weg nach Hause ein. Es war gutes Land. Dank der Kreide floss das Wasser leicht ab, es gab Stein für Äxte, und die Kammwege boten tagsüber weite, ungehinderte Blicke. Ihr Hof lag im Schutz von Bäumen am Fuß des windumtosten Hügels, zur aufgehenden Sonne hin.

Anders als ihre Gedanken verstummte die Nacht nie; steife Grashalme raschelten geheimnisvoll, Eulen kreisten über ihnen, und Fledermäuse schnappten nach Insekten. Ein großer Hund trottete aufmunternd neben den Jungen her, die sich nun vorsichtig am Ufer des Teichs hielten, einer matschigen Lehmkuhle im Kreideboden. Sie hatten ihrem Vater geholfen, ihn abzusichern für den Fall, dass die Tiere hindurchliefen. Sie kannten den Pfad gut und machten schon bald die Umrisse der beiden hohen Eichen am Eingang ihres Hofes aus. Gebogene Haselnusszweige zäunten die großen Säue ein, die bald ferkeln würden. Zur Verstärkung des Zauns wurden drumherum gerade dornige Hecken gepflanzt. Als die drei sich näherten, stand ein großer Hund, der die Schafe hütete, auf und spitzte die Ohren. Er hielt nach Wölfen Ausschau, für die es dieses Jahr aber genug anderes gab, sodass sie wegblieben. Der eine Junge flüsterte dem Hund etwas zu, und der legte sich wieder hin.

Gebückt traten sie in ihr Heim, einen einzigen runden Raum mit einem heimeligen Feuer in der Mitte. Schon lange fertigte man Wände aus Flechtwerk und Lehm, die auch dem Winterwetter trotzten. Die Großmutter guckte prüfend in den großen Schmortopf über dem Feuer und schöpfte dann aus einem Topf am Boden mit Wacholder vom Hügel gewürztes Bier in kleine Becher und reichte sie den Jungen. Sie setzte sich und stimmte die alten Lieder ihrer Vorfahren an, Klagen über das Schwinden der Sonne, die immer kürzer am Himmel hing und sich hinter die dicht bewachsenen, hohen Hügel verzog.

Sie kannten die alten Lieder und Geschichten ihrer Ahnen, die die märchenhafte Reise durch das tief gelegene, sumpfige Doggerland zwischen dem späteren Dänemark und England gemacht hatten. Als die Eiszeit abklang, waren sie Herden von Pferden, Wild und anderen Tieren über den Kontinent gefolgt. Hier gab es gutes Weideland und sauberes Wasser und eine vielfältige Landschaft, in der man jagen und an den Waldrändern Nahrung sammeln konnte. Mit wärmer werdendem Klima überflutete das Land nach und nach und wurde zu einem großen, kalten Meer, das weder Mensch noch Pferd überqueren konnten.

Die Jungen starrten ins Feuer und vermissten die Verstorbenen schmerzlich. Nichts war in jedem Heim bedeutsamer als die Liebe einer Mutter – ihr Lachen und ihre Umarmungen, ihr Kochen natürlich und das Nähen von Häuten für ihre Schuhe. Morgen würden sie mit ihrem Vater und den anderen Männern draußen umherlaufen, lernen, wie man sich versteckt, Fährten liest, sich leise bewegt, um den Bock oder die wilden Schweine zu erlegen, aber jetzt noch nicht.

Wo jene Familie einst lebte, lebten noch viele Generationen. Ihre Siedlungen wurden größer, weil der Landbau einträglich war und das Vieh im Tal hinter den Hügelgräbern gut geschützt grasen konnte. Nutzpflanzen wurden angebaut: Gerste, Roggen, Weizen. Die wilden Wälder wurden weiter zurückgedrängt. Zu dieser Zeit zogen die Menschen Flachs und Hanf, Bohnen und Rüben. Damals versuchten Männer und Frauen die Natur für sich zu nutzen – jagten Wild, fingen Vögel in Netzen und hüteten Vieh, trieben es von Weide zu Weide. Die Toten wurde dicht bei den Lebenden bestattet, ein Brauch, der bis lange ins Mittelalter hinein beibehalten wurde, als die Kirchen im Herzen der Gemeinden standen und die Friedhöfe daneben lagen. So war es immer: Man versuchte, die Götter gnädig zu stimmen und zugleich der Vorfahren zu gedenken und sich um die Toten zu kümmern.

Als das Licht schwand, waren die Schatten ein Echo jener, die hier zu anderen Zeiten gewandelt waren, viele Leben und Generationen vor ihnen.

Jahrtausende später, 1781, ließen ein Mann und seine Familie sich an einer Stelle ganz in der Nähe nieder und stießen auf die runden Grabhügel und fragten sich, wer wohl darin ruhte. Sie fanden die gekrümmten Skelette der Frau und der jüngeren Person und rätselten, wer sie waren.

In einem Brief in unserem Archiv berichtete Lord Carnarvon seinem Sohn:

> **... in einem kleinen Hügelgrab fanden wir das unverbrannte Skelett eines etwa 8- oder 9-jährigen Kindes, die Knie ans Kinn gezogen; die Knochen lagen beisammen, aber lose, und weil die Binden sich zersetzt hatten, fiel bei Berührung alles auseinander; der Kiefer mit Zähnen und darunter den zweiten Zähnen ...; sonst war nichts in dem Grab. In einem glockenförmigen Hügelgrab in Hattish, das wir in einem Loch in einer Senke des alten Hügellands entdeckten ..., stießen wir auf halb verbrannte Knochen und Kohle und eine Messingspeerspitze; zwei goldene Fibeln ... Das sehr dünne Gold war wahrscheinlich auf Holz befestigt gewesen; ein anderes hatte ein Loch, unten mit einem etwa 5 Zentimeter dicken Stück Holz ausgekleidet, das vielleicht mit Stoff gefüttert war, denn viele Stofffetzen und irgendeine Substanz, vielleicht Klebstoff oder Zement, waren deutlich erkennbar. Außerdem eine Messingspeerspitze und 2 sehr scharfe knöcherne Pfeilspitzen ...; in einem anderen wurden lose Teile eines Skeletts mit großen Knochen entdeckt, der halbe Kiefer mit sämtlichen, sehr großen Zähnen, Pfeilspitzen aus Knochen; in einem weiteren Knochen, ein halb verbrannter Schädel und andere, unverbrannte Teile sowie eine zerbrochene Urne.**

Nach wie vor unbewaldet, dominiert der 260 Meter hohe Weald Setl oder Beacon Hill die offene Landschaft. Unsere Kenntnisse über das Leben der Menschen in jener Zeit basieren hauptsächlich auf Ausgrabungen und der Erforschung ihrer Totenbräuche, denn schriftliche Dokumente sind in Europa aus der Ära nicht erhalten. Die Siedlung wurde direkt vor oder während des römischen Einmarschs verlassen, und am Fuß des Hügels wurden neue Häuser errichtet. Überreste von Mauern, Münzen, Kleiderspangen und Schuhnägeln erinnern an unsere Vorfahren. Noch heute bauen wir auf denselben Feldern Getreide an, lassen Schafe weiden, noch immer gibt es viel Wild, hinzugekommen sind Hasen und Kaninchen.

DIE BÄUME IM WINTER

Von Robert Herberts formalen Gärten des 18. Jahrhunderts ist im 21. Jahrhundert nichts mehr zu sehen. Ein dichtes Gewirr aus Nadelbäumen aus den 1960er-Jahren verbarg sie, aber versteckt zwischen den frechen Neulingen standen acht hohe Buchen – das erste Stück einer einstigen Allee. Sie inspirierten uns zur Rodung und Erneuerung von Roberts »Großer Wildnis«. Dieser »Wood of Goodwill« hat sich in den letzten 15 Jahren weiterentwickelt und hat nun sogar im Winter eine erkennbare Form samt neuen gewundenen Pfaden, die nahtlos an frühere anknüpfen.

Der Name (»Wald des guten Willens«) kam bei einem Spaziergang mit meiner jüngsten Schwester auf, an deren Hochzeit auf Highclere ein Tulpenbaum erinnert. Andere haben uns Schneeball- und Forsythiensträucher und Apfelbäume geschenkt. Zu Ehren Nora Sutcliffes, die 42 Jahre lang hier tätig war, wurde eine Trauerbirke gepflanzt, weitere Bäume erinnern an andere Beschäftigte auf Highclere, von Werkmeister Albert Saxton bis zu Maurer Stan Ansty.

Irgendwie fällt der Beginn der meisten Vorhaben in Zeiten von Matsch und Winter, und als ich mit der Musik der *Vier Jahreszeiten* im Kopf an die Planung ging, hatte ich die Idee, jeder Jahreszeit einen Gartenbereich zu widmen, mit der Buchenallee aus dem 18. Jahrhundert als Grundgerüst. Von Anfang an war klar, dass wir uns auf heimische Bäume konzentrieren würden, von denen es wohl nur 30 gibt – zu denen die Buche nicht zählt, denn vielleicht haben Steinzeitmenschen sie nach Britannien gebracht. Die Naturkundler des 18. und 19. Jahrhunderts wiederum führten die vielen exotischen Bäume ein, der wir die uns vertraute große Artenvielfalt verdanken.

Im Wood of Goodwill wuchsen bereits viele heimische Bäume, die wir aber päppeln mussten: Wacholder, Holzapfel, Linde, Eiche, Birke, Buchs, Vogelbeere, Ahorn, Ilex, Hasel, Eibe, Hainbuche und Pappel; fehlende Arten ergänzten wir. Als Hommage an die Vorfahren meines Mannes fügten wir noch ein paar Exoten hinzu, wie Tulpenbaum, japanische Kirsche, Berg-Ahorn wegen seiner Herbstfärbung, Ulme,

Walnuss und Sträucher wie Winter-Schneeball und Forsythien samt einigen Hortensien. Manche heimischen Bäume wie z.B. die Schwarz-Pappel sind inzwischen recht selten und schwer aufzutreiben. Der Stamm dieses im Mittelalter beliebten Baums, dessen einzelne Exemplare entweder weiblich oder männlich sind, kann 30 Meter lang und 1,8 Meter dick werden. In der Nähe unserer Schwarz-Pappel steht eine Zitter-Pappel (*Populus tremula*), die schon doppelt so hoch ist wie ihre Nachbarin. Ihren Namen verdankt diese Art ihren schimmernden, beim leisesten Lufthauch zitternden Blättern, die sich im Herbst intensiv goldgelb färben.

WACHOLDER

Eine dichte, dunkelgrüne immergrüne Wacholderhecke bietet Windschutz zwischen dem Wood of Goodwill und dem empfindlicheren Secret Garden. Der in England heimische Wacholder wächst im Graben am Beacon Hill schon seit Jahrtausenden. In seinen spitzen Nadeln sollen sich Hexen verfangen, und sie sollen Dorfbewohner vor bösen Wesen beschützen. Einst zahlreich vorhanden, wird er heute immer seltener. Seine Beeren sind die wichtigste Zutat von Gin. Ihr Geruch und Geschmack sind die entscheidenden Merkmale jedes Gins (oder sollten es sein). Der Name des Getränks, für das man frische Beeren nimmt, ist eine Kurzform des französischen *genièvre* bzw. des niederländischen *jenever*. Beliebt war Wacholder aber schon lange vor dessen Erfindung: Die Ägypter und Römer verwendeten die Beeren wie Pfeffer. Heute werden mit den getrockneten Beeren Wildgerichte gewürzt.

Wir haben etwa 30 Wacholderbüsche gepflanzt – mehr als eigentlich nötig –, damit sie sich erfolgreich selbst aussamen und überleben. Wacholder keimt nur unter ganz bestimmten Voraussetzungen, ist das aber geglückt, kommt er mit den meisten Böden und Wuchsbedingungen zurecht. Er ist diözisch, d.h., die einzelnen Pflanzen sind entweder männlich oder weiblich. Die männlichen haben kleine, gelbe Blüten. Aus den weiblichen werden die »Beeren«, eigentlich saftige Zapfen, die anfangs grün und in reifem Zustand schließlich intensiv blau-schwarz sind.

BIRKE UND ILEX

DIE BIRKE IST NICHT BESONDERS LANGLEBIG, erzeugt aber Samen in Hülle und Fülle und verstreut sie mit ihren federleichten Früchten im Wind. Ihr Holz dient noch immer als Maibaum- und Brennholz, und wegen ihrer weißen Borke soll sie im Sommer Glück bringen. Bei den Iren schützte eine Wiege aus Birkenholz die Kinder vor bösen Geistern. Für den Dichter Samuel Taylor Coleridge war sie der schönste Waldbaum, dessen leuchtende Rinde im Winter tröste. Freya, einer unserer hellen Labradore, liebt es, neben Birken zu posieren, kein Wunder, sind sie in der nordischen Mythologie doch der Göttin Freya, Odins Gattin, geweiht. Als Kontrast zu Hund und Rinde haben wir zu ihren Füßen dunkle Hortensien und Weigelien gepflanzt.

Wie die Birke hat auch die *Ilex* (Stechpalme) die letzte Eiszeit überlebt. Ihr lateinischer Name – wörtlich: Stecheiche – geht vielleicht darauf zurück, dass *Ilex* und Eiche oft benachbart wachsen. Viele Säuge- und andere Tiere tun sich an ihr gütlich, doch in der Regel überlebt sie das und bildet nur noch mehr stachelige Blätter aus. Der 2. Earl of Carnarvon pflanzte nicht nur die im Frühling blühende *Azalea altaclerensis*, sondern auch eine Gruppe *Ilex × altaclerensis*. Diese Hybrid-*Ilex* ist robuster als die Gewöhnliche Stechpalme (*Ilex aquifolium*) und hat größere Blätter und Beeren. Man übersieht Stechpalmen leicht, dabei verleihen ihre immergrünen Blätter und leuchtenden Winterbeeren Gärten Struktur und Farbe.

Da auch die *Ilex* diözisch ist, sollte man sie paarweise pflanzen. Es liegt nahe, weibliche Exemplare zu wählen, weil sie im Gegensatz zu den männlichen Beeren bilden, aber auf Letztere sollte man nicht ganz verzichten, denn sie entwickeln sich zu sehr schönen Pflanzen mit süß duftendem Pollen. Eine der hübschesten erhältlichen Sorten ist *Ilex × altaclerensis* ›Lawsoniana‹ (oben rechts), deren fast stachellose Blätter in der Mitte unregelmäßige hellgelbe und -grüne Flecken aufweisen. In den Wintermonaten trägt sie durchgehend üppige Büschel roter Beeren, die bei Gartenvögeln sehr beliebt sind. Bei uns im Park gedeihen u.a. auch *Ilex × altaclerensis* ›Golden King‹, ›Belgica Aurea‹ (mit dunkelgrünen Blättern mit gelbem Rand) und ›Hodginsii‹ (wüchsig, robust, mit großen grünen und limettengrünen Blättern und violetten Trieben).

Da *Ilex* in Großbritannien einer der verbreitetsten heimischen Bäume ist, wird ihr Holz schon seit Jahrhunderten im Möbelbau verwendet. Es ist berühmt für seine fast weiße Farbe und wird daher gern für dekorative Einlegearbeiten genommen, oft als schöner Kontrast zu Nussbaum oder anderen Hölzern. Und an Weihnachten dürfen in England Stechpalmenkränze mit ihren leuchtenden grünen Blättern und roten Beeren natürlich nicht fehlen.

ARBEITEN IN DEN WÄLDERN

DER WOOD OF GOODWILL IST GROSS und seit seinen schlammigen Anfängen nicht nur für uns ein Gewinn, sondern auch für viele Wildtiere und die Wildblumen der alten Kreidehügel, die sich dort wieder angesiedelt haben, von Bienen-Ragwurz bis Quendel; sie sind alle erst spärlich vorhanden, breiten sich aber von Jahr zu Jahr mehr aus. Hier ist nicht alles sauber und gepflegt, aber dadurch herrscht umso größere Vielfalt. Aus umgestürzten alten Stämmen wurden Tischplatten, der Walnut Walk bietet Eichhörnchen – die uns immer zuvorkommen – Winterproviant, Vögel profitieren von Beerensträuchern, auf den Stock gesetzte Haselsträucher schlagen üppig aus, und in den Stämmen abgestorbener Bäume, an denen im Sommer Rosen und Geißblatt ranken, tummeln sich Myriaden von Käfern und anderen Insekten.

Angefangen hat alles vor 15 Jahren mit der Allee und dem Versetzen von Bäumen, aber mit derlei umfassenden Baumprojekten waren wir auf Highclere beileibe nicht die Ersten. Capability Brown und der 1. Earl of Carnarvon verpflanzten vor 250 Jahren riesige Bäume, um sofort Erfolge zu sehen und in den Parkanlagen einige der noch heute erhaltenen Sichtachsen zu schaffen. Das Vorgehen hielt der 1. Earl in seinem Tagebuch fest:

> **Vorm Versetzen großer Buchen jeder Höhe beschneidet man am besten Anfang Februar die seitlichen Äste, aber nicht in Nähe des Stamms; im Herbst (oder noch im selben Frühjahr) kürzt man die Wurzeln ein und füllt Erde ein; dann lässt man den Baum bis zum nächsten Herbst oder länger stehen, wenn er neue Zweige und Wurzeln gebildet hat und kräftig genug ist, um gleich nach dem Umsetzen Wurzeln zu schlagen. Er sollte ohne größere Beschädigung der Wurzeln herausgenommen und in ein Loch mit matschiger Erde gesetzt, dieses dann aufgefüllt und der Baum gut festgebunden werden. Die neuen Wurzeln werden sich sofort ausstrecken und die Zweige ausschlagen. Der Baum sollte auf Bodenniveau gepflanzt werden; sitzt er darunter, leidet er. Den obersten oder Hauptast einer Buche bzw. jedes Baums sollte man nicht entfernen.**

Wir waren in puncto Größe der Bäume weniger ehrgeizig als unsere Vorgänger, versetzten unsere aber ebenfalls im Winter. Zum Glück wurden wir dabei von einem Traktor mit mehr PS unterstützt, als damals ein Pferdegespann hatte. Wir kappten also die erste Buche um ein Drittel und gruben sie mit einer Ballenstechmaschine aus. Am neuen Platz wurde mit einem Bagger ein größeres Pflanzloch als nötig ausgehoben, der Baum hineingesetzt, das Loch aufgefüllt und die Erde festgetreten. So verfuhren wir Baum für Baum. Alles lief gut, bis wir im Frühling feststellten, dass es sich bei einer der Buchen um eine Blutbuche handelte, aber das Leben ist nun einmal nicht perfekt, und so ließen wir sie stehen. Auf diese Weise vervollständigten wir den ersten Teil der Allee und schufen später den zweiten, der einst zum Hügel mit Robert Herberts Oktagon geführt hatte. Zur Wiederherstellung der schönen Waldwiesen versetzten wir zudem weitere Buchen und auch einige Eichen.

DIE ALTEN EICHEN

EICHEN SIND SEIT JEHER BESTANDTEIL der englischen Architektur. Ihre Stämme wurden zersägt und zu Nutzholz. Ohne Schiffe aus Eichenholz wäre die britische Marine keine globale Macht geworden. Noch heute wird ihr Holz als Träger und Bodenbelag im Hausbau, im Möbelbau und zum Räuchern von Lachs verwendet. Darüber hinaus gehören sie in jeden Wald. Ihre Samen, die Eicheln, werden vom Wind ausgebreitet, gestürzte Bäume können neu austreiben, auch eignen Eichen sich für den Stockausschlag.

Sie haben eine tief rissige Borke und gelappte Blätter und wachsen meist in Gruppen, wirken aber am spektakulärsten als Solitärbäume: herrlich ausladend, wunderschön im jahreszeitlichen Wandel und ehrwürdig im Winter. In unserem Park haben die alten Eichen überdauert, weil das Land von jeher nicht beackert, sondern als Weideland für Schafe genutzt wird. So sind wir nun im Besitz einiger kaum zu überbietender stolzer, alter Exemplare. Am ältesten sind in der Regel die einzeln stehenden, die sich in kargen Zeiten gegen keinerlei Konkurrenten behaupten mussten. Sie sind übrigens nicht unbedingt die größten Bäume, weil Eichen in schweren Zeiten den Großteil ihrer obersten Äste nicht mehr versorgen und die Mineralien stattdessen in ihre Wurzeln leiten. In so hohem Alter werden sie zu Habitaten für unzählige Arten, u.a. Flechten. Manche unserer Eichen sind über 500 Jahre alt und haben somit Generationen von Menschen überlebt.

»CAPABILITY« BROWN

An einem Wintertag vor 250 Jahren, genauer im Jahr 1770, zogen dampfende Pferde eine schlammbespritzte Kutsche in den Hof von Highclere. Ihr entstieg ein erschöpfter, gut gekleideter, kräftiger Mann, der sich auf ein warmes Feuer und ein Bett freute. Sein Name war Lancelot »Capability« Brown. Der damalige Erbe von Highclere, der Brown durch seinen Schwiegervater kennengelernt hatte, wollte sein Haus und seinen Park von dem gefeierten Landschaftsarchitekten und Gartenfachmann nach der neuen Mode umgestalten lassen. Auf der Höhe seiner Bekanntheit und Erfahrung, war Brown ein erfolgreicher, kluger Geschäftsmann. Seine Pläne waren oft umfänglich, zielten auf grenzenlose, sich am Horizont verlierende Welten mit mehreren durch Kutsch-Rundwege verbundenen, bisweilen kilometerweit vom Haus entfernten Wäldern ab. Billig waren seine Landschaftsvisionen jedenfalls nicht.

Die Farmgebäude sowie Höfe und Friedhof aus dem Mittelalter wurden abgerissen, aber Spuren davon sind noch im Ha-Ha (Grenzgraben) erkennbar, der das Auge ungehindert über das weite Gelände lenkt. Der Ha-Ha war einer von Browns Lieblingstricks, weil er eine nahtlose Gestaltung ermöglichte: Dem Auge wird vorgegaukelt, unterschiedlich genutzte und ausgestattete Parkteile wären eine Einheit.

Nachdem Brown sich bei seinem Besuch ein Bild von der Topografie des Anwesens gemacht hatte, ließ er Haus und Grundstück von seinem Kollegen John Spyers genauer untersuchen, was wiederum die Grundlage dreier Pläne bildete, die Colonel Henry Herbert, Robert Herberts Neffe, vorgelegt wurden. Der eine betraf die grundlegenden Veränderungen an Grundstück und Gärten (40 Pfund), der zweite die geplanten Wasseranlagen (10 Pfund) und der dritte »vielerlei Veränderungen an Haus und Büro – eine Menge Scherereien für mich« (25 Pfund). Spyers' Ausgaben summierten sich auf 52 Pfund 10 Schilling plus 127 Pfund Reisekosten (siehe unten). Weitere Zahlungen von Colonel Henry Herbert (der spätere 1. Earl of Carnarvon) auf Browns Konto beliefen sich auf 400 Pfund, was heute über 200000 Pfund entspricht. So viel kostete eine der größten Verwandlungen, die Highclere je erlebt hat: Blicke und Park wurden enorm erweitert, und aus einer einst modernen formalen Struktur wurde das sorgfältig geplante Idyll, das heute noch existiert.

Browns Vision war intellektuell und philosophisch motiviert und zugleich ein praktisches Projekt der Landschaftsgestaltung, das ganz den Auffassungen seiner Zeit entsprach. Horace Walpole, Sohn des ersten britischen Premierministers Sir Robert Walpole, galt als Instanz in Fragen des Geschmacks, des historischen Wissens, der Literatur und Kunst. Er wurde in seiner Lebensspanne Zeuge der intellektuellen Impulse des 18. Jahrhunderts und schrieb in seinem *Essay on Gardening* (1770), England habe der Welt das Idealmodell des Gartens geschenkt: originell in seiner eleganten Schlichtheit und kunstvoll nur insofern, als es die Rauheit der Natur mildere und ihre Anmut nachahme.

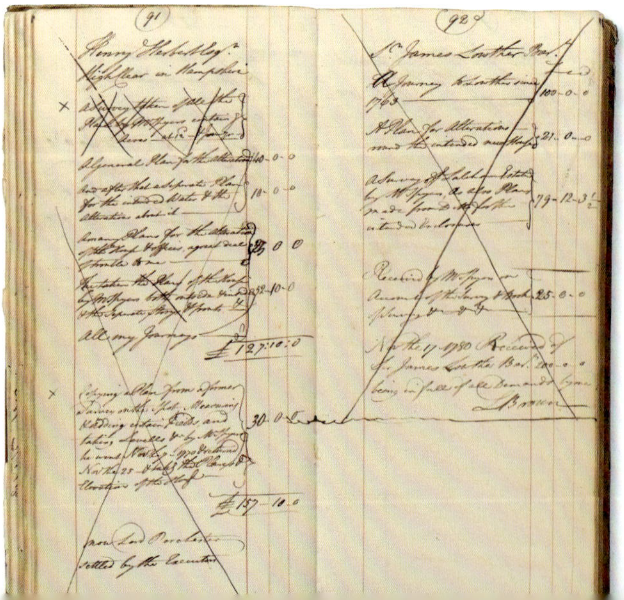

Browns Markenzeichen war Wasser, vor allem in bewegter Form, was für Abwechslung und Spannung sorgen sollte. So sahen die meisten seiner Entwürfe auch Wasserelemente vor, in Highcleres Fall einen schier endlosen, kurvigen See. Angelegt werden sollte er im seit dem Mittelalter existierenden Dunsmere. Das bestehende Gewässer (*mere*) wurde vergrößert, um Wasserlebewesen jeder Art ein größeres Habitat zu bieten, und der große See erhielt einen geschwungenen Umriss, sodass er wie ein Fluss wirkte, der sich durch die Landschaft windet und darin verliert. Darüber sollte eine Rotunde thronen, die die Blicke auf sich zog, wenn man sich zu Pferde oder in der Kutsche näherte. Vom Pferderücken aus bietet Highclere bis heute einige der schönsten Blicke. Im Auto sitzt man zu tief, nimmt den Duft der Bäume nicht wahr und bekommt vor lauter Motorenlärm nichts von der Tierwelt mit.

Diese scheinbar mühelose Stimmigkeit, die wir als gegeben hinnehmen, die Tatsache, dass die Landschaft wirkt, als hätte sie schon immer so ausgesehen, klingt im Nachruf auf Brown an: »Wo ihm etwas am meisten geglückt ist, wird man sich am wenigsten an ihn erinnern; er imitierte die Natur so gekonnt, dass man sein Werk verkennen wird.« Sein Beiname »Capability« wird darauf zurückgeführt, dass er gern die *great capabilities* von Landschaften aufzeigte – ihr Potenzial.

Highcleres Arkadien ist eine außergewöhnliche Kombination aus Browns Struktur und Bepflanzung mit der natürlich vorhandenen Topografie. Wenn Sie vom Südrasen aus Richtung Süden blicken, sehen Sie zwei Fluchtlinien: eine nach Südosten zu Beacon Hill, die andere nach Südwesten zu Grotto Copse. Zum Tal im Osten hin dominiert das hellere Laub von Buchen und Linden, während im Westen kleine Zedernhaine platziert wurden, deren einzelne Bäume und länger werdende Schatten besonders gut bei Sonnenuntergang zur Geltung kommen.

Steht man auf der anderen, der Nordseite des Hauses, lenkt das flache Weideland das Auge auf Sidehill, ein beidseits eingeschnittenes Tal mit fast exakter Nord-Süd-Ausrichtung. Von seinen Hängen heben

sich effektvoll dunkle Libanon-Zedern ab. Ganz am Ende stehen ein paar prägnante Eichen und Buchen, und weitere Baumgruppen säumen es nach Norden zu und verwischen seine Ränder.

Colonel Henry Herbert war voller Tatendrang, und da es ausreichend Pläne für den Park gab, konnte das neue Haus warten. Ein Leitmotiv von Browns Gestaltung war, alle Begrenzungen innerhalb des Parks zu beseitigen, ob Mauern, Hecken oder Alleen, und seine Pläne zeigen auch, dass er zwei Baumstreifen nördlich des Hauses entfernen lassen und neue Zufahrtswege schaffen wollte. Um seinen Kunden die zukünftigen Gegebenheiten zu veranschaulichen, bediente er sich gern grammatischer Begriffe:

> **»Und hier«, sagte er und wies mit dem Finger auf eine Stelle, »setze ich ein Komma und da«, und zeigte woandershin, »wo eine entschiedenere Wendung passt, einen Doppelpunkt und da, wo eine Unterbrechung wünschenswert ist, um die Sicht anzuhalten, einen Einschub; dann einen Punkt, und danach beginnt ein neues Thema.«**

Obwohl seine Parks nicht zur von der Romantik propagierten Verwilderung passten und seine viktorianischen Nachfolger sie ablehnten, bestehen sie vor der Zeit und sichern durch ihre Ausmaße den Erhalt der alten Weiden, Wälder und Naturräume, die wir heute so zu schätzen wissen.

DER MITTELALTERLICHE WILDPARK

Ein Grossteil des von Brown gestalteten Geländes waren die Relikte eines mittelalterlichen Wildparks, der schon in damals über 700 Jahre alten Karten eingetragen war. Fleisch war teuer und die Jagd- und Forstrechte ein eifersüchtig gehütetes Vorrecht des Adels samt empfindlichen Strafen für die, die sie missachteten. Das ganze Mittelalter über war Highclere im Besitz der Bischöfe von Winchester, denen Wild

sehr zusagte: Bischof John Stratford verköstigte um 1330 »den König in Merewalle mit Kaninchen, Rebhuhn und Fasan«, und um 1350 bekam Bischof William Edington 30 Damhirsche vom König geschenkt. In Viktorianischer Zeit wurde auf einer neuen Weide ein Rudel Hirsche gehalten. Heute erinnert nur noch eine Wiese namens »Deer Park« daran, aber auf dem ganzen Anwesen läuft Wild frei herum.

Im Winter ist es viel einfacher, die scheuen Hirsche und Rehe am Waldrand von Sidown Hill oder auf freiem Feld auszumachen. Damwild kam in römischer Zeit aus dem westlichen Mittelmeerraum nach Britannien, während Rehe zur heimischen Fauna zählen. So wie das Licht im Winter verblasst, wird ihr Fell mattgrau, eine Farbe, die sich deutlich von ihrem rotbraunen Sommerfell unterscheidet.

Derweil rufen gegen Abend an den Waldrändern die Fasane, wenn sie zu ihren Schlafplätzen in den Bäumen flattern. Es gibt sie bei uns noch nicht so lange wie Hirsche und Rehe. Die glänzenden Federn der Hähne sind ein traditionelles Symbol unserer Landschaft, während die unauffälligeren, steinfarbenen Hennen weniger Aufmerksamkeit bei Fressfeinden erregen, wenn sie im Frühjahr ihre Küken alleine großziehen.

Auf dem Kamm von Beacon Hill leben kleine Rebhuhnschwärme. Gegen Abend hört man bisweilen ihre munteren Schnarrlaute. Sie laufen schnell, bevor sie flach abheben, ihre Flügel breit aufspreizen und rufen und dann schnell übers Gras gleiten. Sie kamen nach der letzten Eiszeit und waren sehr verbreitet, bis sich Anfang der 1950er-Jahre die Herbizide ausbreiteten. Diese brachten viele Unkräuter zum Verschwinden, die auf den Getreidefeldern wuchsen und Nahrungsquellen der Insekten waren, von denen Rebhühner sich überwiegend ernähren. Dies und die Tatsache, dass ihre Nester zunehmend geplündert werden, hat seitdem zu einem Rückgang von 80 Prozent geführt. Da das Bewusstsein für die Auswirkungen menschlichen Handelns auf die Umwelt gestiegen ist und wir ihnen unbebaute Areale und nicht so intensiv gepflegte Hecken überlassen, gibt es mittlerweile von Jahr zu Jahr ein paar mehr Rebhühner. Die Situation der französischen Rothühner ist deutlich besser, vielleicht, weil sie zwei Gelege auf einmal versorgen können.

DER GARTEN IM WINTER

ENDE NOVEMBER SIEHT MAN GARTEN UND BÄUMEN AN, dass der Winter naht, die Welt pausieren und die Richtung ändern wird. Doch auch im November gibt es noch ein paar spärliche Sonnenstrahlen und etwas Tageslicht, bei dem sich Dinge im Garten erledigen lassen, während im Dezember der Boden allmählich kalt und hart wird. Dann blättert man am besten Gartenkataloge durch, räumt das Gewächshaus auf und schmiedet Pläne fürs Frühjahr.

WINTERARBEITEN

- Besorgen Sie sich Samenkataloge und überlegen Sie, was Sie im nächsten Jahr pflanzen möchten. Seien Sie mutig!
- Machen Sie eine Bestandsaufnahme des Jahres – der Erfolge und Misserfolge – und passen Sie Ihre Pläne entsprechend an. Überlegen Sie, was vielleicht versetzt werden sollte.
- Solange der Boden nicht unter Wasser steht oder gefroren ist, kann jetzt sogar manches gepflanzt werden, z.B. Obststräucher.
- Ernten Sie die letzten Karotten und Pastinaken.
- Im Winter werden Grünkohl und andere Kohlsorten, Rosenkohl, Sellerie und Winterspinat geerntet.
- Machen Sie bei Apfelbäumen, die nun in der Winterruhe sind, den Winterschnitt.
- Teilen Sie die Schneeglöckchen gleich nach der Blüte.
- Ziehen Sie im Gewächshaus Wintersalate und andere Schösslinge.
- Pflanzen Sie wurzelnackte Heckenpflanzen, Rosen, Bäume und Stauden, bevor es richtig kalt wird und der Boden gefriert.
- Im Februar können Sie Knoblauch, Topinambur, Pastinaken und Schalotten ins Beet setzen.

KNOBLAUCH PFLANZEN

- Setzen Sie, um das Befallrisiko zu minimieren, immer Pflanzknoblauch, nicht Knollen aus dem Supermarkt. Die Supermarktsorten brauchen meist ein wärmeres Klima als unseres.
- Pflanzen Sie zwischen November und Februar, wenn der Boden frei liegt und nicht zu nass oder zu stark gefroren, also schwer zu bearbeiten ist.
- Wählen Sie möglichst eine sonnige Stelle mit gut drainiertem Boden.
- Teilen Sie die Knolle in die einzelnen Zehen und drücken Sie diese – zum Schutz mithilfe eines Handtuchs – so in die Erde, dass die Spitzen gerade so bedeckt sind.
- Setzen Sie die Zehen im Abstand von 15 Zentimetern in Reihen mit je 30 Zentimeter Abstand; so fällt das Jäten später leichter.

BÄUME PFLANZEN

- Wählen Sie einen trockenen, kalten Tag. Klebt die Erde an Ihren Stiefeln, ist sie noch zu nass.
- Graben Sie ein Loch, das mindestens doppelt so breit ist, wie die Baumwurzeln lang sind, und auch etwas tiefer. Lockern Sie Grund und Seiten des Lochs mit einer Grabegabel, damit die Wurzeln sich besser ausbreiten können.
- Wässern Sie reichlich! Wenn sich die Wurzeln umgepflanzter Bäume in der neuen Umgebung festsetzen, können Sie sie noch nicht so gut mit Wasser versorgen.

WURZELNACKTE UND TOPFPFLANZEN

Wurzelnackte Stauden, Bäume und Hecken sind die preisgünstigste Möglichkeit, etwas zu pflanzen und kräftige Exemplare heranzuziehen. Man setzt sie zwischen November und März, und macht man es richtig, wachsen sie in der Regel schnell an und gedeihen gut. Da Highclere so überwältigend groß ist und für jeden Bereich riesige Mengen Pflanzen benötigt werden, kaufe ich möglichst wurzelnackte.

Es empfiehlt sich, die Wurzeln vorm Einpflanzen in einem Eimer Wasser zu tränken, dem man auch etwas wasserlösliches Wurzelpulver beigeben kann. Graben Sie ein Loch, das viel größer ist als der Wurzelballen. Lockern Sie den Grund des Lochs und füllen Sie etwas Kompost ein, damit die Wurzeln sich leicht nach unten ausbreiten können. Lockern Sie den Wurzelballen, bevor Sie die Pflanzen ins Loch setzen (besonders wenn sie vorher eingetopft waren). Den meisten Pflanzen tut es gut, wenn man die feste Erde wieder direkt auf den Wurzelballen zurückfüllt. In der Erde werden die Wurzeln dann gewärmt und gekräftigt und wachsen im Frühjahr weiter.

Highcleres Chefgärtner und sein Team pflanzen in den Wintermonaten nicht nur, sondern räumen auch in allen Gärten und im Wood of Goodwill auf. Beim Hartriegel bleibt die lebhafte Farbe der Triebe durch Zurückschneiden erhalten. Nun kann man auch Glyzinien, Klematis und Buddleja zurückschneiden. In die Beete im Secret Garden und in die Weiße Rabatte wird Kompost eingearbeitet, und Wege werden instand gesetzt.

PFLANZEN FÜR DRINNEN

In Viktorianischer Zeit liebte man Glashäuser jedes Typs und Zwecks. Es war eine Mode, die willkommene Abwechslung in den winterlichen Speiseplan brachte. Orangerien, Ananas-, Melonen-, Pfirsich-, Weinreben-, Nelken- und Kamelienhäuser: auf Highclere standen an jeder Gartenmauer nach Süden Glashäuser und nach Norden hinter der Orangerie ein Farnhaus. Leider sind viele von ihnen verschwunden, aber die Orangerie aus dem 18. Jahrhundert mit dem viktorianischen Farnhaus dahinter existiert noch immer; die sattgrünen Farnwedel gedeihen in ihrem Halbschatten.

Bei unserem Einzug waren viele dieser Gebäude in einem furchtbaren Zustand, aber wir haben sie nach und nach restauriert und wieder nutzbar gemacht. Dahinter befanden sich Frühbeetkästen und eingezäunte, gegen Kaninchen geschützte Gemüsebeete. Auch sie sind mit der Zeit großenteils verschwunden, andere wurden umgewidmet. Die Orangerie versorgt das Schloss ganzjährig mit Blumen; die Orangen und Zitronen werden an die Gin-Brennerei geliefert. Im Nelkenhaus wachsen nun Zimmerpflanzen fürs Schloss und im gerade restaurierten Weinhaus Tafeltrauben. In einem Gewächshaus jüngeren Datums gedeihen Tomaten jeder Farbe und Sorte sowie Paprika.

Zu denen, die die viktorianische Leidenschaft für Farne als besonderes Phänomen würdigten, gehörte der zeitgenössische Autor Charles Kingsley, der einmal auf Highclere weilte. Auch dort grassierte die *pteridomania* (»Farnfieber«). Das Farnhaus wurde wahrscheinlich um 1860 erbaut und signalisierte Wohlstand und Status. Doch ganz unabhängig von Moden profitiert jedes Heim ganzjährig von der heiteren und luftreinigenden Wirkung bestimmter Zimmerpflanzen. Im Winter folgen auf Alpenveilchen, Amaryllis und Zimmer-Hyazinthen Tête-à-tête-Narzissen und frühe Orchideen, die im Sommer von Pelargonien und Geranien abgelöst werden.

Orchideen weckten ähnliche Leidenschaften wie Farne, auch wenn sie schwer zu ziehen sind. Man muss exakt die Wuchsbedingungen herstellen, die jede benötigt. Drinnen brauchen sie Helligkeit und gedeihen daher am besten in Süd- oder Ostfenstern. Auch darf man ihnen auf keinen Fall zu viel Wasser geben. Warten Sie, bis sie fast ausgetrocknet sind, und verwenden Sie einen geeigneten Dünger.

Ein Picknick im Winter

Im tiefsten Winter gingen einmal zwei Menschen mit ihren besten Freunden spazieren. Die Familie der Araberstute Phoebe stammte aus den heißen Sandwüsten Ägyptens, doch sie selbst hatte strahlende Augen und war blass wie der Winter. Die zwei Labradore Alfie und Stella gehörten einer Hunderasse an, deren Heimat ein kaltes, weit entferntes Land am anderen Ende der Welt war. Ihr Fell bestand aus zwei dicken Schichten, und zwischen ihren Krallen saßen Schwimmhäute.

Die Sonne stieg über den Horizont, doch sie war so schwach, dass nur wenig Licht ohne Wärme durch die Baumkronen hindurchschimmerte. Die zwei Menschen trugen dicke Mäntel und senkten ihre Köpfe, um der Kälte zu entgehen. Die Blätter unter ihren Füßen waren zu raureifverzierten Teppichen verwoben. Phoebe schritt elegant zwischen den kahlen, winterlichen Bäumen hindurch. Sie ging gern mit den beiden spazieren, da sie ihre Freundschaft schätzte und ihren Gesprächen lauschte …

... Alfie und Stella tappten in der Nähe umher. Sie spürten in der friedlichen Morgenstimmung, dass ein Mahl auf sie wartete. Es war so kalt, dass Schneeflocken herabschwebten und sie federleicht berührten. Tische und Stühle fielen ihnen ins Auge, und alle fragten sich, was dort wohl Schönes auf sie warten mochte. Phoebe, die den Duft des Holzfeuers misstrauisch aufnahm, stellte sich windwärts, um dem wirbelnden Rauch zu entgehen, obwohl die zwei Menschen den Geruch zu genießen schienen.

Sie hatten Appetit auf Suppe und dicke Scheiben selbst gebackenen Brots. Phoebe wartete geduldig und fragte sich unterdessen, wie wohl Orangen schmecken. Stattdessen wurde ihr getrockneter Grünkohl angeboten. Alfie und Stella dagegen glaubten, es sei ihre Pflicht, Brot und Käse zu probieren. Die zwei Menschen überlegten, wo sie anfangen sollten. Phoebe beschloss, einfach alles zu probieren, und die Speisen schmeckten auf dem Boden genauso gut wie auf dem Tisch. Auch Alfie und Stella wussten, dass Zeit und Raum keine Rolle spielten, sondern dass es nur auf ihre Bäuche ankam.

Die zwei Menschen schienen sich wohlzufühlen. Sie aßen und plauderten und fühlten sich wie im Märchen, vielleicht gar wie in Shakespeares *Wintermärchen*, während die Tiere ihnen zusahen und warteten, denn sie wussten, dass der Spaziergang noch nicht vorüber war.

Sauerteigbrot

Seit Jahrtausenden zählt Brot zu unseren Grundnahrungsmitteln. Wenn Sie erst einmal selbst einen Brotlaib gebacken haben, werden Sie es immer wieder tun.

Das Prinzip ist fast immer das gleiche: die Teigzutaten vermischen, dann zum Aktivieren kneten, während der Gehzeit in einer Schüssel ruhen lassen und mit einem Kreuz markieren, damit der Teufel herausfährt – ein hübscher Aberglaube, der allerdings auch das Aufgehen unterstützt. Der Schlüssel zum Erfolg liegt darin, mehrere Tage geduldig abzuwarten. Bis der Starter fermentiert, kann es 1–5 Tage dauern, je nach Temperatur und Umgebung. Halten Sie 6 Tage durch – sollten sich bis dahin keine Lebenszeichen zeigen oder sollte der Teig unangenehm riechen, werfen Sie ihn besser weg und fangen von vorn an.

Falls Sie alle 2–3 Tage Sauerteigbrot backen möchten, bewahren Sie Ihren Starterteig bei Zimmertemperatur auf und füttern Sie ihn alle paar Tage. Ansonsten können Sie ihn im Kühlschrank aufbewahren, einmal pro Woche füttern und 24 Stunden vor der Verwendung herausnehmen und bei Zimmertemperatur aufbewahren. Verwenden Sie Ihren Starter immer, wenn er gerade »hungrig« ist, also seit 24 Stunden nicht gefüttert wurde. Im Aufbewahrungsglas sollten stets 200 ml für den nächsten Laib verbleiben.

Zutaten

Für den Starterteig

700 g Weizenmehl Type 812 oder 1050

Für den Laib

500 g Weizenmehl Type 812 oder 1050, plus etwas zum Bestäuben
1 TL Salz
1 EL flüssiger Honig
300 g Sauerteigstarter
Pflanzenöl zum Einfetten

Zubereitungszeit 1 Std., 8 Tage für den Starter und 4–8 Std. Gehzeit
Backzeit 40 Min. **Ergibt** 1 Laib

Für den Starterteig ...

100 g Mehl und 125 ml lauwarmes Wasser in einer großen Schüssel zu einem glatten Teig verquirlen.

Die Mischung in ein großes Schraubglas (1 l) füllen. An einen warmen Ort stellen und den Deckel 1 Stunde lang einen Spalt offen lassen. Dann gut verschließen und für 24 Stunden beiseitestellen.

Die nächsten 6 Tage muss der Starterteig »gefüttert« werden – am besten jeweils zur gleichen Uhrzeit. Jeden Tag die Hälfte der Mischung herausnehmen und entsorgen. Dann weitere 100 g Mehl und 125 ml lauwarmes Wasser hinzufügen und alles gut vermengen.

Nach 3–4 Tagen sollten die ersten Bläschen an die Oberfläche steigen. Die Mischung verströmt einen leicht säuerlichen Hefegeruch.

Am 7. Tag sollte der Starter blasig sein und süßlicher riechen. Nun kann man ihn zum Backen verwenden.

Für das Brot ...

Mehl, 225 ml warmes Wasser, Salz, Honig und den Starterteig in einer Schüssel mit einem Holzlöffel oder einem Mixer mit Knethaken gut vermengen. Etwas Mehl hinzugeben, falls der Teig zu klebrig ist. Wenn er zu trocken ist, etwas warmes Wasser hinzugießen.

Auf eine leicht bemehlte Arbeitsfläche legen und 10 Minuten kneten, bis der Teig geschmeidig ist. Er sollte sich dehnen lassen, ohne einzureißen.

Den Teig in eine große, gut geölte Schüssel legen und abdecken. An einem warmen Ort 3 Stunden gehen lassen. Sollte der Teig zunächst kaum aufgehen, ist das nicht schlimm – Sauerteig braucht dafür länger als anderer Brotteig.

Ein sauberes Geschirrtuch in eine Schüssel legen und gut mit Mehl bestäuben. Den Teig wieder auf die Arbeitsfläche legen und kurz durchkneten. Zu einer glatten Kugel formen und mit Mehl bestäuben. Dann in die Schüssel mit dem Geschirrtuch legen, locker abdecken und bei Zimmertemperatur gehen lassen, bis sich das Volumen verdoppelt hat.

Die Gare hängt von der Stärke des Starters und der Zimmertemperatur ab und kann 4–8 Stunden betragen. Sie können den Teig auch über Nacht im Kühlschrank gehen lassen. Am Morgen dann herausnehmen und weitere 1–2 Stunden bei Zimmertemperatur gehen lassen.

Ein großes Backblech in den Backofen schieben. Den Backofen auf 230 °C vorheizen. Einen kleinen Bräter mit etwas Wasser füllen und unten in den Backofen stellen, damit sich Dampf entwickelt.

Nach 5–10 Minuten das Backblech aus dem Ofen nehmen, mit Mehl bestäuben und den aufgegangenen Teig vorsichtig auf das Blech geben. Die Oberseite mehrfach mit einem scharfen Messer einschneiden. 35–40 Minuten backen, bis der Laib goldbraun ist. Wenn man auf die Unterseite klopft, sollte es hohl klingen.

Vor dem Servieren 20 Minuten abkühlen lassen.

Toum

Die libanesische Knoblauchcreme Toum ist eine langsam gerührte Emulsion aus Knoblauch und Öl. Sie schmeckt nicht nur himmlisch, sondern ist auch sehr gesund. Roher Knoblauch ist für seine antibakteriellen Eigenschaften bekannt, die Lungen und Atemwege schützen. Während der Wintermonate bereite ich fast jede Woche eine Portion davon zu.

Traditionell verwendete man Mörser und Stößel zum Zerkleinern von Knoblauch und Salz. Heute geht dies mit Pürierstab oder Mixer wesentlich schneller.

Zutaten

½ Knoblauchknolle (ca. 6 Zehen), grüne Triebe entfernt
1 Prise Meersalz
frisch gepresster Saft von ½ Zitrone
200 ml Sonnenblumen- oder Rapsöl

Zubereitungszeit 20 Min. **Ergibt** 1 Glas

Knoblauch und Salz im Mixer fein hacken. Dabei gelegentlich die Seiten der Schüssel abschaben, sodass der Knoblauch komplett zerkleinert wird.

1 TL Zitronensaft hinzufügen und alles weiter verarbeiten. Noch einmal 1 TL Zitronensaft hinzugeben und alles zu einer glatten, luftigen Paste vermengen.

Bei laufendem Mixer langsam das Öl hinzugießen (jeweils 1 EL), dann wieder etwas Zitronensaft hinzugeben. Nochmals 1 EL Öl und Zitronensaft hinzufügen. Mit dem restlichen Öl und etwas Wasser weiter so verfahren, bis das Öl vollständig eingearbeitet ist. Das Toum in ein Schraubglas füllen und bis zu 1 Monat im Kühlschrank aufbewahren.

Toum kann als Dip und als Sauce verwendet werden. Ich tunke gern frisches Sauerteigbrot hinein, gebe etwas Toum auf Gemüse aus dem Backofen oder verwende es als Würze für kalten oder warmen Braten. Besonders köstlich schmeckt es zu gegrilltem Hähnchen. Ich bin richtig süchtig danach!

Karotten-Ingwer-Suppe

Wir bauen Karotten in großen Töpfen oder Wannen an, aber auch in Beeten. Die Labradore lieben sie allerdings, was zu einem riesigen Chaos führt, wenn sie wieder einmal eine Wanne umgekippt und die Karotten gemopst haben. Geordie sagt dann entnervt »viel zu viele Hunde«. Ich kann gar nicht genau sagen, warum wir eigentlich so viele Hunde haben ... Oft schleichen sie sich auch in den Pferdestall und entdecken dort einen Karottenvorrat. Kurz darauf scheucht Maggie (unsere Pferdepflegerin) sie verärgert hinaus.

Zutaten

1 EL Rapsöl
1 große Zwiebel, gehackt
2 EL frisch geriebener Ingwer
2 Knoblauchzehen, in Scheiben geschnitten
½ TL gemahlene Muskatnuss
850 ml Gemüsebrühe
500 g Karotten, in Scheiben geschnitten
1 Dose Cannellinibohnen (400 g)

Zubereitungszeit 15 Min. **Garzeit** 25–30 Min. **Für** 4 Personen

Das Öl in einem Topf erhitzen, Zwiebel, Ingwer und Knoblauch hinzugeben und 5 Minuten braten, bis sie weich sind. Muskatnuss unterrühren und alles 1 weitere Minute garen.

Brühe, Karotten und Bohnen mit Flüssigkeit hinzufügen, einen Deckel auflegen und alles 20–25 Minuten köcheln lassen, bis die Karotten weich sind.

Ein Drittel der Mischung in eine Schüssel geben, den Rest glatt pürieren. Alles in den Topf geben und sprudelnd aufkochen. Heiß servieren.

Tipp aus der Küche

Vor dem Servieren nach Belieben mit gerösteten Mandelblättchen und etwas Muskatnuss bestreuen.

Flapjacks (Haferkekse)

Zutaten

350 g Butter, plus etwas zum Einfetten
250 g Golden Syrup (Zuckerrübensirup)
250 g Rohrohrzucker
550 g kernige Haferflocken
1 Prise Salz

Zubereitungszeit 10 Min. **Garzeit** 15 Min. **Für** 6–8 Personen

Den Backofen auf 180 °C vorheizen. Eine Backform (25 x 35 cm) einfetten und mit Backpapier auslegen.

Butter mit Sirup in einem Topf zerlassen. Die restlichen Zutaten hinzufügen und gut vermengen.

Fest in die Backform drücken.

Die Flapjacks 10–15 Minuten im Ofen backen.

Vor dem Stürzen leicht abkühlen lassen. Danach in Stücke schneiden.

DIE SECHS SCHWESTERN

Hinter dem Tisch für Winterpicknicks liegt eine kurze Allee. Meine fünf Schwestern und ich haben dort je ein Paar Walnussbäume gepflanzt, die mit der Zeit einen hellen, breiten Weg bilden werden, der den Wood of Goodwill über die Rosenlaube mit dem Pinetum und dem Wild Garden verbinden wird. Dort gibt es oft Frost, und so mussten wir wiederholt Bäume ersetzen, aber nun haben es offenbar alle geschafft.

Die Echte Walnuss (*Juglans regia*), die Schwarze Walnuss und andere Walnussarten werden wegen ihres Holzes geschätzt, das hart, dicht und feinporig ist und sich sehr glatt schleifen lässt. Seine Farbe reicht von Cremeweiß im Splint- bis zu Schokoladenbraun im Kernholz. Die Früchte können in jedem Herbst geerntet werden und sind eine gute Quelle für Nahrung sowie für ätherische Öle und finden sogar in der traditionellen Medizin Verwendung.

In puncto Ernte konkurrieren wir mit den Eichhörnchen, und da sie vor Ort sind, scheinen immer sie den Sieg davonzutragen. Außerdem futtern sie gern Esskastanien. In Romanen von Charles Dickens werden Maronen glühend heiß in Salz gestippt. Auch die Hasel gedieh auf Highclere immer gut; aus ihren wüchsigen, biegsamen Ruten werden Zäune geflochten, und die Nüsse sind so zahlreich, dass Eichhörnchen und Siebenschläfer uns ab und zu sogar welche übrig lassen.

Haselnüsse und Walnüsse kann man zu Musen mit einer wunderbaren Mischung aus Ballaststoffen, Eiweiß, B-Vitaminen, Phosphor, Zink, Vitamin E und Ölsäure oder Omega-3-Fettsäure verarbeiten. Sie schmecken köstlich zu knackigem Gemüse, sind aber sehr kalorienreich, was gut sein mag für Siebenschläfer und Eichhörnchen, für uns hingegen weniger.

WINTERSPAZIERGÄNGE

Roads go on
While we forget, and are
Forgotten like a star
That shoots and is gone.
Edward Thomas: »Roads«, 1916

SPAZIERENGEHEN REGT ZUM NACHDENKEN DARÜBER AN, warum wir es eigentlich tun: ob aus Notwendigkeit oder um uns zu bewegen. Es gehört zum Menschsein dazu und erinnert uns daran, dass wir Reisende sind. Im Winter enthüllen die kahlen Äste die Struktur einer alten Landschaft; über dem Wood of Goodwill ist nun deutlich das eisenzeitliche Fort erkennbar. Unsere Vorfahren hinterließen uns als eine Art Gemeinschaftserbe zahlreiche Spuren und Wegmarken – Pfade, Bäume, exponierte Steine –, wie Geister der Vergangenheit, die uns leiten sollen. Die Lokalgeschichte manifestiert sich in den Geschichten derer, die lange vor uns die alten, im fahlen Winterlicht bisweilen fast ein wenig unheimlich wirkenden Wege und eingetieften Pfade der Kreidehänge entlangwanderten.

Beidseits der Wege oberhalb des Schlosses sind Relikte der alten Felder sichtbar. Seit Steinzeitsiedler sie erstmals aus Wald und Gebüsch hackten, mögen sie ein wenig die Form verändert haben, aber spätere Felder wurden großenteils um die bestehenden herum angelegt. Die Felder auf dem tiefer gelegenen Land mit besserer Erde sind heute mit Hecken eingefasst, aber der Vorzug dieser Kreidevorsprünge ist, dass sie noch so sind, wie sie immer waren. Um sie dauerhaft zu erhalten, zäunen wir sie nur teilweise ein und lassen sie nur schwach von Schafen abgrasen, was Wildtieren Freiräume verschafft.

Wenn Land und Erde schlafen, ist für Felder und Wälder die ruhigste und härteste Zeit angebrochen. In den Hecken picken Vögel nach Essbarem, und Schafe können etwas extra Heu oder Rüben vertragen.

In jeder hellen Stunde des Tages wird dafür Sorge getragen, dass Pferde und Ponys, Hühner, Schafe und Schweine den Winter überstehen. Unsere Tierpfleger Ben und Simon streuen auf der Farm Vogelfutter aus. Die nackte Erde nimmt den Regen auf, während Mikroorganismen den eingearbeiteten Kompost in wertvolle Nährstoffe für die nächste Nutzpflanze verwandeln. Und wir spüren alle, wie die Natur sich zurückzieht, bevor die Säfte wieder steigen.

KROKUSSE, SCHNEEGLÖCKCHEN

Je nach Sorte blühen Krokusse von Herbst bis Frühjahr und beleben vor allem den winterlichen Boden mit Weiß sowie sämtlichen Violett- und überraschenden Safrantönen. Obwohl wie andere Knollen giftig, werden sie nur allzu oft von Mäusen und Maulwürfen gefressen. Krokusse vermehren sich munter und kommen, von Jahr zu Jahr üppiger blühend, immer wieder. Sie mögen gut drainierte Erde und Halbschatten bis volle Sonne. Pflanzen Sie die Knollen in lockeren Gruppen, nur acht Zentimeter tief und fünf bis acht Zentimeter voneinander entfernt.

Wie auch viele Zwiebeln schmecken die Knollen der verbreitetsten Krokusse hier auf Highclere – verschiedene *Crocus vernus*-Hybriden – leider den Eichhörnchen (und Mäusen) besonders gut, und auch wenn das Gartenteam die Tiere mit diversen Mitteln fernzuhalten versucht, ist und bleibt die klügste Methode, Sorten zu pflanzen, die sie nicht mögen. Es gibt einige, und sie sind recht attraktiv. Die lila-weißen *Crocus tommasinianus*-Sorten blühen vom späten Winter bis zum frühen Frühling. Sie sind hübsch und schmecken so scheußlich, dass Eichhörnchen sie verschmähen, während frühe Bienen ihren Nektar mögen.

Einer Legende zufolge gab einst Eva im Garten Eden fast die Hoffnung auf, der Winter könnte je enden. Da erschien ihr ein Engel und verwandelte eine Schneeflocke in ein Schneeglöckchen zum Zeichen, dass es bald Frühling würde. Am 2. Februar, dem 40. Tag nach Weihnachten, wird Mariä Lichtmess begangen, wobei heute wohl weniger Menschen als einst das Datum und das, wofür es steht, kennen. An diesem Tag zündete man traditionell Kerzen als Symbol der Frühlingshoffnung an, denn man ließ die Dunkelheit hinter sich, und ein leichterer Monat lag vor einem. Das englische Wort *candle* geht auf das lateinische *candere* (glänzen) zurück. Kerzen verströmen Romantik, Sicherheit, Wärme und Trost, so wie Schneeglöckchen, diese forschen, kleinen, weißen Blütenglöckchen draußen in den Gärten und Kirchhöfen, den nahen Frühling anzeigen. Sie sind das natürliche Pendant zu den Kerzen, die unsere Häuser erhellen. In unserer trubeligen, eher unharmonischen Zeit bringen uns diese Blümchen zum Lächeln und fokussieren uns.

Doch nicht nur sie brechen im Winter durch die Erde. Nieswurz, auch Christrose genannt, blüht vom späten Winter bis zum Frühjahr, ist frostresistent und immergrün. Ihre Farbe reicht von Schneeweiß bis zu Schattierungen von Gelb, Rosa und Limettengrün, und sie breitet sich langsam mittels Rhizomen aus. Manche Blüten schauen zu einem hoch, andere hängen schüchtern herab. Schon weil sie eine frühe Nektarquelle für Bienen sind, sollte man sie wo immer möglich ansiedeln. Winter-Schneeball, ein immergrüner Strauch, sorgt in den kalten Monaten in Beet und Wald für Kontur und Form und kann einen Winterspaziergang zu einem wahren Dufterlebnis machen.

Hinter der Büste Karls des Großen beim Mönchsgarten stehen etliche hohe, skulpturale *Mahonia japonica*-Sträucher. Den Großteil des Jahres über sind sie nur große, buschige Hintergrundgewächse mit hellgrünen, dornigen Blättern, aber in dieser Jahreszeit zeigen sich ihre duftenden, zitronengelben Blüten, die herabhängende Trauben bilden. An stillen Tagen duftet die Luft danach, und auf der Suche nach der Quelle läuft man im Kreis. Ganz anders die cremefarbenen Kügelchen der wintergrünen Klematis, die sich zart um Zäune rankt und sämtliche Schlechtwetteranzeichen ignoriert, und der Winterjasmin, der hellgelbe Farbtupfer an die Mauern malt. Seltsam, wie viele der frühen Frühjahrsblüten, diese Vorboten des Frühjahrs, entweder weiß oder gelb sind – wie Licht oder Sonnenschein.

Im Garten gilt es in dieser Jahreszeit vor allem, alles für Frühling und Sommer fit zu machen: umgraben, mulchen, beschneiden, pflanzen, umsetzen. Und derweil Paul und sein Team im Garten arbeiten, plant und bereitet das Schlossteam mit mir die Führungen und Veranstaltungen der kommenden 18 Monate vor. Denn während die Tage allmählich wieder länger werden, brauchen wir etwas, auf das wir uns freuen können.

ACH DU LIEBER HIMMEL

SPÄTABENDS BRECHEN EIN GETÜMMEL UNGESTÜMER HUNDE und ich bei jedem Wetter zum letzten Spaziergang des Tages auf. Ohne ihr heftiges Drängen würde ich bestimmt drinnen bleiben, und manchmal, wenn es Bindfäden regnet und der Wind tost, kehre ich schnell wieder um. Meist aber sehe ich ehrfürchtig staunend zum Himmel auf und freue mich, doch rausgegangen zu sein. Oder, mit Vincent van Gogh: »Ich weiß nichts mit Bestimmtheit, aber beim Anblick der Sterne komme ich immer ins Träumen.« Jeder Abendspaziergang ist eine friedvolle Pause von lauten menschlichen Aktivitäten und eine seltene Gelegenheit, innezuhalten und zu schauen.

Der Nachthimmel ist ein eindrucksvolles, riesiges, von Tausenden Sternen erleuchtetes Gewölbe, immer gleich und zugleich in ständigem Wandel. Von unterschiedlichen Orten aus sehen wir alle denselben Halbkreis; unsere Vorfahren sahen ihn, und auch unsere Nachkommen in ferner Zukunft werden hoffentlich zu ihm aufblicken und staunen. Je nach Jahreszeit und Standort sehen wir Sterne und Planeten sich auf ihren Bahnen bewegen. Ich sah im Laufe dieses Jahres Arktur über den Himmel ziehen, Jupiter und Saturn direkt über dem Schloss nach Süden zu hell leuchten, wenn ich querfeldein lief, und oft war Mars deutlich sichtbar, der heute noch genauso fasziniert wie die mythische Figur, der er seinen Namen verdankt.

Schon in den ältesten Mythen und Legenden findet sich unser Verhalten, ob gut oder böse, auf Sternbilder wie z.B. Großer Bär, Kassiopeia, Perseus, Orion oder Jungfrau übertragen. Die älteste mit dem Orion-Sternbild verbundene Darstellung entdeckten Archäologen auf einer prähistorischen Schnitzerei in einer Höhle im Achtal in Baden-Württemberg; sie soll über 30000 Jahre alt sein. Im alten Ägypten standen die Sterne des Orion für den Gott Sah, und dessen Gemahlin Sopdet verkörperte den Stern Sirius. Homers *Ilias* zeichnet die Geschichte von Orion, dem Jäger, und dem Stern Sirius, seinem Hund, nach. Diese Sterne werden noch heute dem Jäger Orion zugeordnet, in dessen Gürtel so etwas wie ein Pfeil zu erkennen ist. Er war tapfer, aber auch fehlbar.

»... Langsam und still nacheinander im weiten Gefilde des Himmels
Blüh'ten die Sterne auf, die Vergissmeinnichtblumen der Engel.«
Henry Wadsworth Longfellow: »Evangeline: Eine Erzählung aus Acadien«, 1847

KURZE TAGE UND LANGE ABENDE VERLANGEN NACH HERZHAFTEN EINTÖPFEN UND geschmorten Gerichten. Denn diese Speisen spiegeln die für diese Jahreszeit typische Fülle an Wild und Wintergemüse wider. Im Winter kehren wir oft von einem belebenden Spaziergang im schwachen Sonnenlicht nach Hause zurück. Eingemummt in warme Schals und dicke Mäntel schreiten wir an raureifgeschmückten Hecken entlang und freuen uns auf Pies, Currys und Marmalade Pudding. Die Natur und das Wetter haben nun eine ganz andere Energie, sodass wir uns nach kräftigenden Gerichten sehnen.

Winterküche

Das einfachste Pfannkuchenrezept

In diesem Punkt unterscheiden sich die USA und Großbritannien wesentlich: Die amerikanischen Pancakes sind luftiger, während wir die dünne britische Variante bevorzugen, besonders am Faschingsdienstag (Pancake Day). *Unsere Pancakes bestehen aus nur drei Zutaten und werfen vielleicht Blasen, aber gehen nicht auf. Sie ähneln eher den französischen Crêpes und eignen sich für die köstliche Nachspeise Crêpes Suzette. Dafür benötigen Sie mehrere Pfannkuchen, die Sie zusammenklappen und in einem Sirup aus Orangensaft, Zucker und Grand Marnier servieren.*

Zutaten

100 g Mehl
2 Eier (Größe M)
300 ml fettarme Milch
1 EL Sonnenblumen- oder Pflanzenöl, plus etwas zum Braten
1 Prise Salz

Zubereitungszeit 5 Min. **Garzeit** 10 Min. **Für** 4–6 Personen

Mehl und 1 Prise Salz in einer großen Schüssel vermengen. In die Mitte eine Mulde drücken, die Eier aufschlagen und hineingeben. 50 ml Milch und das Öl hinzugießen. Das Mehl nach und nach einarbeiten und alles zu einem glatten, dicken Teig verrühren. Falls der Teig zu fest ist, etwas mehr Milch hinzufügen.

Etwas von der restlichen Milch hinzugeben und verrühren. Weiterrühren und dabei nach und nach den Rest hinzugießen, bis der Teig die Konsistenz von dickflüssiger Sahne hat.

Eine Pfanne bei mittlerer Hitze erhitzen und mit eingeöltem Küchenpapier auswischen. Einen Schöpflöffel Teig in die Pfanne geben. Die Pfanne schwenken, bis sich der Teig in einer dünnen Schicht verteilt hat. Überschüssigen Teig zurück in die Rührschüssel gießen.

30 Sekunden backen, ohne die Pfanne zu bewegen, bis die Pfannkuchenunterseite goldbraun ist.

Eine Palette unter den Pfannkuchen schieben und den Pfannkuchen schnell wenden. Weitere 30 Sekunden backen und dann auf einen warmen Teller gleiten lassen.

Mit dem restlichen Teig ebenso verfahren. Dabei nach Bedarf die Pfanne mit dem öligen Küchenpapier auswischen.

Mit Zitronenspalten oder Golden Syrup servieren.

Tipp aus der Küche

Für Crêpes Suzette eine Orangensauce aus dem frisch gepressten Saft von 2 unbehandelten Orangen, dem Abrieb von 1 unbehandelten Orange, 175 g Butter und 75 g feinem Zucker zubereiten: dazu die Zutaten in einem Topf vermengen, erhitzen und zu Sirup einköcheln lassen. Die zusammengeklappten Pfannkuchen in die warme Sauce legen, etwas Cointreau oder Grand Marnier hinzugießen, vorsichtig anzünden und flambieren.

Pastinaken-Apfel-Suppe

Geordie liebt Pastinaken, ob gebacken oder als Suppenzutat. Sie passen hervorragend zu Äpfeln. Ich liebe Walnüsse – mit einigen gerösteten Nüssen garniert wird die Suppe schön knackig.

Zutaten

50 g Butter
2 EL natives Olivenöl extra
1 große weiße Zwiebel, geschält und gehackt
4 mittelgroße Pastinaken, geschält und in Scheiben geschnitten
2 Äpfel, geschält, Kerngehäuse entfernt, gehackt
1 TL Currypulver (nach Belieben)
1 l Gemüsebrühe
einige Zweige frischer Thymian
200 g Crème fraîche
Salz und frisch gemahlener Pfeffer
Walnüsse, geröstet, und/oder Apfelscheiben zum Garnieren (nach Belieben)

Zubereitungszeit 15 Min. **Garzeit** 30–40 Min. **Für** 4 Personen

Butter und Öl in einem großen Topf erhitzen und Zwiebel und Pastinaken bei mittlerer Hitze 15 Minuten braten, bis sie weich sind.

Äpfel und Currypulver (nach Belieben) hinzugeben und 2–3 Minuten schmoren.

Brühe und Thymian hinzufügen, mit Salz und Pfeffer würzen und bei niedriger Hitze 30 Minuten köcheln lassen, bis das Gemüse weich ist.

Vom Herd nehmen und mit dem Pürierstab glatt pürieren. Drei Viertel der Crème fraîche einrühren.

Die Suppe auf Schüsseln verteilen und jede Portion mit etwas Crème fraîche krönen. Nach Belieben mit Apfelscheiben oder leicht gerösteten Walnüssen garnieren.

Sellerie

Im Grab Tutenchamuns fand man Sellerieblätter – dessen gesundheitsfördernde Eigenschaften sind seit langer Zeit bekannt. Obwohl Sellerie überwiegend aus Wasser besteht, wirkt er antioxidativ und enthält Selinen, Limonen, Kaempferol, p-Cumarsäure, Vitamin K, Folsäure, die Vitamine A, B_2, B_6, C und Kalium. Die Römer glaubten an seine heilende Wirkung bei Gicht, Schlaflosigkeit und Arthritis und hielten ihn sogar für luststeigernd. Sellerie aus den Fens (engl. Marschlandschaft) galt in der viktorianischen Küche als beliebte Delikatesse. Man kann aus dem Gemüse eine wirklich köstliche Suppe zubereiten. Geschmort ergibt Sellerie eine wunderbare Beilage zu Fleisch- und Fischgerichten.

Suppe aus gebackenem Sellerie und Fenchel

Zutaten

1 Staudensellerie, in Stücke gehackt
1 Fenchelknolle
1 Knoblauchzehe, gehackt
2 EL natives Olivenöl extra
750 ml Hühnerbrühe
2 große Kartoffeln, geschält und gewürfelt
2 EL gehackte Petersilie
Salz und frisch gemahlener Pfeffer
Sahne zum Garnieren

Zubereitungszeit 16 Min. **Garzeit** 45 Min. **Für** 4 Personen

Den Backofen auf 180 °C vorheizen.

Sellerie, Fenchel und Knoblauch in einem großen Bräter vermengen. Mit Öl beträufeln und mit Salz und Pfeffer würzen. Alles vermengen, bis das Gemüse rundum bedeckt ist. Mit Alufolie abdecken (das Gemüse sollte nicht zu stark anbräunen). 45 Minuten backen, bis das Gemüse weich ist.

Inzwischen die Brühe in einem Topf erhitzen. Die Kartoffeln hinzufügen und 20 Minuten garen, bis sie weich sind. 1 EL Petersilie hinzufügen.

Die Gemüsemischung zur Brühe geben, alles pürieren und mit Salz und Pfeffer abschmecken. Auf Schüsseln verteilen, mit der restlichen Petersilie bestreuen und mit etwas Sahne garnieren.

Geschmorter Sellerie

Zutaten

2 Staudensellerie
1 EL frisch gehackte, gemischte Kräuter
150 ml Weißwein
250 ml Crème double
2 Knoblauchzehen, zerdrückt
25 g Butter
Salz und frisch gemahlener Pfeffer

Zubereitungszeit 5 Min. **Garzeit** 1 Std. **Für** 6–8 Personen

Den Backofen auf 180 °C vorheizen.

Die Selleriestangen waschen und schälen und längs in eine ofenfeste Schale legen. Mit den Kräutern bestreuen.

Wein, Crème double und Knoblauch in einem Krug vermengen. Mit Salz und reichlich Pfeffer würzen. Den Sellerie mit der Weinmischung übergießen und mit Butterflöckchen bedecken.

Mit Alufolie abdecken und 45 Minuten backen, bis der Sellerie weich ist. Die Alufolie abnehmen und den Sellerie weitere 15 Minuten backen.

Geschmorter Sellerie →

Wintersalat mit Honig

Mit Honig schmeckt alles besser, ob Toast, Porridge oder Salat.

> *Ein Tag ohne einen Freund ist wie ein Topf, ohne einen einzigen Tropfen Honig darin.*
> *»Ich fühle mich heute gar nicht wie Pu«, sagte Pu.*
> *»Du Armer«, sagte Ferkel. »Ich bringe dir einen Tee mit Honig, bis du dich wieder wie Pu fühlst.«*
> A.A. Milne: *Pu der Bär*, 1926

Zutaten

1 Butternutkürbis, in dünne Spalten geschnitten
2 rote Zwiebeln, halbiert und in Spalten geschnitten
4 Pastinaken, in Spalten geschnitten
3 EL natives Olivenöl extra
1–2 EL flüssiger Honig
1 kleiner Laib Ciabatta, grob zerpflückt
1 EL Sonnenblumenkerne
225 g Spinat
2 EL Weißweinessig
1 TL Dijonsenf
Salz und frisch gemahlener Pfeffer

Zubereitungszeit 15 Min. **Garzeit** 30 Min. **Für** 4 Personen

Den Backofen auf 220 °C vorheizen.

Das Gemüse in einen großen Bräter geben und mit 2 EL Öl beträufeln. Mit Salz und Pfeffer würzen und 25 Minuten backen. Dabei gelegentlich wenden, bis das Gemüse weich ist und der Butternutkürbis an den Rändern bräunt. Mit dem Honig beträufeln. Ciabattastückchen und Sonnenblumenkerne darüberstreuen und alles weitere 5 Minuten backen, bis das Brot und die Kerne geröstet sind.

Den Spinat in eine große Schüssel geben und die warme Gemüse-Ciabatta-Mischung hinzufügen.

Essig, Senf und restliches Öl in einer kleinen Schüssel verrühren, mit Salz und Pfeffer würzen. Dann mit dem Salat vermengen, bis der Spinat leicht zusammenfällt.

Sofort servieren.

Smoked Haddock Mornay mit Spinat

Geräucherter Schellfisch ist eines der Lieblingsrezepte meiner Mutter. Ich sehe sie noch vor mir, wie sie ihn mit meinem Vater zusammen zubereitete. Allerdings war es ihr deutlich lieber, wenn ich ihn zubereitete, während sie mit Geordie plaudern und einen Gin Tonic trinken konnte.

Zutaten

300 ml Vollmilch
1 kleine Zwiebel, geschält, längs in 6 Spalten geschnitten
1 Lorbeerblatt
2 Streifen Schale von 1 unbehandelten Zitrone
450 g geräuchertes Schellfischfilet (oder ein anderes weißfleischiges Fischfilet mit Haut)
40 g Butter
25 g Mehl
2 EL Weißwein
50 g Gruyère, fein gerieben
½ TL Englischer Senf (oder sehr scharfer Senf)
3 EL Crème double
500 g Spinat
Salz und frisch gemahlener Pfeffer

Für den Gratinbelag

25 g frische Semmelbrösel
15 g Gruyère, fein gerieben
½ TL frisch gehackte Petersilie

Zubereitungszeit 25 Min. **Garzeit** 20 Min. **Für** 4 Personen

Milch, Zwiebel, Lorbeerblatt und Zitronenschale in eine große Pfanne geben. Das Fischfilet mit der Hautseite nach unten hineinlegen. Die Sauce bei mittlerer Hitze 5–6 Minuten leicht köcheln lassen, bis der Fisch beginnt zu zerfallen. Den Fisch dabei gelegentlich mit der Sauce begießen. Danach 5 Minuten ruhen lassen.

Den Fisch abseihen und abtropfen lassen, die Milch aufbewahren.

Die Butter in einer großen beschichteten Pfanne zerlassen und das Mehl einrühren. Langsam die warme Milch unter ständigem Rühren zur Mehlschwitze gießen. Alles unter Rühren köcheln lassen, bis die Sauce glatt und angedickt ist. Wein, Gruyère, Senf und Crème double unterrühren. Bei niedriger Hitze unter ständigem Rühren weitere 2–3 Minuten garen. Mit Salz und Pfeffer abschmecken.

Den Fisch in Stücke zerteilen. Haut, Zwiebel, Lorbeerblatt und Zitronenschale entfernen. Den Fisch zur Sauce geben und behutsam 2 Minuten erhitzen.

Den Spinat in einem Topf mit kochendem, gesalzenem Wasser 1 Minute blanchieren. Gut abtropfen lassen und dann warm halten.

Für das Gratin die Grillfunktion des Backofens auf hoher Stufe einschalten. Semmelbrösel, Gruyère und Petersilie vermengen. Die Fischmischung in eine feuerfeste Form füllen und mit der Gratinmischung bestreuen. 3–5 Minuten im Backofen überbacken, bis das Gratin gebräunt ist.

Das Fischgratin auf einem Bett aus Spinat servieren.

Wintergemüsecurry

Meine Nichte Marina ist Vegetarierin. Sie beklagt sich immer, dass ihre Mutter Sarah, meine zweite Schwester, nicht kocht. Genau genommen stimmt das nicht, denn Sarah kocht zumindest gelegentlich Eier. Dieses wunderbare vegetarische Curryrezept ist wie geschaffen für die beiden.

Zutaten

1 EL Pflanzenöl
1 TL Senfsamen
5 frische Curryblätter (oder Kaffirlimettenblätter)
2 mittelgroße Zwiebeln, fein gehackt
1 Stück frischer Ingwer (2 cm), fein gehackt
1 rote Chili
½ TL Kurkuma
1 TL Fenchelsamen
1 TL Bockshornkleesamen
400 ml Kokosmilch
250 g Speise- und Steckrübe, gewürfelt
3 EL Gemüsebrühe
1 kleiner Blumenkohl, in Röschen zerteilt, blanchiert und in der Pfanne geröstet
Salz und frisch gemahlener Pfeffer
1 Handvoll frisches Koriandergrün (nach Belieben)

Zubereitungszeit 25 Min. **Garzeit** 35 Min. **Für** 4 Personen

Das Pflanzenöl in einer Pfanne erhitzen. Senfsamen und Curryblätter hinzugeben und rösten, bis die Senfsamen zu springen beginnen (nicht anbrennen lassen). Zwiebel und Ingwer hinzufügen und 3–4 Minuten braten.

Die restlichen Gewürze hinzugeben und alles 1 Minute rösten.

Kokosmilch, Speise- und Steckrübe und 1 EL Gemüsebrühe hinzufügen.

Mit Salz und Pfeffer würzen, einen Deckel auflegen und alles 20 Minuten köcheln lassen. Bei Bedarf die restliche Brühe hinzugießen.

Den Blumenkohl hinzugeben und vermengen. Weitere 10 Minuten köcheln lassen.

Nach Belieben mit Koriandergrün bestreuen und servieren.

Schmeckt fabelhaft mit Duftreis (siehe Rezept unten), Naanbrot, Papadams und Mango-Chutney.

Duftreis

Zutaten

1 TL Kreuzkümmelsamen
3–4 Kardamomkapseln
1 TL Gewürznelken
400 ml Gemüsebrühe oder Wasser
1 Zimtstange
1 kleine Zwiebel, ungeschält, halbiert
250 g Basmatireis
25 g Butter (nach Belieben)

Zubereitungszeit 10 Min. **Garzeit** 20 Min. **Für** 4 Personen

Einen Topf erhitzen. Kreuzkümmelsamen, Kardamomkapseln und Nelken bei mittlerer Hitze darin rösten, bis sich die Aromen entfalten.

Brühe oder Wasser, Zimtstange und Zwiebel hinzugeben und alles zum Kochen bringen. Die Temperatur reduzieren und alles 15–20 Minuten köcheln lassen.

Inzwischen den Reis in einem Sieb unter fließend kaltem Wasser abspülen, damit er nicht so stärkehaltig ist. In einen großen Topf geben.

Die Gewürzbrühe abseihen und zum Reis geben. Die Temperatur erhöhen und die Brühe schnell zum Kochen bringen. Dann einen Deckel auflegen und die Temperatur reduzieren.

10–12 Minuten köcheln lassen, bis der Reis gar ist. Vor dem Servieren den Reis mit einer Gabel auflockern und zum Verfeinern nach Belieben die Butter unterrühren.

Soufflé mit drei Käsesorten

Mrs Mackie war 1932 die Köchin des 6. Earl und der Countess of Carnarvon. Damit die Diener mit ihren kulinarischen Meisterwerken schnell genug zum Speisezimmer liefen, scheuchte sie die Bediensteten persönlich durch die Gänge.

Diese doppelt gebackenen Soufflés lassen sich im Voraus zubereiten – so muss man sich keine Sorgen machen, ob sie im passenden Moment aufgehen. Mit einem knackigen Salat sind sie ein schnelles Mittagessen. Ich liebe Käse einfach!

Zutaten

Für die Soufflés

40 g Butter, plus etwas zum Einfetten
1 kleine Zwiebel, geschält und in Spalten geschnitten
275 ml Vollmilch, plus bei Bedarf etwas zum Auffüllen
1 Lorbeerblatt
40 g Mehl
40 g reifer Cheddar, grob gerieben
40 g Gruyère, grob gerieben
40 g milder Ziegenkäse
1 TL Englischer Senf (oder 2 TL Dijonsenf)
frisch geriebene Muskatnuss (nach Belieben)
1 EL frische Schnittlauchröllchen, plus etwas zum Garnieren
3 Eier (Größe M), getrennt
Salz und frisch gemahlener Pfeffer

Für die Zweite Backzeit

50 g Gruyère oder reifer Cheddar, fein gerieben
6 EL Crème double

Zubereitungszeit 30 Min. **Garzeit** 40 Min. **Für** 6 Personen

Den Backofen auf 200 °C vorheizen.

6 feuerfeste Souffléförmchen (à 150 ml) einfetten und mit Backpapier auslegen. Auf ein Backblech stellen.

Zwiebel, Milch und Lorbeerblatt in einen Topf geben und 5 Minuten köcheln lassen, bis sich die Aromen verbinden. Vom Herd nehmen und einige Minuten beiseitestellen.

Die Butter in einem zweiten Topf zerlassen und das Mehl einrühren. 1 Minute unter ständigem Rühren erhitzen, bis die Mischung schäumt. Vom Herd nehmen.

Die Milch abseihen. Nach und nach etwa 250 ml Gewürzmilch in die Mehl-Butter-Mischung einrühren. Dann wieder auf den Herd stellen und unter ständigem Rühren 2 Minuten erhitzen, bis die Mischung glatt und angedickt ist.

Alle Käsesorten, Senf und Muskatnuss hinzufügen und alles weitere 1–2 Minuten erhitzen, bis der Käse schmilzt.

Die Schnittlauchröllchen unterrühren und mit Salz und Pfeffer kräftig würzen. In eine feuerfeste Schüssel füllen und 5 Minuten ruhen lassen.

Die Eigelbe nach und nach hinzugeben und jeweils gut unterrühren.

Das Eiweiß steif schlagen. Mit einem Metalllöffel etwas Eischnee zur Käsemischung geben und vorsichtig unterheben. Dann den restlichen Eischnee vorsichtig unterheben. Dabei sollte es möglichst wenig Volumen verloren gehen.

Die Förmchen bis knapp unter den Rand mit der Soufflémischung füllen. Auf mittlerer Schiene 15–20 Minuten backen, bis die Soufflés aufgegangen und goldbraun sind (die Ofentür die ersten 10 Minuten der Backzeit nicht öffnen). Danach das Backblech aus dem Backofen nehmen und die Soufflés in den Förmchen abkühlen lassen.

Sobald sie abgekühlt sind, ein Backblech mit Backpapier belegen und mit einem Messer am Rand eines jeden Soufflés entlangfahren. Die Soufflés vorsichtig auf die Hand stürzen. Den Backpapierkreis vom Boden abziehen und die Soufflés mit der Bodenseite nach oben auf das Backblech stellen. Nun kann man sie mit Frischhaltefolie abdecken und vor dem zweiten Backen bis zu 24 Stunden im Kühlschrank aufbewahren.

Zum Servieren ...

Den Backofen auf 200 °C vorheizen.

Jedes Soufflé mit dem geriebenen Gruyère oder Cheddar bestreuen, 1 EL Crème double darübergeben und 10 Minuten backen, bis sie durcherhitzt sind und der Käsebelag geschmolzen ist. Sofort servieren.

Gebackene Gnocchi mit Spinat

Gebackene Gnocchi, die klassischen italienischen Kartoffelklößchen, ergeben immer eine herzhafte Mahlzeit. Die Zubereitungsweise variiert je nach Region – dieses ist unser Lieblingsrezept.

Zutaten

1 kg mehligkochende Kartoffeln
2 Knoblauchzehen, geschält
3 Eier (Größe M), verquirlt
300 g Mehl, plus bei Bedarf etwas zum Formen
600 ml Béchamelsauce (siehe Rezept unten)
400 g Spinat
Salz und frisch gemahlener Pfeffer

Tipp aus der Küche

Geben Sie Käse (nach Wahl) oder getrocknete Chiliflocken zur Sauce. Bestreuen Sie die Gnocchi mit frisch gehackten Kräutern wie Schnittlauch, Petersilie oder Salbei.

Zubereitungszeit 10 Min. **Garzeit** 30 Min. **Für** 4 Personen

Den Backofen auf 190 °C vorheizen.

Ungeschälte Kartoffeln und Knoblauch in einen Topf mit kaltem Wasser legen, zum Kochen bringen und weich garen.

Die heißen Kartoffeln schälen und mit dem Knoblauch zerdrücken.

Die warme Kartoffelmasse auf eine Arbeitsfläche geben, in die Mitte eine Mulde drücken und die verquirlten Eier einarbeiten.

Mehl, Salz und Pfeffer hinzufügen und alles zu einem lockeren Teig verarbeiten, der sich gut formen lässt und nicht klebt.

Die Mischung in drei Portionen teilen und zu daumendicken Würsten rollen. In längliche Stückchen schneiden. Bei Bedarf mehr Mehl verwenden.

Gesalzenes Wasser in einem großen Topf zum Kochen bringen. Die Gnocchi darin portionsweise 2 Minuten pochieren.

Die fertigen Gnocchi aus dem Wasser nehmen und in kaltem Wasser abschrecken.

Die Béchamelsauce bei mittlerer Hitze erwärmen. Spinat und Gnocchi hinzufügen. Vorsichtig vermengen und in eine feuerfeste Form füllen. 15 Minuten backen.

Béchamelsauce

Zutaten

1 kleine Zwiebel, geschält und mit 4 Gewürznelken gespickt
1 l Vollmilch
100 g Butter
100 g Mehl

Tipp aus der Küche

Wer es noch aromatischer mag, lässt die gespickte Zwiebel noch länger bei niedriger Hitze in der Sauce köcheln.

Zubereitungszeit 10 Min. **Garzeit** 30 Min. **Ergibt** 600 ml

Milch und Zwiebel bei niedriger Hitze in einem Topf zum Köcheln bringen. Vom Herd nehmen und beiseitestellen.

Die Butter in einem zweiten Topf langsam zerlassen.

Das Mehl in die zerlassene Butter einrühren und bei niedriger Hitze 4 Minuten erwärmen, sodass die Mischung nicht anbräunt.

Die warme Milch unter ständigem Rühren langsam zur Mehlschwitze gießen, bis eine glatte Sauce entsteht.

Die Zwiebel herausnehmen und entsorgen. Falls nötig, die Sauce abseihen.

Schweinebauch mit Fenchel

Über dem Türstock aufgehängtes Fenchelkraut soll den Teufel vertreiben. Früher wurde zudem zu Halloween, wenn sich die Grenzen zwischen der Welt der Lebenden und der Toten auflösen, Fenchelkraut in die Schlüssellöcher gestopft. Doch auch in der Küche ist Fenchel vielseitig einsetzbar: Fenchelgemüse ist knackig und schmeckt roh stark nach Anis. Bei gebratenem oder geschmortem Fenchel wird das Aroma milder. Das köstliche Wintergemüse steckt voller Vitamine wie Mangan und anderer gesunder Elemente.

Zutaten

3 Knoblauchzehen
2 TL Fenchelsamen
1 TL grob gemahlener schwarzer Pfeffer
abgeriebene Schale von 3 unbehandelten Zitronen
frisch gepresster Saft von 2 Zitronen
2 TL frisch gehackter Rosmarin
2 EL natives Olivenöl extra
1,2 kg Schweinebauch
1 Fenchelknolle
400 ml trockener Weißwein
Meersalz und frisch gemahlener Pfeffer

Zubereitungszeit 20 Min. **Garzeit** 3 Std. **Für** 4 Personen

Den Backofen auf 190 °C vorheizen.

Knoblauch, 1 TL Meersalz und Fenchelsamen im Mörser zu einer Paste zerstoßen. Schwarzer Pfeffer, Zitronenabrieb und -saft, Rosmarin und Öl hinzufügen.

Die Kruste des Schweinebauchs in Abständen von 5 mm einschneiden. Jeden Schlitz mit 1 TL der Gewürzmischung füllen. Die Kruste mit der restlichen Mischung und der halbierten Zitrone einreiben. Mit Meersalz bestreuen und auf ein Gitter in einen Bräter legen. 1 Stunde braten.

Inzwischen das Fenchelkraut von der Knolle abschneiden und beiseitelegen. Die Knolle in 4-mm-Scheiben schneiden, salzen und pfeffern und auf ein Backblech legen. Das ausgelassene Fett nach der Bratzeit des Schweinebauchs über den Fenchel gießen. Fenchel und Schweinebauch 1 Stunde getrennt braten. Falls die Kruste des Fleischs schon gut gebräunt ist, mit Alufolie abdecken, damit sie nicht anbrennt.

Wenn der Fenchel angebräunt und das Fleisch zart ist, den Schweinebauch auf den Fenchel legen und im Backofen warm halten. Restliches ausgelassenes Fett aus dem Bräter entfernen. Den Wein in den Bräter gießen, auf dem Herd erhitzen und dabei gut umrühren. Die Weinsauce über Fleisch und Fenchel gießen, die Backofentemperatur auf 150 °C reduzieren und 1 weitere Stunde braten, bis das Fleisch sehr zart ist.

Die Kruste des Schweinebauchs abtrennen, das Fleisch in dicke Scheiben schneiden und mit dem Fenchel servieren.

Tipp aus der Küche

Zu diesem Gericht passt Bete. Wir haben kleine rote, geringelte und gelbe Beten verwendet. Aber Sie können auch große Beten schälen, würfeln, kochen und mit reichlich Salz und Pfeffer anmachen.

Wenn Sie die unterschiedlichen Beten in getrennten Töpfen garen, wird es farblich ansprechend.

Schweinekotelett aus dem Backofen mit Dörrpflaumen

Schweinefleisch und Dörrpflaumen sind nicht umsonst eine klassische Kombination. Dörrpflaumen sind zudem sehr ballaststoffreich und enthalten viel Kalium und wichtige Vitamine. Dieses Rezept ist für 1 Person ausgelegt – es ist immer praktisch, ein schnelles, köstliches Abendessen im Repertoire zu haben, falls Sie einmal einen Winterabend alleine verbringen müssen.

Zutaten

- 1 Zweig frischer Thymian, Blätter abgezupft
- 1 Zweig frischer Rosmarin
- 1 Knoblauchzehe, zerdrückt
- 200 g Schweinekotelett mit Knochen
- 1 Dose Dörrpflaumen (290 g, in Saft eingelegt)
- 100 g kalte Butter, gewürfelt, plus etwas zum Braten
- 1 EL natives Olivenöl extra
- 1 Schalotte, in dünne Spalten geschnitten
- 1 Apfel, Kerngehäuse entfernt, in Spalten geschnitten
- 50 ml Hühnerbrühe
- Salz und frisch gemahlener Pfeffer

Zubereitungszeit 20 Min. **Garzeit** 20 Min., plus mind. 1 Std. zum Durchziehen **Für** 1 Person

Den Backofen auf 190 °C vorheizen.

Thymian, Rosmarin und Knoblauch im Mörser grob zerstoßen und das Kotelett damit einreiben. 1 Stunde (besser noch über Nacht) durchziehen lassen.

Die Pflaumen abseihen und den Saft aufbewahren. Dörrpflaumen entkernen und beiseitestellen.

1 EL Butter und das Öl in einer Pfanne erhitzen. Das Kotelett hineinlegen, die Schalotte hinzugeben und beides langsam anbräunen.

Kotelett und Schalotte nach 2–3 Minuten wenden. Die Apfelspalten hinzufügen und weitere 2 Minuten braten.

Alles auf ein Backblech geben und 5 Minuten backen. Nicht zu lange, sonst wird das Fleisch trocken!

Die Pfanne wieder auf den Herd stellen, mit Hühnerbrühe aufgießen und die Röstaromen vom Boden abschaben. Auf die Hälfte einkochen lassen, dann den Pflaumensaft und die Dörrpflaumen (Menge nach Belieben) hinzugeben.

Die heiße Sauce vom Herd nehmen und die restliche Butter unter ständigem Rühren stückchenweise hinzufügen, bis sie sich vollständig mit der Sauce verbunden hat. Profiköche bezeichnen diese Methode als *monter au beurre.*

Anschließend Fleisch, Schalotte und Sauce auf einem Teller anrichten – dazu passen sautierte grüne Bohnen oder einfach ein Salat. Guten Appetit!

Wild von den Highclere-Ländereien

Unsere Vorfahren waren auf Wild angewiesen, um die Winterzeit zu überstehen. Sie kochten das Fleisch über dem Feuer, grillten, brieten oder räucherten es. Unsere Felder und Wälder sind nicht nur eine Vorratskammer für Beeren und Nüsse, sondern auch ein Jagdgebiet. Früchte und Wild landen anschließend in der Küche.

Wildfleisch ist äußerst gesund, denn es ist magerer als das Fleisch von Nutztieren, da sich Wildtiere in ihrer angestammten Umgebung natürlich ernähren. Oft stammt es direkt aus der Region, sodass der CO_2*-Fußabdruck eher klein ist – zwischen Feld oder Wald und Esstisch liegen oft nur wenige Kilometer.*

Gebratener Fasan mit Räucherschinken

Das magere Fleisch des Fasans ist sehr gesund und enthält nur wenig Fett und Cholesterin. Meist ist es reich an Eisen und anderen Mineralien. Mein Sohn mochte Fasan zunächst nicht. Ich behauptete daher, es handle sich um Hähnchenfleisch, da der Geschmack ähnlich ist, wenn auch ein wenig intensiver.

Zutaten

1 EL natives Öl extra
1 küchenfertiger Fasan
2 Scheiben Bacon, plus 80 g, gewürfelt
1 kleine Zwiebel, in Ringe geschnitten
2 Karotten, grob gehackt
1 Lauchstange, grob gehackt
1 Zweig frischer Rosmarin
1 Knoblauchzehe, zerdrückt
100 ml Rotwein
100 ml Gemüse- oder Hühnerbrühe oder Wildfond
1 Handvoll frische Salbeiblätter, gehackt
2 frische Lorbeerblätter
Salz und frisch gemahlener Pfeffer

Zubereitungszeit 20 Min. **Garzeit** 1 Std. **Für** 2 Personen

Den Backofen auf 180 °C vorheizen.

Das Öl in eine Pfanne geben und erhitzen. Den Fasan darin anbräunen. Mit Salz und Pfeffer würzen und in eine feuerfeste Form geben. Die Schinkenscheiben auf den Fasan legen.

Schinkenwürfel, Zwiebel, Karotten, Lauch, Rosmarin und Knoblauch in derselben Pfanne 2–4 Minuten sautieren.

Wein, Brühe, Salbei und Lorbeerblätter hinzufügen. 2 Minuten köcheln lassen und die Mischung um den Fasan gießen.

Einen Deckel auf die ofenfeste Form legen und 1 Stunde backen.

Den Fasan herausnehmen, sobald das Fleisch zart ist, und kurz ruhen lassen. Die Sauce in einen Topf abseihen, auf die Hälfte einkochen und dann zum Fasan servieren.

Tagliatelle mit Hirsch-Ragout

Ein echt italienisches Ragout wird oft aus mehreren Fleischsorten zubereitet. Jede italienische Familie glaubt, das allerbeste Rezept zu kennen. Im Vergleich zu anderen Saucen enthält ein Ragout Rotwein und Tomaten und ist relativ dickflüssig. Es macht Spaß, über Rezepte zu diskutieren und reichlich Zeit mit Kochen und Essen zu verbringen. Genau dafür setzt man sich in Italien gemeinsam zu Tisch.

Zutaten

Für das Ragout

1 kg Hirschfleisch
6 EL natives Olivenöl extra
200 g Pancetta (oder Bacon)
1 Karotte, fein gehackt
1 Selleriestange, fein gehackt
1 mittelgroße Zwiebel, fein gehackt
3 EL Tomatenmark
1 Dose Tomatenpassata (400 g)
1 Bouquet garni (oder 2 Lorbeerblätter, 1 Zweig Rosmarin und etwas Thymian zusammenbinden)
4 Knoblauchzehen, gehackt
1 TL engl. Gewürzmischung Mixed Spice (oder Lebkuchengewürz)
500 ml Rotwein
500 ml Rinderbrühe
Salz und frisch gemahlener Pfeffer
frisch geriebener Parmesan zum Servieren

Für die Pasta

500 g frische Tagliatelle
50 g Butter

Zubereitungszeit 40 Min. **Garzeit** 4 Std. **Für** 6 Personen

Für das Ragout ...

Den Backofen auf 180 °C vorheizen.

Das Hirschfleisch salzen und pfeffern, in einen großen Topf geben und mit der Hälfte des Öls beträufeln. 2 Stunden braten, bis es außen angebräunt ist. Den Bratensaft aufbewahren und abkühlen lassen.

Restliches Öl in einen großen Schmortopf mit Deckel geben, erhitzen und Pancetta darin 5-6 Minuten braten.

Gemüse, Tomatenmark, Passata, Bouquet garni, Knoblauch und Mixed Spice hinzufügen. Bei niedriger Hitze 20 Minuten schmoren, bis das Gemüse weich, aber nicht angebräunt ist.

Das Hirschfleisch mit zwei Gabeln zerteilen und zum Gemüse geben. Bei hoher Hitze 10 Minuten braten, bis das Fleisch allmählich anbräunt. Bratensaft, Wein und Brühe hinzugießen.

Alles zum Köcheln bringen, den Deckel auflegen und unter gelegentlichem Rühren 90 Minuten im Backofen schmoren. Falls das Ragout noch zu dünnflüssig ist, einfach etwas länger im Backofen lassen.

Mit Salz und Pfeffer würzen.

Für die Pasta und zum Servieren ...

Die Pasta 2–3 Minuten in heißem Wasser kochen.

Abseihen, aber eine kleine Menge des Kochwassers aufbewahren. Die Pasta zum Fleisch-Ragout geben. Die Butter hinzufügen und die Pasta vorsichtig unterheben. Falls nötig, die Sauce mit etwas Kochwasser verdünnen.

Mit Parmesan bestreuen und servieren.

Hirschschmorfleisch mit Klößchen

Hirschfleisch ist recht mager und schmeckt einfach köstlich. Da es nur wenige Fettadern hat, darf man es nicht austrocknen lassen. Der üppig-intensive Geschmack dieses Schmorgerichts ist einfach unwiderstehlich. Je langsamer Sie den Braten garen, umso aromatischer wird er. Nicht vergessen: vor dem Servieren das Fleisch unbedingt ruhen lassen!

Hirsch verträgt sich gut mit Pilzen und Beeren, harmoniert aber auch bestens mit bitteren Zutaten wie Rotwein, dunkler Schokolade oder Chili.

Zutaten

1,2 kg Hirschkeule, gewürfelt, Sehnen entfernt
100 g Butter
2 EL natives Olivenöl extra, plus etwas zum Anbräunen
2 große Pastinaken, geschält und in große Stücke gehackt
4 große Karotten, geschält und in große Stücke gehackt
½ Steckrübe, geschält und in große Stücke gehackt
2 Zwiebeln, gehackt
300 g Kartoffeln, geschält und geviertelt
4 Knoblauchzehen
1 Zweig frischer Rosmarin
frisch gepresster Saft von 1 Zitrone
3 frische Lorbeerblätter
100 ml Portwein
300 ml Gemüsebrühe, plus etwas nach Bedarf
2 EL Rotes Johannisbeer- oder Cranberrygelee (nach Belieben)
Salz und frisch gemahlener Pfeffer

Für die Klößchen

50 g Suet (Rindernierenfett)
100 g Mehl
1 TL Backpulver
1 Prise Salz

Zubereitungszeit 30 Min. **Garzeit** 90 Min. **Für** 6 Personen

Den Backofen auf 220 °C vorheizen.

Das Hirschfleisch mit etwas Butter und Öl portionsweise in einem Topf anbraten.

Gemüse (außer Kartoffeln), Zwiebeln und Knoblauch in einen Bräter geben. Mit Öl beträufeln, mit Salz und Pfeffer würzen. Den Rosmarinzweig auf das Gemüse legen.

Das angebräunte Fleisch mit Zitronensaft beträufeln, mit Salz und Pfeffer bestreuen und auf das Gemüse geben. Die Lorbeerblätter zwischen die Fleischstücke stecken.

Mit Portwein und Brühe übergießen und Gelee nach Belieben hinzufügen. 1 Stunde im Backofen braten. Falls nötig, mehr Brühe angießen.

Für die Klößchen Suet, Mehl, Backpulver, Salz und etwas kaltes Wasser zu einem Teig vermengen. In 6 Portionen teilen und zu Kugeln formen.

20–30 Minuten vor dem Ende der Fleischgarzeit die Kartoffeln unterheben und die Klößchen auflegen.

Aus dem Backofen nehmen und das Gericht direkt aus dem Bräter servieren.

Tipp aus der Küche

Mit frisch gehackten Salbei- oder Thymianblättern wird der Klößchenteig noch aromatischer.

Game Pie (Wildpastete)

Game Pie zählt zu den ältesten schriftlich aufgezeichneten Rezepten. Meist ist die Fleischfüllung dabei vollständig von Teig umhüllt. Die Technik, den Teig an den Seiten der Form nach oben zu ziehen, wird in alten Kochbüchern als »Sarg hochziehen« bezeichnet. So konnte man Speisen länger haltbar machen und transportieren. Die außerordentliche Vielfalt an Jagdwild, das für Pies verwendet wurde, stellte man oft in kunstvollen Stillleben dar.

Das in diesem Rezept verwendete Teiggitter schmeckt köstlich und ist nicht ganz so kalorienreich, erinnert aber dennoch an die traditionellen Pies.

Zutaten

2 EL Sonnenblumenöl
675 g gemischtes Wildgeflügel (z. B. Fasan, Rebhuhn oder Wildtaube)
225 g Hirschsteak, in 2,5 cm große Würfel geschnitten
2 rote Zwiebeln, geschält und in Ringe geschnitten
1 Knoblauchzehe, geschält und zerdrückt
120 g Bacon, gehackt
120 g Pfifferlinge und Austernpilze, gemischt, geputzt
30 g Mehl
1 frisches Lorbeerblatt
abgeriebene Schale und frisch gepresster Saft von 1 unbehandelten Orange
1 EL Rotes Johannisbeergelee
300 ml Hühnerbrühe
300 ml Rotwein
gekaufter Blätterteig (oder Rezept, siehe Seite 214)
einige Zweige frischer Thymian, Blätter abgezupft
1 Ei (Größe M), verquirlt
Meersalz und frisch gemahlener Pfeffer

Zubereitungszeit 40 Min. **Garzeit** 2 Std. **Für** 6 Personen

1 EL Öl in einem Topf erhitzen. Wildgeflügel und Hirschsteak darin portionsweise anbräunen und dann beiseitestellen.

Das restliche Öl in einem weiteren Topf erhitzen und die Zwiebeln darin 5 Minuten braten, bis sie weich sind. Knoblauch, Bacon und Pilze hinzugeben und 2–3 Minuten braten.

Das Mehl einrühren und alles 2 Minuten braten. Mit Salz und Pfeffer würzen, dann Lorbeerblatt, Orangenabrieb und -saft, Johannisbeergelee, Brühe und Wein hinzufügen.

Alles zum Kochen bringen, das Fleisch hinzugeben. 40–50 Minuten sanft köcheln lassen, bis das Fleisch zart ist. Abkühlen lassen.

Den Backofen auf 200 °C vorheizen.

Die Fleischmischung in eine Pieform (oder andere ofenfeste Form) füllen.

Den Blätterteig auf eine Dicke von 0,5 cm ausrollen, in Streifen schneiden und diese zu einem Gitter flechten. Alternativ einfach glatt ausrollen, den Pie damit abdecken und mit den Teigresten dekorieren. Bei der zweiten Variante mit einem Messer in die Mitte ein Loch schneiden.

Den Pie mit Thymianblättern, Meersalz und Pfeffer bestreuen. Den Blätterteig mit Ei bestreichen.

20 Minuten im Ofen backen, dann die Temperatur auf 180 °C reduzieren. Den Pie weitere 30 Minuten backen, bis der Teig aufgegangen und die Füllung vollständig durcherhitzt ist.

Highclere Lemon Cake

Diesen Kuchen sollten Sie nicht nur deshalb backen, weil er weder Gluten noch Milch enthält, sondern auch, weil er so schön saftig-klebrig und einfach unwiderstehlich ist …

Zutaten

175 g Margarine oder vegane Butter
175 g feiner Zucker, plus 100 g zum Beträufeln
abgeriebene Schale und frisch gepresster Saft von 2 unbehandelten Zitronen
3 Eier (Größe M)
100 g glutenfreies Mehl
1 TL Backpulver
75 g gemahlene Mandeln

Für den Überzug

120 g Puderzucker
abgeriebene Schale und frisch gepresster Saft von 1 unbehandelten Zitrone

Zubereitungszeit 20–30 Min. **Garzeit** 40–45 Min. **Für** 8 Personen

Den Backofen auf 180 °C vorheizen.

Eine runde Springform mit Backpapier auslegen.

Magarine oder vegane Butter und 175 g Zucker in einer Schüssel gut vermengen. Die Hälfte des Zitronenabriebs hinzugeben und die Mischung schaumig schlagen.

Die Eier nach und nach hinzufügen und jeweils gut unterrühren.

Mehl und Backpulver in die Schüssel sieben und in die Mischung einarbeiten. Die gemahlenen Mandeln unterheben.

Die Mischung in die Form füllen und 40–45 Minuten goldbraun backen. An einem in die Mitte gesteckten Holzstäbchen sollte kein Teig mehr haften bleiben.

Zum Beträufeln Saft von 2 Zitronen, restlichen Zitronenabrieb und 100 g Zucker vermengen.

Den Kuchen aus dem Backofen nehmen und mit einem Holzstäbchen Löcher in den heißen Kuchen stechen. Den Zitronenguss gleichmäßig darübergießen. Alle Bereiche mehrfach beträufeln, da es etwas dauert, bis der Kuchen den Guss aufnimmt.

Den Kuchen abkühlen lassen und dann aus der Form nehmen.

Für den Überzug …

Puderzucker und Zitronensaft vermengen.

Den abgekühlten Kuchen mit der Mischung bestreichen und mit dem Zitronenabrieb bestreuen.

Lord Carnarvons Marmalade and Ginger Pudding

Nur wenige englische Nachspeisen sind so traditionsreich wie der Marmalade Pudding. Wenn wir im Winter Freunde zum Mittagessen einladen, ist Geordie immer sehr glücklich über diesen Kuchen. Er verfeinert ihn mit Vanillesauce und Sahne. Ich denke, Paddington Bär wäre davon auch sehr angetan, bräuchte aber noch eine Extraportion Orangenmarmelade.

Zutaten

- 110 g Butter, plus etwas zum Einfetten
- 175 g Orangenmarmelade »Thick Cut«, leicht erwärmt (plus etwas für Paddington Bär)
- 150 g Mehl
- 2 TL gemahlener Ingwer
- 1 TL gemahlener Zimt
- ¼ TL gemahlene Gewürznelken
- ¼ TL geriebene Muskatnuss
- 2½ TL Backpulver
- 1 Prise Salz
- 110 g heller Muscovadozucker
- 2 Eier (Größe L)
- 1 TL frisch geriebener Ingwer
- 3 EL frisch gepresster Orangensaft

Zubereitungszeit 30 Min. **Garzeit** 35 Min. **Für** 8 Personen

Den Backofen auf 180 °C vorheizen.

Eine *pudding bowl* (oder andere ofenfeste hohe, runde Form) mit Butter einfetten. Die Orangenmarmelade einfüllen. Beiseitestellen.

Mehl, Gewürze, Backpulver und 1 Prise Salz in eine Schüssel sieben.

Die Butter in einer anderen Schüssel schaumig schlagen. Dann den Zucker hinzufügen und weitere 5 Minuten schlagen, bis die Mischung noch heller wird. Die Eier nacheinander unterrühren. Beim zweiten Ei 1 EL Mehlmischung hinzufügen.

Geriebenen Ingwer hinzugeben und die restliche Mehlmischung vorsichtig mit einem Metalllöffel unterheben. Den Orangensaft hinzugießen und vermengen. Den Teig in die Form füllen.

30–35 Minuten backen, bis an einem in die Mitte gesteckten Holzstäbchen kein Teig mehr haften bleibt. 10 Minuten in der Form abkühlen lassen und dann vorsichtig auf einen vorgewärmten Servierteller stürzen.

Mit Vanillesauce oder Sahne (und extra Orangenmarmelade) servieren.

EPILOG

Darum bleib ich
Stets Liebender der Wälder und der Wiesen,
Der Berge auch, all dessen, was wir sehn
Von dieser grünen Erde; all der großen Welt ...
Und in der Sinnensprache meines reinsten Denkens
Anker zu finden, meines Herzens Amme,
Geleit und Lenkerin und wahre Seele
All meines inneren Seins.
William Wordsworth: »Zeilen geschrieben einige Meilen oberhalb Tintern Abbey ...«, 1798

HIGHCLERES LANDSCHAFT ist von mehreren Generationen erschaffen worden. Sie ist geprägt von individuellen, visionären Persönlichkeiten sowie der Wertschätzung und Begeisterung für die englische Gartenkunst. Gärten bieten Erholung und Abgeschiedenheit und gelingen nur, wenn man den Zyklus der Natur achtet, wobei wir enorm von Highcleres Lage in einer ganz besonderen Landschaft profitieren. Das Haus wurde mit der Zeit größer und bedeutender, und die Gärten und das umgebende Land erweitern das Leben darin und spiegeln es zugleich wider.

Highclere war von Anfang an eine Farm und ist es im Kern noch immer. Auf dem rund 2000 Hektar großen Land hat das über 1000-jährige menschliche Wirken sichtbare Spuren hinterlassen. Ein solches Idyll ist in einer unsicheren Welt zugleich wehmütige Erinnerung an vergangene Zeiten und seine Beständigkeit ein Trost. Als Hüter dieser Landschaft sehen wir unsere Aufgabe darin zu bewahren, zu erneuern und wiederzubeleben. Sind alte Wälder, Weiden und Feldgrenzen erst einmal verschwunden, kann man sie nicht so schnell wiederherstellen. Doch gerade solche Landschaften versorgen uns mit allem Lebensnotwendigen, mit Nahrung und Schutz.

Der Beitrag der Natur zum menschlichen Leben kann gar nicht hoch genug bewertet werden. Wir sind essenziell an unsere Umwelt gebunden und haben sie so stark geformt wie kein anderes Lebewesen. Es ist daher unerlässlich, sie vorausschauend zu hegen und zu pflegen, das Land mit Sorgfalt und Verantwortungsbewusstsein zu bewirtschaften und die schlichten Freuden des Anbaus, Kochens und gemeinsamen Essens zu genießen. Ob wir auf uralten Pfaden spazieren gehen, die Geschichte erkunden oder uns den bunten Flickenteppich aus Feldern, Hecken, Wäldern und Hügeln besehen: Highcleres tief verankerter Genius Loci schenkt uns Gelassenheit und Glück.

Mögen sich die Wege vor deinen Füßen ebnen,
mögest du den Wind im Rücken haben, ...
Möge warm die Sonne auch dein Gesicht bescheinen,
Regen sanft auf deine Felder fallen,
und bis wir uns wiedersehn,
möge Gott seine schützende Hand über dir halten.
Altirischer Reisesegen

DANKSAGUNG

WIE IMMER SCHULDE ICH DEM HIGHCLERE-TEAM GROSSEN DANK. Das Jahr 2020 war für alle, wo sie auch leben, eine große emotionale, geistige und körperliche (und natürlich ökonomische) Herausforderung. Wobei ich mich obendrein in die Recherchen für und das Schreiben dieses Buchs gestürzt habe. Es hat meine Gedanken über Natur und Zeit geschärft.

Dank an alle für die gemeinsamen Anstrengungen: an Adam Hillier, von frühmorgendlichen Fotoshootings im tiefsten Winter bis zum Fotografieren der schönen Rosen in der Laube; an Paul Winch-Furness für seine verlockenden Fotos der Gerichte, die alle vom Highclere-Team unter Chefkoch Paul Brooke-Taylor zubereitet worden sind, der auch bei Auswahl und Präzisierung der Rezepte half. Luís und das Butlerteam sind immer fröhlich, machen jede Mahlzeit zum Genuss und mixen tolle Cocktails. Derweil lief John Gundill treppauf, um mich am Schreibtisch mit Essen zu versorgen und über die neuesten Herausforderungen auf Highclere zu informieren.

Sally Popplewell redigierte mit Überlegung und Fingerspitzengefühl unermüdlich Texte und Rezepte. Mein Mann Geordie steuerte ein paar schöne Fotos bei, redigierte und kommentierte, entdeckte Irrtümer und fehlende Zutaten. Mein Sohn Edward blieb immer ruhig, positiv, hilfsbereit und ermutigend. Hannah Gutteridge half auf ihre direkte Art beim Stylen des Essens und der Fotoaufnahmen. Paul Barker, unser Chefgärtner, unterstützte uns beim Pflanzen von Bäumen, Stauden und unzähligen Zwiebeln, an deren herrlichen Blüten sich alle auf Highclere erfreuen können. Simon Andrews und das Farmteam arbeiten rund um die Uhr, um uns alle mit Nahrung zu versorgen und gleichzeitig Freiräume für die Natur zu lassen. Paula Jones, Geordies und meine persönliche Assistentin, erinnert mich immer an alles, was ansteht. Und Reuben Privett las den Text wieder und wieder und entdeckte Details, die uns anderen entgangen waren.

Schließlich ein großer Dank an Trevor Dolby und Tim Barnes für die exakte und schöne Gestaltung sowie Zennor Compton und Team bei Penguin Random House, dass sie an das Buch geglaubt haben.

REGISTER

Kursive Seitenzahlen verweisen auf Abbildungen.

Deutsche Erstausgabe
3. Auflage 2022

Projektleitung: Veronika Brandt, Knesebeck Verlag
Satz und Redaktion: Bookwise GmbH, München
Übersetzung: Bettina Eschenhagen, Hildesheim, und Manuela Schomann, Grafing
Umschlagadaption: Yannick Wolff, München
Herstellung: Arnold & Domnick, Leipzig
Druck: Neografia, a.s.
Printed in Slovakia

ISBN 978-3-95728-577-5

www.knesebeck-verlag.de

Seasons at Highclere. Gardening, growing and cooking through the year at THE REAL DOWNTON ABBEY

Erschienen bei Preface Publishing, einem Imprint von Cornerstone, London 2021.
Cornerstone ist ein Teil von Penguin Random House.

Redaktion: Trevor Dolby
Layout: Tim Barnes, herechickychicky.com

Fotos von Adam Hillier, Paul Winch-Furness, Lord Carnarvon, Edward Herbert, Emma Chandler, Chaz Oldham, Lady Carnarvon und aus den Highclere Castle Archives
außer: S. 43 (unten) von RhubarbFarmer (Creative Commons Attribution-Share Alike 3.0 Unported); S. 251 (links) von David Whelan (Creative Commons CC0 1.0 Universal Public Domain Dedication); S. 251 (rechts) von Country, Farm and Garden Photo Library, cfgphoto.com; S. 254 (unten rechts) von MacDurk (Creative Commons Attribution-Share Alike 4.0 International license).

Übersetzungsquellen der Zitate: Eigenübersetzung der Übersetzerinnen außer:

S. 7: William Shakespeare: *Hamlet*, A. W. von Schlegel, zit. nach Projekt Gutenberg,
S. 20: William Wordsworth: *Osterglocken*, Verwendung der Übersetzung mit freundlicher Genehmigung von Dietrich H. Fischer,
S. 31: William Shakespeare: *Sonett 18*, Friedrich Bodenstedt, 1866,
S. 33: Emily Dickinson: Sämtliche Gedichte. Herausgegeben und aus dem Englischen übersetzt von Gunhild Kübler, Carl Hanser Verlag GmbH & Co. KG, München 2015,
S. 40: William Shakespeare: *Ein Sommernachtstraum*, A. W. von Schlegel, zit. nach Projekt Gutenberg,
S. 80: F. Scott Fitzgerald: *Der große Gatsby* aus dem Amerikanischen von Bettina Abarbanell, Copyright der deutschsprachigen Übersetzung © 2006, 2007 Diogenes Verlag AG Zürich,
S. 108: Ella Wheeler Wilcox, Quelle unbekannt,
S. 120: Dorothy Frances Gurney, Quelle unbekannt,
S. 163: T.E. Hulme: *Herbst*, aus dem Englischen übersetzt von Stefan Plasa in: *Knots und Vortices. T. S. Eliots und Ezra Pounds Dichtungstheorie zwischen Tradition und Innovation*, Wilhelm Fink Verlag 2019,
S. 195: William Shakespeare: *Der Sturm*, Franz von Dingelsted, 1866, zit. nach Projekt Gutenberg,
S. 198: John Keats: *An die Herbstzeit*, Gisela Etzel, 1910, zit. nach: www.zeno.org,
S. 276: Henry Wadsworth Longfellow: *Evangeline*, Frank Siller, 1879,
S. 286: Alan A. Milne: Pu der Bär: Gesamtausgabe. Aus dem Englischen übersetzt von Harry Rowohlt, Dressler Verlag, Heidelberg 1989.
S. 313: Englische und amerikanische Dichtung, herausgegeben und übersetzt von W. von Koppenfels, dtv 2001, Band 2,
S. 313: Irischer Segenswunsch, Quelle unbekannt.

MIX
Papier aus verantwortungsvollen Quellen
FSC® C020353